法國葡萄酒

THE WINES OF FRANCE

作者 —— EDWIN SOON

專業審訂 —— **法國食品協會** Sopexa Taiwan、**溫唯恩**

前言

　　近年來，就台灣葡萄酒市場整體而言，不僅飲用量增加，台灣的品酒文化也日趨成熟。越來越多的消費者將葡萄酒視為增添生活品質、增加用餐樂趣不可或缺的飲料。法國食品協會在台將近二十年的歲月，很榮幸可以跟隨市場一起成長，目睹及參與這一切。法國食品協會深覺有必要在台灣出版這本《法國葡萄酒》，以滿足台灣葡萄酒愛好者，及對葡萄酒好奇的朋友們追求法國葡萄酒知識的需求。

　　法國可說是葡萄酒之國，葡萄酒不僅僅是一種飲品，更是法國飲食文化的象徵。隨著科技的演進及法國人對土地與環境的反思，法國人對葡萄的種植及葡萄酒釀造技術有新的演繹。這本書將呈現現代法國葡萄酒的傳統及近來的演化與革新。

　　為了瞭解法國葡萄酒，世界各國的侍酒師與葡萄酒專家們花了大量時間和精力，因為法國擁有許多葡萄酒產區，每個產區的釀酒歷史都可追溯到數世紀之前，因此每個產區都有自己的氣候土地條件、釀酒技藝、獨特的飲酒文化及多樣的葡萄酒風格。不僅限於土壤氣候與地理屬性，人文歷史的特色也被包含在其中。這就是法國葡萄酒所強調的「Terroir」（產區風土條件）概念。

　　這本書提供了全法國各個產區葡萄酒的相關知識，不論是葡萄酒的初學者、愛好者或專業人士，都會發現這本書內容豐富全面且容易閱讀，並可發掘法國葡萄酒的豐富性與複雜度。閱讀完全書，你不單只是瞭解法國葡萄酒，也會明白該如何享受它！

　　法國食品協會長期在台，對專業人士及廣大群眾推廣法國農產品，我們很榮幸能為你帶來完整的法國葡萄酒指南，所有你需要的法國酒資訊，盡在本書中。

德博雷（Grégoire DEBRE）

法國食品協會　東南亞暨台灣區執行長

作者序

　　法國在葡萄酒世界是一個豐富多元，充滿驚喜的國度。從阿爾薩斯、波爾多、布根地、薄酒來、香檳、科西嘉、侏羅、隆格多克、羅亞爾河、普羅旺斯、隆河、胡西雍、薩瓦、法國西南部等十四個葡萄酒產區所釀製出來的酒款中，不難找到讓你鍾情的酒款。它的豐富多元也讓人想認識它，了解它。

　　相信這本內容豐富且實用的書可以滿足你對法國葡萄酒的好奇心，還能解答許多你對法國葡萄酒的困惑。在此書中大部分章節都包含一個專門解答各產區「疑難雜症」的段落，對於那些時常讓人感到困惑不已的葡萄酒名稱與分級制度都有詳盡的解釋。本書還包含侍酒的篇章，像是如何設計葡萄酒單以及酒款定價。餐飲業者、酒商以及愛酒人士還能讀到葡萄酒如何在瓶中發展、如何品酒以及葡萄酒與食物搭配的祕訣等內容。

　　最後，我想說的是，若沒有眾人的協助、啟發與支持，我是不可能完成這本書的。因此，我要特別感謝每一位與我分享他們的葡萄酒知識的人：葡萄酒愛好者、收藏家以及許許多多的葡萄酒作家與他們的作品，這一切都不斷啟發我，使我得以繼續在葡萄酒世界中的旅程。

　　我也要感謝Anne Loh整理我的初稿、Joyceline Tully做最後的審稿，還有Daniel Chia的校訂。然而，倘若書中還有錯誤的地方，那絕對是我個人的疏失，我也預先在此致歉。

　　此外，我也要謝謝許多葡萄酒公會慷慨地為此書提供照片、圖表以及資料。

　　最後，感謝Echelle Choo、Francis Lim及其團隊對書中所有的圖表與地圖所做的無數次修正。也要特別謝謝法國食品協會新加坡代表處的專案經理Camille Fouillade與Xin Yan Fang，若沒有他們的鼓勵與支持，這本書是不可能完成的。

Edwin Soon 寫於新加坡

法國葡萄酒

原 書 名／The Wines of France
著　　者／Edwin Soon
譯　　者／王琪、林孝恂、H.L

總 編 輯／王秀婷
主　　編／洪淑暖
責任編輯／魏嘉儀
版　　權／張成慧
行銷業務／黃明雪

發 行 人／涂玉雲
出　　版／積木文化
　　　　　104台北市民生東路二段141號5樓
　　　　　官方部落格：http://cubepress.com.tw/
　　　　　電話：(02) 2500-7696　傳真：(02) 2500-1953
　　　　　讀者服務信箱：service_cube@hmg.com.tw

發　　行／英屬蓋曼群島商家庭傳媒股份有限公司城邦分公司
　　　　　台北市民生東路二段141號11樓
　　　　　讀者服務專線：(02)25007718-9
　　　　　24小時傳真專線：(02)25001990-1
　　　　　服務時間：週一至週五上午09:30-12:00、下午13:30-17:00
　　　　　郵撥：19863813　戶名：書蟲股份有限公司
　　　　　網站：城邦讀書花園　網址：www.cite.com.tw

香港發行所／城邦（香港）出版集團有限公司
　　　　　香港灣仔駱克道193號東超商業中心1樓
　　　　　電話：852-25086231　傳真：852-25789337
　　　　　電子信箱：hkcite@biznetvigator.com

馬新發行所／城邦（馬新）出版集團
　　　　　Cite (M) Sdn Bhd
　　　　　41, Jalan Radin Anum, Bandar Baru Sri Petaling,
　　　　　57000 Kuala Lumpur, Malaysia.
　　　　　Tel: (603) 90578822　Fax:(603) 90576622
　　　　　email:cite@cite.com.my

封面設計 李俊輝
內頁排版 劉靜薏
製版印刷 上晴彩色印刷製版

2013年7月23日 初版一刷　　　　Printed in Taiwan.
2019年5月30日 二版一刷
售價／NT$1200
ISBN／978-986-459-186-2

國家圖書館出版品預行編目(CIP) 資料

法國葡萄酒 / Edwin Soon著；王琪，林孝恂譯. -- 二版. -- 臺北市：積木文化出版：家庭傳媒城邦分公司發行, 民108.05
　　面；　公分. -- (飲饌風流；46)
暢銷紀念版
譯自：The wines of France
ISBN 978-986-459-186-2(平裝)
1.葡萄酒 2.法國

463.814　　　　　　　　108007644

現代種植技術與釀酒方法的日異更新，

法國有著天然的氣候優勢，

其葡萄酒產區也逐漸增加。

目錄

如何使用本書：
每個章節中會先對該產區的葡萄品種、酒款風格與地理環境做綜合性的說明。而後再針對細節作詳盡的描述，以利讀者深入了解。

Chapter 1

法國葡萄酒
的起源

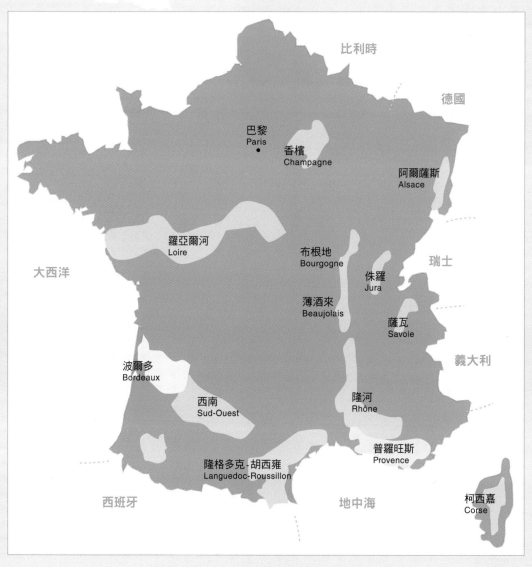

比利時

德國

巴黎
Paris

香檳
Champagne

阿爾薩斯
Alsace

羅亞爾河
Loire

大西洋

布根地
Bourgogne

侏羅
Jura

瑞士

薄酒來
Beaujolais

薩瓦
Savoie

義大利

波爾多
Bordeaux

西南
Sud-Ouest

隆河
Rhône

普羅旺斯
Provence

隆格多克-胡西雍
Languedoc-Roussillon

西班牙

地中海

柯西嘉
Corse

法國葡萄酒產區相當多分佈也很廣

法國是一個葡萄酒與酒農的國度。

許多產於法國的葡萄酒是全球其他產區的標竿；許多經驗與知識兼具
的法國釀酒師更被公認擁有非凡無比的成就。在這以悠久釀酒歷史著
稱的國家，任何事都不會令人感到驚訝。法國的每個葡萄酒產區都有
各自的葡萄品種、生長條件以及不同的氣候、土壤與文化，因此各產
區所釀製出的酒款都有自己獨特的風格。就數字來看，法國擁有超過
五萬多種不同形態的酒款，從干白酒到甜白酒，從氣泡酒到加烈酒，從
淡紅酒到粉紅酒，或是從果香豐富到單寧強勁的適合陳放型酒款；從
複雜到簡單。如此千變萬化的法國葡萄酒世界，使葡萄酒愛好者得以
進入一個色澤、香氣、口感完全不同的深刻體驗。

葡萄酒的發展進程

西元前 8500 至 4000 年（新石器時代）

人類發現了發酵的過程。考古學家相信，從伊朗附近出土的某些陶器是用來裝盛葡萄酒的。

西元前 2500 年

在埃及壁畫中已有葡萄栽種的紀錄。在墳墓中所發掘出的酒瓶也證實了埃及人有飲酒的習慣。

西元前 1500 年

在地中海一帶殖民的希臘人與腓尼基人（Phoenician）開始種植葡萄。位於北義的伊特魯里亞人（Etruscans）則開始將釀酒技術傳到義大利各地。在羅馬帝國的統治下，飲酒文化也隨著版圖的擴張廣傳各地。

西元前 600 年

希臘人開始在普羅旺斯（Provence）種植葡萄，接著移到隆河谷地（Valée du Rhône），最後落腳於隆格多克（Languedoc）。這使波爾多（Bordeaux）、布根地（Bourgogne）以及源於法國，流至德國的摩賽爾河畔（Moselle）上的特里爾（Trier）也逐漸發展成為葡萄酒交易的商業樞紐。這些區域後來也開始葡萄酒的種植與釀造。

西元前 500 年

葡萄酒產區版圖開始擴張到西歐各地、俄羅斯南部以及英國等區域。在羅馬帝國瓦解之後，葡萄酒的釀製便交到歐洲修道院的手中。這段時期，世界另角的印度也開始種植葡萄。

西元前 200 年

在中國的漢朝時期開始有葡萄種植的紀錄。

西元前 50 年至西元 500 年

多數西歐國家與俄羅斯南部都發現葡萄酒的生產。

西元 700 年

查理曼大帝（Charlemagne）將葡萄酒的釀製藝術發揚光大。他在位時積極進行其葡萄種植方案、鼓勵神職人員在宗教儀式上飲用葡萄酒、下令引進螺旋狀機械式的葡萄榨汁機，並開始將葡萄酒儲存於小型木桶，以取代動物皮袋。

西元 1000 年（11 世紀）

法國的熙篤會（L'ordre cistercien）修士開始針對葡萄種植與釀造進行研究。

西元 1100 年（12 世紀）

法國的阿基坦女公爵埃莉諾（Aliénor d'Aquitaine）於 1152 年嫁給英格蘭國王亨利二世（Henry Plantagenet），並將波爾多葡萄酒帶至英國。

西元 1300 年至西元 1500 年（14 至 16 世紀）

布根地的梧玖園（Clos de Vougeot）在 1336 年創建。來自西班牙與葡萄牙的葡萄酒也開始廣傳於歐洲各地。這個時期的歐洲並沒有乾淨的飲用水，所以葡萄酒成為日常必需飲品。

照片來源:Inter Beaujolais

西元 1600 年(17世紀)

　　酒瓶與瓶塞的發明使運送葡萄酒變得更容易。早先葡萄酒都是裝在木桶中或是經過蒸餾的步驟保存(蒸餾的技術造就了蒸餾酒,影響干邑區及後來的雅馬邑區)。英國人所製造的玻璃瓶十分耐用,甚至可承受香檳所產生的壓力。而荷蘭人將葡萄與葡萄酒傳至南非。

西元 1800 年

　　粉孢菌(Odium)於1850年侵襲法國的葡萄藤;一種淡黃色、專吸樹汁的小型害蟲:葡萄根瘤蚜蟲(Phylloxera),則在1800年代末期全面摧毀歐洲葡萄園。唯一的解決途徑是將歐洲葡萄品種嫁接到美洲葡萄根上。接著選擇性的改種也使葡萄品質得到改善。

西元 1800 年至西元 1900 年(19至20世紀)

　　新世界葡萄酒開始贏得人們的讚賞。法國開始實行法定產區管制(Appellation d'origine contrôlée,簡稱AOC)制度,以便控管各產區葡萄酒的品質。葡萄酒科學、釀酒學以及葡萄種植研究開始迅速發展。低溫控制技術逐漸在釀酒過程中被廣泛運用。全球的葡萄品質也大大地改善。

你知道嗎?

　　從古至今,釀酒的過程當中曾使用過許多不同的添加物。根據古羅馬帝國時代葡萄酒權威老普林尼(Pliny the Elder)的紀錄,葡萄酒中有時會加入海水使口感柔順。酒液中加入白雪則用來降低溫度;添加蜂蜜則可調成一種稱為mulsum的飲品。至於當時的人要如何使人無法查覺出葡萄酒已變成醋?那麼加入各種不同的藥草或香料就對了!

　　在古羅馬時期,要使葡萄酒維持良好狀態不是一件容易的事,因此酒液多半都是在釀製後一年內飲用。那些存放超過一年的葡萄酒就會被認為是「老酒」。

葡萄酒的世界

葡萄酒的交易買賣將世界一分為二。

歐洲，也就是俗稱的舊世界，是全球許多令人嚮往酒款的誕生地，同時也擁有數百年的葡萄酒歷史。

新世界泛指歐洲以外，包括美洲、澳洲、紐西蘭、中國、印度與南非等國家。對於許多葡萄酒愛好者來說，新世界葡萄酒逐漸興盛，近數十年來發展出品質穩定而且充滿生氣的酒款。

在舊世界，特別是法國，葡萄酒多半是以不同品種的葡萄所調配出來的。相反的，新世界葡萄酒則多以單一葡萄品種釀製而成（有時允許使用10至15%的不同品種來調配）。舊世界像是歐洲與法國的葡萄酒，多半是以葡萄園或產區名稱來命名；新世界則是以葡萄品種來辨別。

一種葡萄，多種風味

法國葡萄種類繁多，白葡萄品種包括白梢楠（Chenin Blanc）、灰皮諾（Pinot Gris）、榭密雍（Sémillion）、蜜思嘉（Muscat）、維歐尼耶（Viognier）與格烏茲塔明那（Gewurztraminer）；紅葡萄則包含梅洛（Merlot）、黑皮諾（Pinot Noir）、卡本內-弗朗（Cabernet Franc）與卡本內-蘇維濃（Cabernet Sauvignon）。

許多單一品種可以在不同的產區見到。更重要的是，相同品種生長於不同產區，會表現出不同的口感。這是受到細微而明顯的微氣候影響所致。舉例來說，產於布根地夏布利（Bourgogne Chablis）的夏多內（Chardonnay）會釀製出清爽、檸檬般口感的白酒。然而布根地梅索區（Bourgogne Meursault）的夏多內則會顯現出飽滿的蜜桃氣息。同樣的葡萄品種在法國南部的歐克地區餐酒（Vin de Pays d'Oc）中，其口感圓潤豐富、美味無比，還帶著熱帶水果的香氣。

卡本內-蘇維濃（Cabernet Sauvignon）是波爾多（Bordeaux）的主要品種。受到這個著名法國葡萄酒產區氣候與土壤的影響，該葡萄品種得以顯現出飽滿的酒體與複雜度。然而在有溫暖氣候的法國南部，不同的土壤與氣候型態，使卡本內-蘇維濃所釀的地區餐酒（Vin de Pays-Cabernet Sauvignon）呈現出更豐富的果香與濃郁度。

在波爾多也得以見到白蘇維濃（Sauvignon Blanc）的蹤影，這個葡萄品種在兩海之間（Entre-Deux-Mers）與格拉夫（Graves）兩個次產區被釀製成帶著淡雅香氣的酒款。但它卻在羅亞爾河谷地（Vallée de la Loire）大放光芒，香氣逼人讓許多白蘇維濃酒愛好者為之著迷。同樣的，帶著花香氣息的麗絲玲（Riesling）在阿爾薩斯（Alsace）才得以展現出最亮眼的一面。南法的紅酒品種如希哈（Syrah）、格那希（Grenache）、慕維得爾（Mourvèdre）以及其他許多不同的品種能夠表現出活潑的朝氣，都是因為這些產區擁有理想的生長條件。

除了地中海區域以及伊比利半島之外，一般說來新世界的葡萄產區所處的氣候多半比舊世界來得溫暖。也因此，許多新世界的白酒是用較為成熟的葡萄所釀製，口感充滿較多果香；舊世界葡萄酒則擁有較多的酸度，使酒款得以表現出結構感。就與食物的搭配來看，舊世界葡萄酒適合與口感豐富或醬汁較為濃郁的料理做搭配。相反的，新世界葡萄酒則多半與較為清爽的醬料，或是簡單以香料或辛香調味料烹調而成的料理較為理想。

Chapter 2

產區風土條件：
法國葡萄酒的特色
與個性

照片來源 BIVB

照片來源CIVA

法文中的 Terroir（產區風土條件）所指的是由土壤、氣候、水文、地理條件、葡萄品種等各樣因素交織並相互影響下所釀製出的最終產品──葡萄酒。當然，酒農（或葡萄栽種者）與釀酒師的專業也會對葡萄酒的表現有所影響。

就在土壤中

為何阿爾薩斯特級葡萄園（Alsace Grand Cru）的麗絲玲（Riesling）可以表現出如此美妙的骨架與結構，而且口感完全不同於其他國家那些充滿果香與花香的麗絲玲呢？

答案有許多，但是其中之一就是在於土壤。某些土壤特別適合某些葡萄品種，土壤中的化學成分也得以影響葡萄酒的口感。而阿爾薩斯特級葡萄園的麗絲玲葡萄是生長在花崗岩上，所以得以散發出緊實的結構與濃郁度。

許多其他的美酒佳釀也是如此產生的。它們多半是來自較為貧瘠、多石，而且是處於山腳或坡地下的土壤層。舉例來說，由花崗岩土壤所組成的隆河區（Rhône），Les Bressandes 葡萄園，其希哈（Syrah）葡萄酒會呈現出辛香與皮革的氣息；而位於多石台地的 Le Méal 葡萄園，其希哈則會表現出果香與圓潤的單寧。薄酒來（Beaujolais）產區：摩恭（Morgon）的加美（Gamay）葡萄生長在片岩土壤，因此會帶著美好的單寧以及甜美的櫻桃白蘭地氣息。鄰近產區如擁有花崗岩土壤的希露柏勒（Chiroubles），同樣的葡萄品種則會顯現出細緻的花香調性。

一般來說，砂質土壤會產出具有花香的酒款；黏土則帶出口感較為強勁且香氣濃郁的葡萄酒；石灰岩土壤多半會使酒款呈現出絲緞般的質地以及礦物氣息，有時還會帶著果香或花香。

氣候與人為因素

　　法國葡萄酒產區廣泛散布於幾個不同的氣候形態——海洋型、大陸型到地中海型氣候。若是處於擁有漫長而炎熱夏季的產區，酒款便會呈現出強健而飽滿的酒體；那些口感淡雅、不甜而清新的葡萄酒則多半來自較為溫和的產區氣候形態。

　　無疑地，氣候對葡萄酒的口感有著極為重要的影響。以麗絲玲（Riesling）為例，在某些氣候較溫暖的新世界產區所釀製出來的麗絲玲會強調出其水果特性。此外，產區的小氣候對法國葡萄酒也有相當的影響。在布根地（Bourgogne）較為涼爽的產區，例如夏布利（Chablis）所釀造出的夏多內（Chardonnay）便會呈現出清爽、柑橘調性的氣息；往南到了梅索（Meursault）村，因天氣較為溫暖，該產區的夏多內酒款則會表現出較多的果香與帶核水果的香氣。

　　其他各地，像是許多較為溫暖的新世界國家，由於葡萄是在較為成熟時採收的，夏多內多半會帶著熱帶水果的氣息。

葡萄的生長與培育

　　葡萄酒農的任務是依循產區傳統，並詮釋出其葡萄園中應有的「產區風土條件（Terroir）」特色。他照料土壤的方式將對葡萄藤的健康狀況與葡萄的特性產生極深遠的影響，甚至會決定該土壤是否適於某一葡萄品種。

　　更詳盡的解說請參照第三章：葡萄的生長。

照片來源：Inter Rhone

葡萄酒的釀造過程

　　單一年份所採收的葡萄因受到該年氣候的影響，釀酒師會使用不同的工具或方法來塑造出葡萄酒的個性。他所選擇的處理方式會對葡萄酒的品質有所影響。舉例來說，倘若他使發酵過程的溫度高一點，便會萃取出更多蘊藏在葡萄皮中的色澤，使紅酒中出現如果醬一般的口感。不同的作法，假如他在發酵過程中運用低溫控制的話，則使白酒保留住果香與花香。

　　葡萄酒發酵後的培養在釀酒的過程中占有重要的地位，也就是將葡萄酒「培養長大」（bringing up）或使酒「成熟」（maturing）的步驟，這對葡萄酒的最終品質有著重大的影響。要將一款年輕的葡萄酒「培養長大」，酒莊或酒廠必須將葡萄酒澄清、穩定，使其柔化，而此葡萄酒的品質會因此隨時間的演進而有所提升。他們有

時也會採用桶中培養的方式。總而言之，培養是一個使葡萄酒本質全然不同的溫和步驟，並隨時間讓酒液產生出變化。

　　葡萄酒在酒桶中培養的時間長短將影響其口感。有些酒款是在不銹鋼或大型酒桶中培養至少幾個月的時間；其他有些則是在小型橡木桶中最多儲存兩年。經過木桶培養過程的葡萄酒會帶著烤土司與香草氣息，香氣多寡會依據木桶的燻烤程度而有所不同（重度燻烤、中度燻烤，或是木桶的新舊程度等）。

　　即便葡萄酒的口感與釀製方式有所不同，但是法國的釀酒師、酒農以及葡萄酒愛好者都自豪於自己國家葡萄酒所表現出的獨特性格。各個葡萄酒有著鮮明個性，將不同的產地土壤、地理位置、釀酒過程與傳統表現出來。

從葡萄到酒瓶

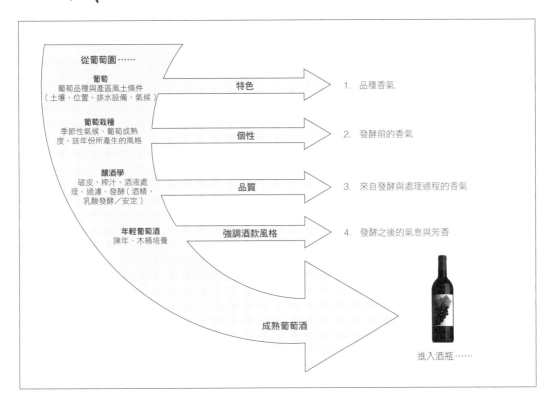

從葡萄園⋯⋯

葡萄
葡萄品種與產區風土條件
（土壤、位置、排水設備、氣候）　　　　　　特色　　　→　　1. 品種香氣

葡萄栽種
季節性氣候、葡萄成熟
度、該年份所產生的風格　　　　　　　　　個性　　　→　　2. 發酵前的香氣

釀酒學
破皮、榨汁、酒液處
理、過濾、發酵（酒精、
乳酸發酵／安定）　　　　　　　　　　　　品質　　　→　　3. 來自發酵與處理過程的香氣

年輕葡萄酒
陳年、木桶培養　　　　　　　強調酒款風格　　　→　　4. 發酵之後的氣息與芳香

成熟葡萄酒　　　　　　　　　　　　　　　　　　　　進入酒瓶⋯⋯

照片來源Inter Beaujolais

自然環境會創造出葡萄酒的特色。人工培育的葡萄藤與釀酒技術，會使葡萄酒呈現出獨特的個性。

1. 在葡萄酒農的照料之下，確保葡萄能表現出此品種該有的特色。
2. 採收時的成熟度將決定發酵後所呈現的主要香氣。
3. 發酵時的溫度以及其他釀酒過程的目的，在於保存產區風土條件，並強調出葡萄品種的獨特風格；這一切也會決定葡萄酒的品質。
4. 葡萄酒的調配，與桶中培養是釀酒師塑造出酒款個性的最後一步驟。至此，葡萄酒的風格也已定性。

產區風土條件的構成要素

陽光

光照會讓葡萄產生紅色素以及糖分。這也是為何法國北部生產許多的白葡萄酒，而法國南部則擁有色澤深沉的紅葡萄酒。

氣溫

葡萄藤與葡萄需要氣溫變化的改變才能生長良好。舉例來說，雖然結霜一般並不受歡迎，但是短暫的寒冷期卻有助於葡萄藤發芽成長。葡萄藤在生長的過程也需要經歷一段炎熱的時期以便使葡萄成熟。

照片來源CIVB

水分的影響

由於法國葡萄園大多禁止灑水灌溉，因此雨水的多寡、頻率以及形態（例如：輕微的陣雨或暴風雨）都會影響葡的生長，也會使每個年份的風格有所不同。

照片來源CIVA

照片來源CIVB

照片來源CIVB

教皇新堡
（Châteauneuf-du-Pape）

薄酒來
（Beaujolais）

布戈憶-聖尼古拉
（Saint-Nicolas de Bourgueil）

克羅茲-艾米達吉
（Crozes-Hermitage）

阿爾薩斯（Alsace）
Kaefferkopf

莫利（Maury）
Mas Amiel

萊陽丘（Coteaux du Layon）
Thouarcé

侯瑪內-康地
（La Romanée Conti）

梭密-香比尼（Saumur-Champigny）
St. Cyr en Bourg

渥爾內
（Volnay）

香檳（Champagne）
Mailly Grand Cru

瑪歌（Margaux）
Château Margaux

格拉夫 雷奧良（Graves Léognan）
Château le Pape

松塞爾（Sancerre）
Clos du Roy

聖西紐
（Saint-Chinian）

普羅旺斯丘（Côtes de Provence）
Les Arcs

瓦爾省地區餐酒
（Vins de Pays du Var）

蒙塔尼
（Montagny）

土壤

　　土壤的結構、成分以及肥沃度對葡萄藤的生長過程，及最終葡萄酒的品質有著絕對的影響。葡萄藤的根部會深入地底，並長出分枝小根以便獲取水分與養分。在這樣向下扎根的過程中，葡萄藤也藉此得以吸收不同土壤層中的各樣元素，並表現在之後所釀的葡萄酒的香氣與口感中。

　　為要得到足夠的養分，葡萄根部會先垂直向下生長約半公尺長，接著向左右生長。分枝將從這些水平伸展的根部垂直長出，接著向下生長約兩公尺。這些根部分枝會繼續在土壤層中擴散，這是非常重要的，尤其是在那些不可灌溉的葡萄園中更是如此，因為根部的任務便是在氣候乾燥時為葡萄藤尋找水源。

　　為了尋找水源，葡萄藤的根部最遠甚至可能深入到地下十五公尺。

土壤水文學

土壤中的含水量多寡，對葡萄藤能否生長出高品質的葡萄極為重要。研究顯示適當的缺水壓力對葡萄的品質有正面的影響。

土壤層中必須擁有良好的內排水系統；裡頭必須有足夠的透水能力，這樣葡萄的根部才不會浸泡在水裡。過多的水分會使葉子生長繁茂，但卻會影響果實的成熟度以及品質。更嚴重的是，泡在水裡的根部會因此損毀最終甚至會腐爛。但是水分若過少，那麼葡萄藤可能會因為承受過多的壓力而停止生長，收成也因而流失。

土壤中水分的均衡度，對於果皮較厚、果汁比例較高的小型果實來說，是十分重要的。因為這樣的比例越高，所釀製出來的葡萄酒便會越濃郁，也可釀製出品質較好的酒款。

土壤肥沃度

土壤肥沃度同樣也會對葡萄藤造成影響。養分太多的土壤會使葡萄藤枝葉生長過於茂盛，因而生產出水分過多的葡萄果實。相反的，養分不足則會使葡萄藤無法長出足夠的葉子，果實因此無法均勻成熟。另外，衰弱而淺薄的土壤層會使葡萄藤無法長出品質良好的果實，所釀製的酒款也因此缺乏濃郁度。

土壤結構

土壤的結構會決定葡萄根部的成長好壞。良好的土壤結構也就是俗稱的軟性土質，而缺乏結構的土壤則被稱為劣質硬性土。

以波爾多的黏土為例。黏土大多能夠保留住土壤層中的水分與養分。而波爾多的黏土同時還具有良好的結構，也就是說其土壤內部排水系統十分良好，因此水分及養分得以被完全吸收。

夯實的土壤是由劣質土壤結構所造成的。多半是因為在葡萄園中使用重型機械設備所導致。倘若黏土與石灰岩土壤受壓迫而變得夯實的話，它們會因此變成硬質土壤，阻礙葡萄根部向下生長。

土壤質地與顏色

土壤可被分為三種形態——砂（sand）、粉砂（silt）與黏土（clay）。若由兩種以上不同形態土壤組合而成則被稱做壤土（loam）。舉例來說，黏壤土（clay loam）多半是由黏土再加上砂與粉砂所組成。

每一種土壤的排水能力都不同。砂質土壤排水速度極快但儲存水分的能力差。黏土得以將水分與養分保存的相當良好，但是排水效果卻不佳。有時候，土壤中若帶有礫石或小石頭，對於排水也相當有幫助。

土壤的顏色與結構也會影響葡萄藤所接受的日照。例如隆格多克-胡西雍（Languedoc-Rousillon）尼母丘產區（Costières de Nîmes）的紅卵石土壤便比色澤較清淡的土壤容易吸收熱能。

地理位置與地形

地勢的傾斜度會影響葡萄的生長情況與方式。葡萄園所在的位置可以從平原到坡地。在較為涼爽的氣候形態，由於冷空氣會沉到山腳下，生長在坡地上的葡萄藤得以避免受到霜害。坡地地形也有較多的排水能力，使水分不致淤積在土壤層。阿爾薩斯（Alsace）弗日山脈（Vosges）的樹林使葡萄園不會受到來自西方含雨冷風的影響。

葡萄園的方位指的是它所受到陽光日照的方向，這也影響到葡萄藤是否能健康成長及成熟。在布根地，葡萄園通常是面東，可接收到日出時的光照，同時避免來自西方的風吹雨打。

葡萄園的海拔高度同樣影響微氣候區域的氣溫。一般來說，葡萄園的位置每升高一百公尺，平均溫度便會降低攝氏0.6度左右。較低的氣溫也意味著葡萄會比處於氣溫較高處的葡萄晚熟。

三種氣候型態

法國的葡萄產區分佈於三個不同的氣候區域：

海洋型

海洋性氣候的平均溫度約為攝氏11至12.5度。日照溫和，降雨量全年都非常平均。與海岸的距離（氣流與灣流）是重要的因素，夏季時能讓葡萄園降溫，冬季可以保持溫暖。

大陸型

大陸型氣候的平均溫度約為攝氏10至12度。日照溫和，如海洋型氣候，降雨量全年平均。但在此區山脈可阻擋冷風的侵襲，而河川與湖泊的影響顯得重要。

地中海型

地中海氣候的平均溫度約為攝氏13至15度。此區的葡萄園擁有大量的日照，春秋兩季會有一些降雨。內陸的風以及海洋對氣候造成某些程度的影響。

照片來源CIVB

法國的釀酒葡萄

- 紅葡萄品種
- 白葡萄品種

羅亞爾河谷地

南特地區（Pays Nantais）
- 白芙爾（Folle Blanche）
- 蜜思卡岱勒－香瓜種（Muscadelle Melon）

安茹及都漢
- 卡本內-弗朗（Cabernet Franc）
- 白梢楠（Chenin Blanc）
- 加美（Gamay）
- 果若（Grolleau）
- 歐尼彼諾（Pineau d'Aunis）
- 白蘇維濃（Sauvignon Blanc）

波爾多（Bordeaux）
- 卡本內-弗朗（Cabernet Franc）
- 卡本內-蘇維濃（Cabernet Sauvignon）
- 梅洛（Merlot）
- 蜜思卡岱勒（Muscadelle）
- 白蘇維濃（Sauvignon Blanc）
- 榭密雍（Sémillon）

西南產區
- 卡本內-弗朗（Cabernet Franc）
- 高倫巴（Colombard）
- 馬爾貝克（鈎特）（Malbec, Côt）
- 大蒙仙（Gros Manseng）
- 梅洛（Merlot）
- 白蘇維濃（Sauvignon Blanc）
- 塔那（Tannat）
- 卡本內-蘇維濃（Cabernet Sauvignon）
- 連得勒依（Len de L'El）
- 小蒙仙（Petit Manseng）
- 莫札克（Mauzac）
- 蜜思卡岱勒（Muscadelle）
- 榭密雍（Sémillon）
- 白于尼（Ugni Blanc）

香檳（Champagne）
- 夏多內（Chardonnay）
- 皮諾莫尼耶（Pinot Meunier）
- 黑皮諾（Pinot Noir）

阿爾薩斯
- 格烏茲塔明那（Gewurztraminer）
- 灰皮諾（Pinot Gris）
- 麗絲玲（Riesling）
- 希瓦那（Sylvaner）

布根地（Bourgogne）
- 阿里哥蝶（Aligoté）
- 夏多內（Chardonnay）
- 加美（Gamay）
- 黑皮諾（Pinot Noir）

侏羅
- 夏多內（Chardonnay）
- 普沙（Poulsard）
- 莎瓦涅（Savagnin）
- 土棱（Trousseau）

薩瓦
- 賈給爾（Jacquère）
- 蒙得斯（Mondeuse）
- 胡榭特（Roussette）

薄酒來
- 加美（Gamay）

巴黎

南特

波爾多

蒙彼利埃（Montpellier）

里昂

馬賽（Marseille）

佩皮尼昂（Perpignan）

隆格多克-胡西雍
- 布布蘭克（Bourboulenc）
- 仙梭（Cinsaut/Cinsauit）
- 白格那希（Grenache Blanc）
- 馬卡貝甌（Macabeu）
- 小粒種蜜思嘉（Muscat à Petits Grains）
- 卡利濃（Garignan）
- 克雷耶特（Clairette）
- 黑格那希（Grenache Noir）
- 慕維得爾（Mouvèdre）
- 希哈（Syrah）

科西嘉
- 尼陸修（Nielluccio）
- 西亞卡列羅（Sciacarello）
- 維門替諾（Vermentino）

普羅旺斯
- 卡利濃（Carignan）
- 仙梭（Cinsaut）
- 克雷耶特（Clairette）
- 黑格那希（Grenache Noir）
- 慕維得爾（Mourvèdre）
- 白于尼（Ugni Blanc）

隆河（Vallée du Rhône）

北隆河（La Vallée du Rhône septentrionale）
- 馬姍（Marsanne）
- 胡珊（Rousanne）
- 希哈（Syrah）
- 維歐尼耶（Viognier）

南隆河（La Vallée du Rhône méridionale）
- 卡利濃（Carignan）
- 仙梭（Cinsaut）
- 克雷耶特（Clairette）
- 黑格那希（Grenache Noir）
- 慕維得爾（Mourvèdre）
- 白于尼（Ugni Blanc）

此表為上圖品種名之翻譯（按字母排序）

法文	中文	法文	中文
Aligoté	阿里哥蝶	Mondeuse	蒙得斯
Bourboulenc	布布蘭克	Mourvèdre	慕維得爾
Cabernet Franc	卡本內 - 弗朗	Muscadelle	蜜思卡岱勒
Cabernet Sauvignon	卡本內 - 蘇維濃	Muscadelle Melon	蜜思卡岱勒 - 香瓜種
Carignan	卡利濃	Muscat à Petits Grains	小粒種蜜思嘉
Chardonnay	夏多內	Nielluccio	尼陸修
Chenin Blanc	白梢楠	Petit Manseng	小蒙仙
Cinsaut	仙梭	Pineau d'Aunis	歐尼彼諾
Cinsault	仙梭	Pinot Gris	灰皮諾
Clairette	克雷耶特	Pinot Meunier	皮諾莫尼耶
Colombard	高倫巴	Pinot Noir	黑皮諾
Folle Blanche	白芙爾	Poulsard	普沙
Gamay	加美	Riesling	麗絲玲
Garignan	卡利濃	Rousanne	胡珊
Gewurztraminer	格烏茲塔明那	Roussette	胡榭特
Grenache Blanc	白格那希	Sauvignon Blanc	白蘇維濃
Grenache Noir	黑格那希	Savagnin	莎瓦涅
Grolleau	果若	Sciacarello	西亞卡列羅
Gros Manseng	大蒙仙	Sémillon	榭密雍
Jacquère	賈給爾	Sylvaner	希瓦那
Len de L'El	連得勒依	Syrah	希哈
Macabeu	馬卡貝甌	Tannat	塔那
Malbec	馬爾貝克鉤特	Trousseau	土梭
Marsanne	馬姍	Ugni Blanc	白于尼
Mauzac	莫札克	Vermentino	維門替諾
Merlot	梅洛	Viognier	維歐尼耶

法國擁有超過兩百種釀酒葡萄，以下是十七種是最常見的。

紅葡萄品種	白葡萄品種
卡本內 - 弗朗（Cabernet Franc）	夏多內（Chardonnay）
卡本內 - 蘇維濃（Cabernet Sauvignon）	白梢楠（Chenin Blanc）
加美（Gamay）	格烏茲塔明那（Gewurztraminer）
黑格那希（Grenache Noir）	香瓜種（Melon）
梅洛（Merlot）	灰皮諾（Pinot Gris）
慕維得爾（Mourvèdre）	麗絲玲（Riesling）
黑皮諾（Pinot Noir）	白蘇維濃（Sauvignon Blanc）
希哈（Syrah）	榭密雍（Sémillon）
	維歐尼耶（Viognier）

Chapter 3

葡萄的成長

葡萄栽種（Viticulture）一字來自拉丁文，原意為葡萄藤，多半是指用來釀酒用的葡萄。葡萄栽種的藝術在於使用最適合的方式來種植葡萄藤，以便生長出品質最佳的葡萄。

產區風土條件、棚架、無性繁殖

氣候

即使葡萄藤能適應不同的氣候環境，但極端的天氣形態，如過熱、過冷或是降雨量過多等，都不利於葡萄生長。在第二章「產區風土條件」中，曾提到葡萄園所處的氣候將影響葡萄及葡萄酒。在本章中，我們將討論可能影響葡萄生長的其他因素。

引枝（Treille）

氣候不同，將會影響葡萄藤在椿柱或金屬線的引枝方式。棚架的目的是讓空氣在藤蔓之間流通，以避免黴菌的生成。產區所處的氣候型態也決定葡萄果實需要的遮蔽量。過多的遮蔽會使葡萄無法成熟；過少則會使葡萄曬傷。

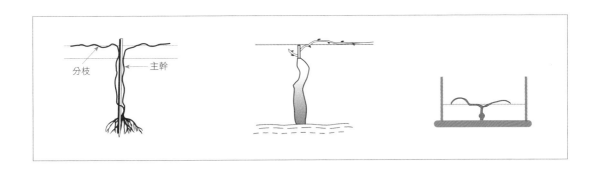

土壤

土壤會影響葡萄所呈現出的特性，不同品種的葡萄會對不同土壤產生不一樣的反應。有些品種如卡本內-蘇維濃是偏好礫石地，而梅洛則喜愛水分豐富的黏土。

關於土壤的其餘重要因素還包括深度、質地與成分。舉例來說，土壤的成分會影響它吸熱的能力。其他如化學屬性與酸鹼度，都會影響到葡萄的生長與釀造出的葡萄酒的品質。土壤中的礦物成分及組合，也會使葡萄散發出獨特的香氣與口感。

酒農們必須確保葡萄園內土壤，是理想且適合將要種植的葡萄品種。其方法包括加入化學藥劑或使用有機與天然的肥料，甚至用順勢療法（homeopathic）來處理葡萄藤。

根砧木與葡萄根瘤芽蟲

葡萄根瘤芽蟲在19世紀後期襲擊歐洲，摧毀了大多數的釀酒用葡萄園。而對葡萄根瘤芽蟲具抵抗力的根砧木根的部分因而取代了原有葡萄藤的根部，各種葡萄品種也嫁接到這類的根砧木上。現在根砧木已是葡萄藤的一部分。選擇根砧木要依據葡萄園的土壤形態及葡萄藤所需的茁壯度而決定，並要對病蟲害具有抵抗力。

根砧木與幼枝

幼枝只能從合適的葡萄藤摘取。其底部必須以特別的方式切斷，才能被嫁接到根砧木上。

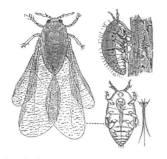

葡萄根瘤蚜蟲（Phylloxera）隸屬於蚜蟲類，是一種帶著淡黃色，並吸食樹汁的小型虫子。以吸食葡萄藤樹根汁液為生，最終會使葡萄藤致命。

田野嫁接（Field Grafting）

將葡萄藤的前端剪下後插入藤幹中。這種方法嫁接出的葡萄藤會長出兩個不同品種的葡萄藤，原品種在根部與藤幹下方繼續生長，新品種則在藤幹上方與果實部分繼續生長。

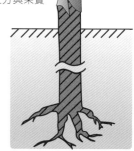

無性繁殖（clones）

　　葡萄藤越老，生產的葡萄越少，此時，有必要重新種植。葡萄藤多半藉著發芽與嫁接達到繁殖的目的；另外的一個方式是無性繁殖。克隆「clone」這個字是來自希臘文，原意為「細枝」，意指新的植物可以從母藤的細枝中產生出來。

　　透過無性繁殖，葡萄藤可依其需要的特性而被創造果實，例如對疾病的抵抗力、高產量、擁有理想香氣、顏色與其他特質等。無性繁殖法是將健康葡萄藤所生出的幼芽剪下並重新種植，之後會長出與母藤擁有相同特質新葡萄藤。

　　然而，無性繁殖是一個縝密又費時的過程，克隆葡萄需要經歷多年生長，才能擁有所需的釀酒品質。通常葡萄園主會以葡萄藤的克隆名稱來辨識葡萄藤，例如：Dijon Clone 115、777、108等。

大量篩選

　　與可清楚辨識母藤的無性繁殖法不同，大量篩選的過程中，有許多葡萄藤的幼苗可供選擇。這些幼苗是從不同葡萄園中不同的葡萄藤所選取，而不考慮葡萄藤是否擁有疾病或缺陷等問題。法文中稱此一過程為「瑪撒選種法（sélection massale）」。

種植密度

　　葡萄藤的種植密度，或葡萄園中特定區域裡的葡萄藤數量，是非常重要的。

　　葡萄藤之間的間隔過緊，會使每株葡萄藤得到較少的果實與果串，葡萄也會因此較小，但它們卻會擁有較多的風味。這是由於小型的果實會善用土壤中的養分，葡萄藤也會長出較強壯的根部，葉片與藤蔓也不會生長過於繁茂。

　　但並不表示種植間隔過緊的葡萄藤都能有這樣的表現。重點是比較葡萄藤的種植密度與枝葉成長的繁茂度，這將影響葡萄的成熟度，同時也取決於土壤的肥沃度。

　　舉例來說，高密度的種植僅適用較不肥沃的土壤。因在溫暖區域及肥沃的土壤中，葡萄藤的枝葉會無比繁茂，陽光較不容易照到葡萄果串，果實生長速度也會因而降低，最後只剩下枝葉眾多而毫無果實的葡萄藤。

　　在法國，法定產區制度對葡萄園種植密度也有詳盡的規定。

照片來源BIVB

葡萄栽培者與大自然

　　好的葡萄酒，來自兩個同等重要的條件：葡萄在葡萄園由人們細心呵護，以及釀造過程中受到專業的人照顧。

　　一位好的葡萄栽培者猶如一位兼具 DIY 技能的科學家。他／她們必須十分精通土壤學、化學、植物生物學、葡萄分析學、地理學、水電工程、動力學、焊接原理以及電機工程。此外，葡萄栽培者還必須管理葡萄園裡的員工、分析科學報告及統計數字。

　　若情勢所需，葡萄栽培者還必須採取極端的手段，確保葡萄得以擁有最好的表現。若要使葡萄得到濃郁的口感，酒農有時必須去除多餘的葉子，使果實可受到陽光的滋潤，以增加成熟度。還有也可以實行所謂「綠色採收」（Green Harvest），藉修剪的方式減低果實量，讓繼續成長的果實能有更好的發展。其道理就像養育一個家庭：假如擁有的財富不變，但是小孩越多，每一個人可得到的資源就越少。葡萄栽種的原理也是如此，土壤中所得到的養分將平均分散到每串葡萄中。因此，若葡萄藤擁有適當的果實量，則每個葡萄果實就能獲得該有養分量。

適當的葡萄採收時機

　　葡萄成熟時，它們擁有的口感也會逐日發展。三到四個月之內，果實會逐漸長大、成熟，酸度會降低而糖分會增加，酸鹼度（pH）也會快速增加，花青素（顏色）也會逐漸生成。

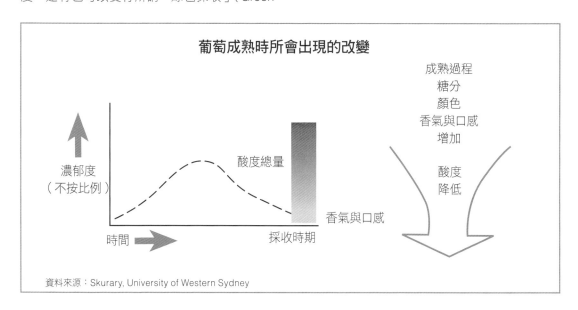

葡萄成熟時所會出現的改變

濃郁度（不按比例）

時間

酸度總量

香氣與口感

採收時期

成熟過程
糖分
顏色
香氣與口感
增加

酸度
降低

資料來源：Skurary, University of Western Sydney

依據葡萄被採收時期的不同，葡萄成熟度也會影響葡萄酒最終的香氣與口感。

葡萄品種	完整葡萄 還未成熟階段	早期成熟階段	成熟的葡萄
Riesling	花香	柑橘	熱帶水果
Sauvignon Blanc	葡萄柚、青草	青蘋果、香草	熱帶水果
Sémillon	乾草、麥稈	香瓜、萊姆	百香果
Gewurztraminer	綠色植物	柑橘與辛香料	芬芳的辛香料
Chardonnay	小黃瓜、香瓜	水蜜桃	熱帶水果,鳳梨
Pinot Noir	櫻桃	紫羅蘭	覆盆子,洋李
Grenache	花朵	白胡椒與紅色水果	梅乾
Merlot	青草	紫羅蘭、紅色帶核水果	梅果
Cabernet Sauvignon	香草／辣椒子	薄荷、樹葉	黑加侖
Syrah	辛香料與香草	黑胡椒、覆盆子	洋李與果醬

貴腐（Noble Rot）

貴腐（法文：Pourriture Noble），可能是釀酒師唯一會欣然接受的疾病，這是由灰葡萄孢菌（botrytis cinerea）所造成的葡萄感染狀況。

成熟葡萄若先暴露在潮濕的氣候中，然後再接著遇到乾燥而溫暖的天氣型態，也就是說：先有涼爽的清晨薄霧，然後下午出現萬里無雲的大太陽。如此一來，灰葡萄孢菌便能在葡萄內生長，產生正面的變化，使葡萄一部分變得乾縮。但天氣若過於潮濕，葡萄則會全部遭受灰葡萄孢菌的侵襲，而摧毀這一年的收成。

灰葡萄孢菌是一種孢子，在葡萄園裡隨處可見，在葡萄成熟的季節開始生長。它們會侵襲植物柔軟的部分，將細菌散布到葡萄果實中。由於果實中含有許多養分，孢子會在葡萄裡加速生長。若葡萄果皮破裂，可能會被醋酸細菌，及經由蒼蠅或其他昆蟲帶來的細菌所感染，這一年的收成也會蒙受損失。然而，在最理想的環境下（例如：乾、溼以及溫暖天氣的交替之下），孢子會以不同的方式來影響果實的成長。在潮濕環境下生長的孢子會長出菌絲，並在果皮表面製造出細小的孔洞，卻不致於破壞果皮。假若持續維持涼爽的天氣，黴菌便不會生長過快而損壞果皮。

由於果皮依舊完整，菌絲所創造出的小孔便會將水分發散出去。

這些受到灰葡萄孢菌影響的葡萄接著會變得皺縮，並讓葡萄內含的糖分變得更濃郁，果皮顏色一開始先成紫綠色，接著轉成灰色。在法文中，這個階段被稱為「全腐（pourri plein）」。

當果皮開始出現褐色時，表示已可以採收。這個階段的果實被稱為「烤果（grains rôtis）」，因為它們看起來像是被烤過一般。乾縮的葡萄至此已經失去一半以上的體積，但還保留著至少一半的糖分。

受到灰葡萄孢菌影響所釀製的酒款，往往帶有較高的糖分與酸度，並呈現出香甜的口感。基本上這類灰葡萄孢菌會使葡萄產生甘油、葡聚糖（dextrin）及其他成分，使酒的質地及口感產生出蜂蜜、吐司以及杏桃等特殊氣息，稱為「貴腐」一點也不為過。

最優異的貴腐葡萄酒是由人工採收而得的。經由一連串費時且費工的過程挑選。每一批次的摘取，採收人員只摘下受貴腐影響的果串，才可得到最高品質的貴腐葡萄。

照片來源 Inter Beaujolais

葡萄一般成熟過程與在經過
灰葡萄孢菌影響後，糖分與
酸度的改變

資料來源：M. Boldy

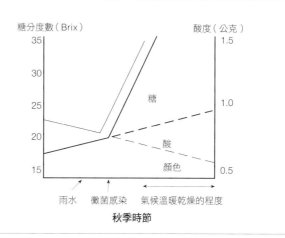

葡萄正健康的成長；果串緊實飽滿；果實碩大。
由於葡萄中所含的糖分豐富，將成為黴菌的最佳
食物來源。

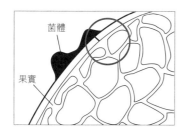

這類的黴菌得以穿透葡萄果皮，使水分從果實中
散發出來。

你知道嗎？

黑腐病（Black Rot）

　　是一種隨著具葡萄根瘤芽蟲病抵抗力的根
砧木一起進入法國的真菌。專門在溫和、潮濕
的天氣型態下攻擊嫩枝、葉子與果實。當葡萄
受到黑腐病的侵襲時，當年的收成多半都會作
廢。

灰腐病（Grey Rot）

　　又稱作灰黴菌，是一種有害的孢菌。一旦
果實出現破裂，便會遭受不同細菌與真菌的襲
擊。從這類葡萄所釀製出來的酒款會出現發霉
的氣味。

乾縮葡萄

　　乾縮的葡萄所能釀製的酒量遠少於健康
的葡萄。在索甸（Sauternes）產區，法定產
量規定每公頃不能超過 2,500公升，知名的
Château d'Yquem 甚至每公頃只生產900公
升，換句話說，每株葡萄藤只會生產出一杯酒。

葡萄園的四季

冬季：十二月、一月、二月

　　寒冷的冬季，葡萄藤會停止一切活動，自一連串葡萄生長到採收過程中修養生息。此時，葉子已經全部掉落。園中的工作主要是維護葡萄藤，為下一年的生長過程做好準備。

　　葡萄酒農會對葡萄藤進行整枝的工作，決定在葡萄藤上留下的嫩芽數量，以控制下一年的葡萄產量。這也會影響酒款最終的濃郁度。將葡萄藤修短，使其不受風災以及乾旱的侵襲。讓葡萄藤留下適當的高度，則會讓嫩芽在生長過程中得以接觸到陽光。

　　這段期間也將修護金屬線與樁柱，用來移植的枝藤會被剪下，無用的部分也會被燒盡。葡萄藤會被噴上預防黴菌或病蟲害的藥劑。酒農可能將葡萄藤底部覆蓋住以避免過凍。

照片來源 CIVB

春季：三月、四月、五月

　　早春時期，葡萄藤從冬眠中甦醒、萌芽；乾縮的藤蔓開始恢復生氣。隨著氣溫逐漸增加，幼芽也會長出新的枝葉。

　　犁田可讓空氣進入土壤，不同的葡萄品種發芽的時間也各異。葡萄梗、葉與藤蔓會在發芽後兩週開始長出。此時最容易遭受霜害，霜害會使葡萄藤被凍傷，造成無法挽救的損失。避免霜害的方法之一是在葡萄園中放一個小火爐，來提高園內溫度。

　　春季也是酒農整地，預備下一年欲種植新葡萄藤的季節。其他葡萄園的工作還包括鋤地、種植一年大的嫁接幼藤、紮緊藤蔓、預防霜害、噴灑硫酸銅以避免黴病等。有些酒農也會噴灑硫磺以避免粉孢菌的侵害。除雜草、剪除幼枝以控制葡萄的生長數量。

照片來源 CIVB

照片來源 Inter Beaujolais

夏季：六月、七月、八月

開花期為夏季初期，約維持10天。授粉後的花朵開始結出小果實，未授粉的花朵便掉落。

若在授粉過程時，氣候寒冷潮濕，會產生落花病（coulure），也就是說葡萄串不會生成。「落果（millerandage）」，這個現象會讓果串無法繼續成長，無籽的葡萄會成熟但不會再長大，要減低這類未熟葡萄的數量，酒農們可能會進行「綠色採收（green harvest）」，確保剩下的果實仍舊帶著美好的口感。果實成長的過程中，果串會從綠色轉成紅色或黃色。成熟變色（Veraison）是指葡萄從綠色小果實開始改變顏色、逐漸變大的過程。

在夏季溫暖陽光的照射下，酒農將犁地並整理葡萄園，開始修整新的枝枒使它們得以沿著棚架生長，並持續除草與噴灑農藥以便對抗雜草及病蟲害。有些新長出的枝枒會被剪除，避免葡萄過度生長。必要時，酒農也會使用藥劑來與病蟲害奮戰。

到了八月，葡萄的成熟變色過程是否順利進行，將是一年的收成品質好壞最重要的指標。

照片來源 Inter Beaujolais

秋季：九月、十月、十一月

依品種的不同，葡萄有不同的成熟速度。一旦葡萄中有足夠的糖分，且酸度也達到均衡的程度，便可以開始採收。此外，葡萄的口感、單寧與色澤也都是採收時的重要指標。

一般來說，葡萄園中最繁忙且最令人興奮的時候是十月。此時大家忙著採收葡萄，可能採用人工或機械採收。酒農們也祈禱在採收期不要下雨，否則這一年的收成可能會毀於一夕。

採收結束後，葡萄葉開始改變顏色並掉落，葡萄藤漸漸進入休息、靜止的冬眠狀態。之後又可以開始犁田的動作，葡萄園的冬季週期就此開始。

葡萄園農耕哲學

現今存有不同的葡萄園農耕哲學。每一種都有其優缺點。以下是簡單的介紹：

現代化學藥劑耕作

可能是最有效率的方法。以此方法栽培的葡萄產量多半十分龐大，且果實狀況良好。葡萄園中會使用殺蟲劑來除去害蟲，也會使用殺菌劑避免農災。不夠肥沃的土壤也會以添加肥料的方式改善。

不過，反對者認為肥料及除草劑過度濫用，會對葡萄園的土壤造成損害；假如在土壤內添加人工營養劑，土壤成分會變成具同質性，因此從不同葡萄園所釀成的酒款，最終口感可能會十分相似。

有機農法

部分酒農使用有機技術，使葡萄藤得到理想的生長環境。他們相信土壤中擁有許多有機成分，因此不需要使用化學藥劑或殺蟲劑。這種耕作方式得以使產區風土條件得到保存，之後也會在酒中反應出來。

在這種耕作哲學下，土壤是一個擁有各樣有機生物的小小世界。均衡保存有機活物是件非常重要的事，這樣葡萄藤才能生長繁茂。也因此在有機葡萄園中僅使用天然的產品，如天然堆肥，

能捕食害蟲的昆蟲也會帶入園中。唯一可噴灑在葡萄藤上的，是微量含銅的液體，以便預防葡萄藤最容易得到的白粉病。

然而，有機耕作比使用化學藥劑的農耕法要來得昂貴許多。酒農們多半必須憑直覺來應對，也必須花許多時間在園中。在那些氣候型態嚴酷的產區，黴病的侵害可能無法藉著有機方式得到控制，該年的收成進而可能全數被摧毀。

合理減藥農法／半有機農法（Lutte Raisonnée / Lutte Intégrée）

兩種方法都是介於現代化學藥劑農耕與有機耕作之間的使用，但概念有些不同。Lutte raisonnée 耕作法是使用最輕藥量的化學藥劑；而 Lutte intégrée 是以天然藥劑為首選，但在必要時不排除化學藥劑的使用。兩者都以環境生態做優先考量，若時勢所需，化學藥劑農耕方式也會被運用。這類農耕法的葡萄園可釀製出保有產區風土條件的酒款，同時也不會受到病蟲害的威脅。

自然動力栽種法（Biodynamique）

這類的耕種哲學認為人類與大自然法則是相互依存的。潮汐、月亮引力及宇宙間其他動力都將影響地球的每個生命及其生命力，當然也會對葡萄藤以及葡萄造成影響。葡萄園只使用以自然動力法（順勢療法 homeopathic）所調製的香草與礦物配方，使用時必須配合月亮與星辰的互動走勢才能施行。對於許多追求釀製優異酒款的葡萄酒農與釀酒師而言，這是他們認為最理想的耕作方式。

自然動力栽種法所使用的配方是以數字來標示：

- 500　牛角-牛糞（Horn-Manure）
- 501　牛角-矽土（Horn-Silica）
- 502　西洋蓍草花（Yarrow Blossoms）
- 503　甘菊花（Chamomile Blossoms）
- 504　大蕁麻（Stinging Nettle）
- 505　橡木樹皮（Oak Bark）
- 506　蒲公英花（Dandelion Flowers）
- 507　纈草花（Valerian Flowers）

你知道嗎？

葡萄藤會在栽種的 3 年後才開始結出果實；5 年後這些果實才能被使用。並在 10 至 30 年間達到全盛時期。葡萄藤的壽命約為 100 年，隨著葡萄藤年歲的增加，它們的產量會減少，一般認為老藤葡萄酒的口感更為複雜。

將葡萄種在一般品質的土壤中、控制灌溉水量、修剪葡萄枝條以及惡劣的氣候，都會對葡萄藤施加壓力，因而減少產量，若此壓力不至於太過度，則被認為是有利於產生較佳口感。

一個有經驗的酒農可從葡萄葉的形狀分辨出葡萄的品種。每個品種的葉片都有各自獨特的形狀、大小與特色。葡萄品種學家 Viala 與 Vermorel 便成功分辨出五千個不同的品種。現代的 DNA 科技甚至可以找出各品種的來源。

卡本內-蘇維濃
（Cabernet Sauvignon）

夏多內
（Chardonnay）

葡萄品種學（Ampelography）：葡萄品種可以依據葉子的形狀被分辨出來。形狀從「楔狀（cuneiform）」到「截型（truncate）」都有。

葡萄生理學

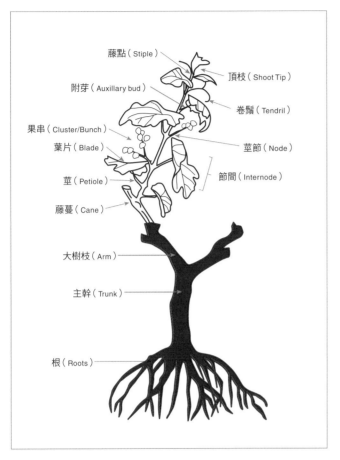

- 藤點（Stiple）
- 頂枝（Shoot Tip）
- 附芽（Auxillary bud）
- 卷鬚（Tendril）
- 果串（Cluster/Bunch）
- 莖節（Node）
- 葉片（Blade）
- 節間（Internode）
- 莖（Petiole）
- 藤蔓（Cane）
- 大樹枝（Arm）
- 主幹（Trunk）
- 根（Roots）

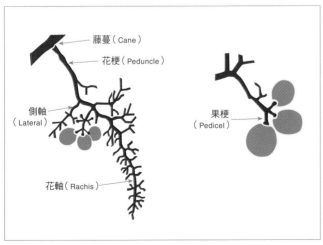

- 藤蔓（Cane）
- 花梗（Peduncle）
- 側軸（Lateral）
- 果梗（Pedicel）
- 花軸（Rachis）

葡萄果實的剖面圖，包括果囊與果梗的部分。

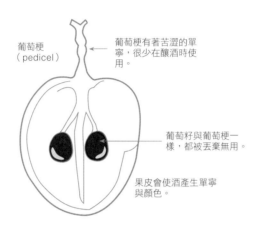

葡萄梗
（pedicel）

葡萄梗有著苦澀的單寧，很少在釀酒時使用。

葡萄籽與葡萄梗一樣，都被丟棄無用。

果皮會使酒產生單寧與顏色。

果肉被壓榨後釋放出果汁。

葡萄果實中有四個主要的部位：葡萄梗、葡萄皮、果肉與葡萄籽。

葡萄梗約占葡萄總重的3~4%。

葡萄皮約占葡萄總重的6~10%，包含花青素（anthocyanins）色素（colouring substances）、單寧（tannins）以及酵母，使葡萄汁可以展開發酵過程。

果肉占葡萄總重的82~90%，是葡萄汁的來源，當中含有水分、糖分、果酸、礦物質與維他命。

葡萄籽占葡萄總重的2~4%，含有豐富的單寧與油脂。

葡萄的發展過程

A. 發芽與成長，葉子也出現蹤影

發育過程
芽眼飽滿
芽眼裂開
藤蔓成長

早春時期，葡萄藤從冬眠中甦醒。隨著天氣變得溫暖，芽眼變得飽滿、裂開，樹葉與藤蔓也開始長出。

B. & C. 開花期到果實成長

開花
後開花期

果實成長
變色過程

開花期是在初夏時期，總共持續 10 天左右。葡萄花最後會發展成小型的葡萄。未授粉成功的花朵會掉落。成熟變色（veraison）是指葡萄改變顏色，並從小型綠色果實到長到兩倍大的成熟果實。

D. 成熟與採收

成熟期
採收、葉子掉落、
進入冬眠

部分品種成熟的速度較快。一旦葡萄中的糖分足夠，酸度也達到均衡的狀態時，便可以採收了。採收前必須考量口感、單寧與顏色等狀況。採收之後，葉子開始變色、掉落，葡萄藤進入冬眠。

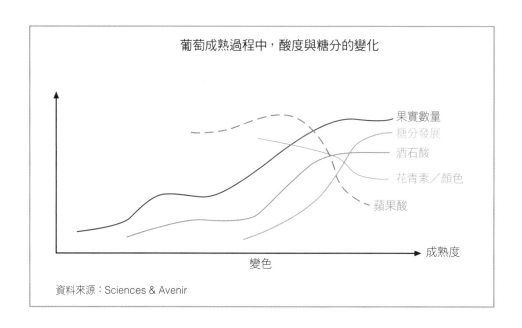

葡萄成熟過程中，酸度與糖分的變化

果實數量
糖分發展
酒石酸
花青素／顏色
蘋果酸

成熟度

變色

資料來源：Sciences & Avenir

測量葡萄的糖分

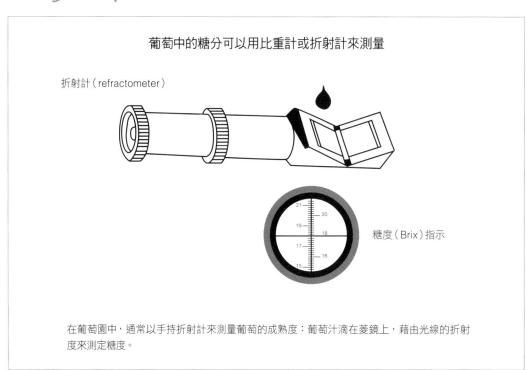

葡萄中的糖分可以用比重計或折射計來測量

折射計（refractometer）

糖度（Brix）指示

在葡萄園中，通常以手持折射計來測量葡萄的成熟度：葡萄汁滴在菱鏡上，藉由光線的折射度來測定糖度。

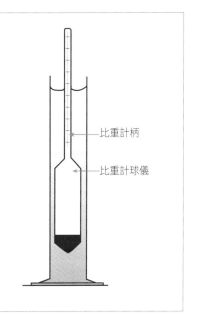

比重計（hydrometer）

比重計所測定出的糖分，比手持折射計更精確。

測量的方式是藉助比重計球儀的位置，來計算出葡萄汁裡的可溶解固體物質，與當中的「液體（果汁／初榨葡萄汁）」之間的比重，便可以得知葡萄的甜度或成熟度，以及潛在的酒精濃度。葡萄酒體以及酒款的風格也可預顯出來。

比重計柄

比重計球儀

Oechsle 德國糖分度數

Oechsle 度數反應出明確的糖分比重。若葡萄汁的比重為 1.075，則 Oechsle 度數為 75度。

KMW

奧地利釀酒師通常以初榨葡萄汁（帶有葡萄皮、葡萄梗與葡萄籽的葡萄汁）的糖分含量 KMW（Klosterneuberg Mostwage）值來討論。Oechsle 75度的酒相當於 KMW 15度。

Brix/Balling 度數

Brix 與 Balling 刻度在新世界葡萄園中被廣泛使用。Oechsle 75度的葡萄汁等於 Brix 的 18度，也就是說，果汁當中的固體物質（其中90%為糖分）占果汁的18%。這和接下來所要討論的波美計不同，本數值與發酵後所產生的酒精濃度無關。

波美計（Baumé）

本計量法常在法國使用，儀器依據糖分的濃度來預測發酵完全時的潛在酒精濃度。舉例來說，16.5 公克的糖約可創造出一度的酒精。Oechsle 75 度的葡萄酒為波美計 10度，也因此其潛在酒精濃度約為10%。

折射率—Brix 度數—濃度換算表

從以下的圖表中可以看出濃度與Brix度數兩者有直接的關聯性。折射率與Brix度數取決於溫度。

水溫20°C時的濃度	水溫20°C時的 Brix 百分比	水溫20°C時的折射率
1.00000	0	1.33000
1.00965	5	1.34026
1.03998	10	1.34782
1.06104	15	1.35568
1.08287	20	1.36384
1.10551	25	1.37233
1.11898	30	1.38115
1.15331	35	1.39032
1.17853	40	1.39986
1.20467	45	1.40987
1.23174	50	1.42009
1.25976	55	1.43080
1.28873	60	1.44193
1.31866	65	1.45348
1.34956	70	1.46546
1.38141	75	1.47787
1.41421	80	1.49071
1.44794	85	1.50398

Chapter 4

葡萄酒釀造

葡萄酒釀造概述

這是一個將葡萄汁轉換成葡萄酒的奇妙過程。

發酵（Fermentation）

發酵的主要工作是將葡萄汁中的糖分轉換成酒精，其化學方程式為：

$$C_6H_{12}O_6 \rightarrow 2C_2H_5OH + 2CO_2$$

透過酵母的作用，糖分（葡萄糖與果糖）將轉變成乙醇與二氧化碳；簡單的說，就是酵母攝取糖分後釋放酒精，並在這過程中產生二氧化碳與熱能。

1% 的糖分可發酵出 0.55% 的乙醇（酒精），因此葡萄汁中含有 16.4% 的糖分則可轉化成 9 度的酒精濃度。

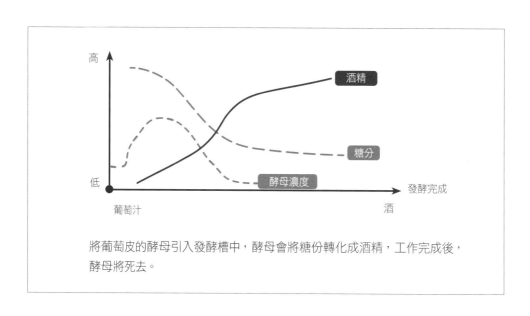

將葡萄皮的酵母引入發酵槽中，酵母會將糖份轉化成酒精，工作完成後，酵母將死去。

葡萄酒釀造過程

	葡萄成熟到一定的甜度時採收。
	將葡萄放入破皮去梗機中進行破皮，並釋放果汁。
	部分葡萄汁液會留在壓碎的葡萄中，進行壓榨以擷取葡萄汁。
	利用葡萄皮上的天然酵母或使用挑選的酵母來進行發酵。酒精發酵過程中，酵母菌會消化果汁中的糖分，並將葡萄汁轉化成葡萄酒。
	發酵過後，葡萄酒在不鏽鋼槽和／或橡木桶中陳放。
	將完成的酒款裝瓶。

紅葡萄酒的釀造

葡萄（Grapes）

葡萄成熟到酒農所期待的程度時才能開始進行採收。為釀造出高品質的葡萄酒，通常會進行葡萄篩選。

去梗（Destemming）

去除葡萄果串的梗。葡萄梗的酚類物質十分苦澀，並提供葡萄酒草本植物的氣味。有時釀酒師會保留部分的梗以增強酒體中的單寧酸。

破皮（Crushing）

傳統上使用腳來進行葡萄破皮：在放滿葡萄的巨大釀酒槽中，人們使用腳來踩碎葡萄，這樣的方式如今已被機器取代。破皮會將葡萄果串的果皮弄破，並釋放自流汁（Free run juice），當葡萄皮上的天然酵母接觸的葡萄汁液，發酵過程就會自然產生，有時也會添加酵母，以利發酵活動。在這個程序中，紅、白葡萄酒不同之處在於移不移除汁液中的葡萄皮與葡萄籽。不像白葡萄酒，釀造紅酒是不移除汁液中的葡萄皮與葡萄籽。

發酵（Fermentation）

可在蠟封水泥槽、玻璃槽、陶瓷槽與不鏽鋼槽等各種容器中進行，有些葡萄酒甚至可能在橡木桶中發酵。

二氧化硫（SO_2）：為一種抗氧化劑，在葡萄渣與葡萄汁中添加硫，可抑止細菌孳生，以免影響果汁。

酵母：發酵時也會添加人工酵母，通常溫度超過15度後，葡萄酒會開始發酵，不同類型的酵母也會影響酒款的風味與成果。有些酵母的發酵作用較慢，有些則很快就會發酵完成。並非所有的酵母菌都是益菌，有些酵母會破壞正在發酵的產品，引來醋酸菌而將酒轉為醋。近年來，已研究開發出整齊分裝於罐頭中的商業用酵母。許多酒廠會選用這類酵母，以避免風險。只需在罐頭中加入清水，而後倒入裝滿葡萄汁的酒槽中，酵母就會被激活。此外，也可在酵母「芽」（bud）中增添營養成分，以增加酵母菌增生的數量。

浸泡（Maceration）與萃取（Extraction）

在發酵過程中，葡萄皮與葡萄籽（果渣）會浮在釀酒槽的頂端，而形成了「酒帽」（Cap），酒帽與空氣接觸後，變得乾燥堅硬，而成了細菌孳生的溫床。為了讓酒帽保持濕潤，釀酒師必須將酒帽下壓，稱為踩皮（Pigeage），通常一天進行1至2次。有些大型釀酒槽，則會採用抽取底部的汁液蓋在酒帽上的淋汁法（wetting）。

保持酒帽濕潤還可讓釀酒師萃取更多的風味、色澤與單寧。在發酵過程中所產生的酒精與熱能，都可幫助擷取葡萄皮的色澤與單寧，讓葡萄汁與空氣適當地接觸則有助於穩定葡萄酒、協助單寧與花青素的結合。

榨汁（Pressing）

當酵母停止轉化糖分，酒精發酵便完成。為將葡萄酒與酒渣分離，而開始榨汁，可獲得色澤鮮艷、單寧濃郁的清澈酒款。

乳酸發酵（Malolactic Fermentation，MLF）

這是將尖銳的蘋果酸轉化成乳酸，同時釋出二氧化碳的二次發酵，透過這個程序，可讓酒款更加穩定，若無歷經乳酸發酵，將來可能會造成酒款產生混濁或二氧化碳。某種程度來說，酸度柔和的酒款將更柔順可口。乳酸發酵同時也會產生雙乙醯（Diacetyl），它將提供奶油般的口感，降低酒中的果味。

乳酸發酵通常在酒精發酵後會自行發生，但往往需要人為的介入來結束它。

培養（Elevage）

這涉及到葡萄酒的澄清以及它在橡木桶中成熟的過程。在發酵末期，葡萄酒中會有葡萄皮、葡萄籽等大量懸浮物，及死去的酵母殘渣。Elevage 可翻譯為「澄清葡萄酒」（wine clarification），指的是將酒液中的懸浮物移除，或去除混濁酒液中的酒渣。等待酵母與懸浮物沉澱的時間可簡單稱之為「穩定」（Settling），而這些死去的酵母則稱為「lees」。酒液若與這些死去酵母有長時間的接觸，他們將會在色澤上有一些不可逆的改變，或發生更糟糕的微生物腐敗，這也是為何總要將清澈的酒體移到另一個酒槽或酒桶的原因。

如果葡萄酒在橡木桶中陳年，會獲得一些木質的香氣與單寧口感。定期將葡萄酒移到另一個酒桶的過程稱為換桶（Racking）。讓酒與空氣接觸也有助於散發不好的氣味。如同穩定酒體的功用一樣，葡萄酒換桶後，沉澱物將留在原始的桶中，有助於澄清酒款。

在這些過程當中，會適度添加不同劑量的硫以保護葡萄酒。

在裝瓶之前可以選擇進行最後的澄清，例如加入蛋白來吸附酒中的微小顆粒以獲得無雜質的酒款。另一個選項是進行過濾（Filtering），確保所有有害的有機物質都被濾出，而得到明亮清晰的葡萄酒

最後，將葡萄酒裝瓶。

照片來源 BIVB

你知道嗎？

使用重度過濾與澄清的時機一直是個極具爭議的問題，有人相信這樣的過程在去除雜質的同時，也改變了葡萄酒的風格。你一定曾聽過某些酒迷抱怨「過度澄清與過濾的酒款」（over fined and filtered wine），降低了葡萄酒的風味。基於上述原因，部分釀酒師會在酒標上註明他們的酒是「未經過濾的」（unfiltered）。

布根地與黑皮諾的愛好者較不擔心在未過濾的酒款上發現一些細小的結晶。事實上，他們可能樂於知道酒是沒有被過濾的，這表示葡萄酒所有細緻優雅的風味都將被保存下來。

白葡萄酒的釀造

葡萄、去梗與破皮

由於釀造白葡萄酒無須保留葡萄皮與葡萄籽等固體的部分，因此會儘快移除酒渣。

榨汁

破皮後的自流汁直接送入酒槽中，再進行榨汁以獲得更多的葡萄汁。有時自流汁與榨汁而得的果汁會分開發酵，不過大多放入同一個酒槽中。

澄清

可加入膨潤土（Bentonite）以澄清果汁，也能去除果汁中造成氧化的酶（enzymes）。

硫化（Sulfuring）與冷卻（Cooling）

加入二氧化硫與冷卻果汁可防止果汁自行發酵，直到釀酒師認為準備就緒，才發動發酵作用。

脫硫（Desulphitation）

進行發酵時適度的透氣可散發部分硫化物。

添加酵母

最簡單的方式便是使用各種商用的冷凍乾酵母罐頭。有些人選擇快速發酵，有些人則喜歡緩慢引出葡萄的芳香特色。在溫水中加入乾酵母與一點果汁，酵母菌便會開始生長，最後再將酵母倒入釀酒槽中。當天然酵母的品質較差或者與酒款風格不符時，釀酒師會改用商業用酵母。

在不鏽鋼槽或橡木桶中發酵

酵母菌可在不鏽鋼槽或橡木桶進行將糖轉化成酒精的工作。

培養（Elevage）

對於紅酒而言，在整個木桶陳年期間須定時添加硫化物。但在釀造白葡萄酒時，只須添加一次硫化物來維護酒香及防止氧化。

澄清

葡萄酒可能在發酵結束的2個月後進行過濾。除了過濾外，有時葡萄酒也會進行澄清，以去除混濁的微小顆粒。常見的澄清劑有蛋白與膨潤土（Bentonite），將這些澄清劑倒入酒中攪拌，可將微小顆粒吸附一起後沉到底部，因而留下晶瑩剔透的葡萄酒。有些澄清劑也讓葡萄酒的風味轉為較不刺激與少苦味。

其他的澄清劑包含：牛血、奶酪、魚蛋白、明膠、海藻與黏土或矽藻黏土（diatomaceous clay）等。

冷卻穩定（cold stabilization）

葡萄酒在低溫環境下可能會產生酒石酸結晶（tartrate crystals）與酒晶體沉澱。這是為了讓消費者即使是在過度冷藏的情況下也不會形成結晶體。

最後，將葡萄酒裝瓶。

照片來源 BIVB

粉紅葡萄酒的釀造

釀造粉紅葡萄酒（rosé）的方法有許多種，使用的葡萄絕對不是白葡萄品種！粉紅葡萄酒絕對是使用紅葡萄品種來釀造。南法最出名的粉紅酒便是使用格那希（Grenache）、仙梭（Cinsault）與慕維得爾（Mourvèdre）釀造。

粉紅葡萄酒的生產並不容易。有些釀酒師曾經在白葡萄酒中混調紅葡萄酒，結果只創造出品質普通的酒款。

最常使用的方法之一，便是將破皮的紅葡萄放入發酵槽中，並使用與釀造紅酒相同的技術來釀酒。發酵過程會產生酒精與熱能，這兩者都會從葡萄皮中擷取色澤，釀酒師必須每小時抽取樣品以控制葡萄酒的色澤，直到獲得滿意的顏色後，便會將酒渣留下，把葡萄酒移到另一個酒槽中完成發酵，最後釀出令人愉悅的粉紅色澤的葡萄酒。

另一個則是通稱為「淡粉紅葡萄酒」（vin gris 或 grey wine），使用色澤較淡的紅葡萄來釀造。葡萄採收後會盡速送到釀酒廠，並採用整串葡萄釀造，讓果皮、果肉與汁液迅速染上色澤，而後儘速移除果皮並開始酒精發酵。

有時釀酒師也會讓葡萄汁短暫地與葡萄皮浸泡在一起，釀造出顏色非常淺的粉紅酒或淡粉紅酒。有名的例子包含布根地淡粉紅葡萄酒（Gris de Bourgogne）或羅亞爾河粉紅葡萄酒（Rosé de Loire）。

其他的方法包括「放血法」（Bleeding）：葡萄發酵時移除多餘的果汁，以增加浸皮比例，來獲得顏色較深的酒款。

照片來源 CIVB

照片來源 CIVA

香檳及氣泡酒釀造

採收（Picking）

手工採收成熟度最佳的葡萄，並放入小籃子當中。

榨汁（Pressing）

快速且輕柔地壓榨葡萄，以確保釀造出高品質的白酒。為了在未來提供酒款進行調配的最大可能性，香檳區的葡萄品種：黑皮諾（Pinot Noir）、夏多內（Chardonnay）與皮諾莫尼耶（Pinot Meunier）將分開榨汁、發酵，而來自不同村莊的葡萄也可能會分別釀造。

許多酒廠仍使用傳統的大型木製立式榨汁機，因表面積較大，可將果汁儘快瀝出，而不會沾染上單寧的口感。現代化的水平或氣動式壓榨機也常被使用。

4,000公斤的葡萄可榨出2,550公升的果汁，首榨的2050公升為釀「Vin de Cuvée」所用，這批果汁在釀造之後，單寧與色素的含量是最低的。接下來的500公升稱為「Première Taille」；第三榨稱為「Deuxième Taille」。不過大多數的生產者只取用Cuvée來釀造，其餘果汁將轉售。

第一次發酵（Primary fermentation）

香檳的第一次酒精發酵會產生靜態酒，這個階段還不是氣泡酒。

首先進行所謂「Débourbage」過程，不同榨汁而獲得的果汁會先送到小發酵槽中靜置冷卻。每一個發酵槽都只放一種榨汁，確保最後可獲得精確的混和比例。接下來將進行沉澱與澄清的工作，靜待葡萄皮與其他雜質沉入槽底，只有澄清過的果汁可送到發酵槽中。

接下來香檳廠會決定他們是否要使用不鏽鋼槽或者傳統205公升的木桶發酵（Vin de Cuvée正好可以裝滿10個傳統木桶）。

無論使用天然酵母或後天培養篩選的酵母菌，在3至4個星期間，這些葡萄汁會開始慢慢發酵。

酒款也可能會進行乳酸發酵，將尖銳的蘋果酸轉為柔和的乳酸，這可增加酒款的穩定性。此時釀好的葡萄酒稱為Vin Clair。

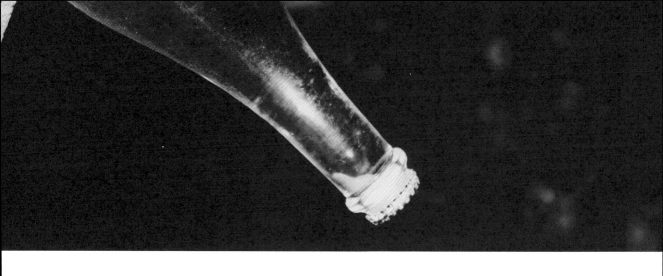

調配（Assemblage）

調和來自不同區塊的靜態葡萄酒。

在冬季，不同類型的葡萄酒會調配出大量的非年份香檳。一個大香檳廠可能會選用來自50個以上的特定村莊或葡萄園所生產的3個品種來混釀，以確保品質與品牌風格的一致性。

若要在香檳上標示年份，則必須使用80%來自同一年份的Cuvée酒款，其餘則可使用老年份的保留酒（Vin de réserve）以增加複雜的風味。

在這個階段會進行穩定、過濾與澄清的工作。

二次發酵（Second Fermentation）或取得氣泡（Prise de Mousse）

二次發酵會在酒瓶中產生氣泡，也就是氣泡酒裡頭的氣泡。在調配完成後，會加入含有糖分（約24克／公升）與酵母的混和液（稱為liqueur de tirage）。然後將酒裝入瓶中、使用金屬瓶蓋封瓶，利用隔板來水平陳放。即使不幸發生了爆瓶事件，這些隔板可確保其餘的酒款不會受到影響。

酒款在12度的環境下進行4到8周的發酵期。混和液中的糖分被轉化成酒精，而產生的二氧化碳氣泡則會溶解在酒液中。此時靜態酒轉化成氣泡酒的工作已完成，香檳酒內的壓力約為5-6大氣壓，同時也會增加約1.2%的酒精濃度。

在酒渣（Lee）中陳年（ageing）

發酵完成之後，死去的酵母細胞，稱為「酒渣」將會在瓶中沉澱。

這個過程可能會持續數十年之久，多數的香檳廠會將二次發酵的場地安排在一個深冷的地窖中。在這段期間內，酵母細胞可能會自我溶解，並釋放出複雜的風味物質，如給予香檳烤土司、酵母的香氣。

非年份香檳必須與酒渣一起陳年15個月的時間，年份香檳則最少要陳放3年的時間。若酒標上標示「récemment dégorgé」則表示與酒渣一起陳年的時間約為5-10年，或更久。

搖瓶（Riddling）或轉瓶（Remuage）

這是一個將死去酵母集結的過程。傳統的轉瓶會將酵母集中到酒瓶的頸部。酒瓶插在一個稱為pupitres的直立木架。專業的搖瓶師會定時快速微搖動每個瓶子，並將微轉動瓶身的角度，經過一段時間後，瓶身最終呈現瓶口朝下的狀態，酒渣及沉澱物集中於瓶頸。

而現代的自動轉瓶機（Gyropalettes）可模仿人類的動作，不到一周的時間就可將搖瓶的工作完成。酒瓶倒掛在酒籠中，每8小時機器轉動一次。

一些特別的香檳款會拖延這個過程而達到過熟（sur pointes），或者倒立放置以增添其風味。

除渣（Disgorgement ／ dégorgement）

去除酵母沉積物的過程。

目前最好的除渣方法稱為「結冰除渣」（dégorgement à la glace），是將瓶頭插入低溫鹽水中，酵母沉積物將會在瓶口結凍，而後移除瓶蓋，此時酵母凝結物會因壓力而射出，留下清澈的氣泡酒。

傳統的除渣法也近似如此，不過少了冷凍酵母的過程。需熟練的技術才不致於讓葡萄酒與空氣接觸過久，或在過程當中損失瓶裡的酒。

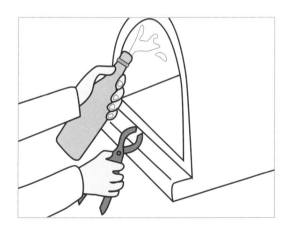

補充液（Dosage）

香檳除渣之後會在酒內加入Liqueur d'expédition，是一種葡萄酒與糖分的混和液。這是為了補充因除渣而失去的酒液，同時調整香檳的糖分與酒精濃度，這個過稱叫做「dosage」，混和液中含有糖分，這可決定香檳最後的甜度，若要釀成半干型（Demi-Sec）等較甜的香檳，便在混和液中加入更多的糖分。

甜度分類，以每公升含有的糖分為依據	
Brut Zero	不含糖
超干型／特不甜型（Extra Brut）	少於 6 克
干型／不甜型（Brut）	少於 15 克
超干型／特不甜型（Extra Sec）	15-20 克
不甜型（Sec）	17-35 克
半干型（Demi-sec）	35-50 克
甜型（Doux）	多於 50 克

註：Brut Zero的香檳又可稱為：Extra Brut、Brut Sauvage、Ultra Brut、Brut Intégral。

封瓶（sealing the bottle）

香檳加入最終混和液之後，便會進行封瓶貼標。高品質的香檳瓶塞包含三個部分：一個平面的軟木塞頭，與一個傘狀的軟木塞木塊，最後用鐵絲纏繞，以確保瓶塞不致掉落。

你知道嗎?

氣泡酒的相關用字

傳統氣泡酒釀造法（Méthode Classique / Méthode Traditionnelle）

於歐盟內使用，指傳統的氣泡酒釀造方法。

迪瓦法（Dioise）

用於釀造隆河區迪 - 克雷賀特氣泡酒（Clairette de Die），使用低於25%的克雷耶特（Clairette）白葡萄，及最少75%的小粒種蜜思嘉（Muscat à petits grains）品種。迪瓦法較為粗糙，為了生產氣泡，在裝瓶前先讓發酵中的酒液冷卻，以減緩發酵速度。當瓶裝葡萄酒的溫度開始上升，發酵反應將再次啟動。接著就如同香檳釀造法一般，將二氧化碳困於瓶中。

田園法（Rurale）

第一次發酵完成前先行裝瓶，因此生產的氣體也將會困在酒瓶當中，最後生產出氣泡較清淡的酒款。這是香檳釀造法的前驅，又稱為Méthode Artisanale與Méthode Ancestrale。

蓋亞克法（Gaillacoise）

與田園法相似，但多了除渣的動作。

其他常見的用語

浸泡（Macération）

浸泡（Macération）意指葡萄汁與葡萄皮、葡萄籽的接觸過程，長時間的浸泡通常僅用於紅葡萄酒的釀造過程，增加葡萄酒的色澤深度及香氣複雜度。部分釀酒師認為這可柔化粗獷、苦澀的單寧，讓酒款更利於陳年。

二氧化碳浸泡法（Carbonic Maceration）

相較於常見的葡萄酒釀造方法，本法是將整串葡萄放置在大槽中，並注入一層二氧化碳氣體，以防止觸發酵母活動，而讓葡萄將從果皮內部開始發酵。

這種發酵法除了產生酒精外，也會創造出如糖果、草莓等獨特的香氣。數周後，葡萄酒將以一般的釀酒方法進行後續處理。

冷浸泡（Cold Maceration）

又可寫做Cold soak。在酵母開始發酵前，將葡萄汁與果肉的混和液放在低溫環境約5至10天。普遍相信冷浸泡有利於萃取酚類化合物，進而產生顏色、香氣與口味都更複雜的葡萄酒。

葡萄皮浸漬（Skin Contact）

主要為白葡萄酒的浸泡法，在葡萄破皮後，將果肉、果皮、葡萄籽與果汁一同放置一段時間，以獲取更多的風味特質。在法國，這種技術稱為Macération Pelliculaire。

未去酒渣培養法（Sur Lie）與攪桶（Bâtonnage）

在法國，「sur lie」表示將葡萄酒長時間與死去酵母接觸。而攪桶（Bâtonnage）則是將酒渣拌入葡萄酒液中。酒渣是指葡萄酒發酵過後的死去酵母，這些死去的酵母會釋放出影響酒體，包括單寧、酒體、香氣等的物質。

基本上，釀酒師會選擇sur lie方式陳年，是為了展現某些酒款特色，例如讓葡萄酒的酒體更柔順飽滿、增加香氣的複雜度與深度。攪桶（Bâtonnage）則會協助酵母釋放的化合物融入酒體之中。

攪拌會產生一種奶油般綿密的口感，並進一步增加風味的複雜性。此外也可以防止硫化氫的形成，並進一步讓酒體內的風味更加融合。

微呼吸（Micro-aeration）與微氧化（Micro-oxygenation）

無論是紅酒或白酒都可使用這兩種方法。

微呼吸（Micro-aeration）是讓發酵中的葡萄酒，可透過踩皮或淋汁的方法與空氣接觸，降低葡萄酒的澀味，讓酒款擁有更多的果香特色，並讓色澤更穩定，有助於酵母的發酵。微氧化（Micro-oxygenation）則是使用在橡木桶陳年的過程中，允許少量空氣穿透木桶，與葡萄酒作用。相較於不鏽鋼槽或玻璃容器，木桶將會帶給酒款不同的單寧口感與風味。微氧化（Micro-oxygenation）同時也指因空氣接觸而溶入酒中的微小氣泡。

踩皮（Pigéage）

在發酵的過程中，葡萄皮、果肉等渣質會漂浮在酒槽的頂部，形成非常堅硬的酒帽（Cap），若酒帽變乾，則會滋生細菌。有些酒廠傾向於使用淋汁的方式讓酒帽保持濕潤，而有些則會使用一個類似水泥攪拌車的rotofermenter機器。但最細膩輕柔的方法是稱為踩皮（Pigéage），以人工方式，利用棍子將酒帽壓回酒汁當中，可獲取更多的色澤與味道，手法十分輕柔，而不會萃取粗獷的單寧。

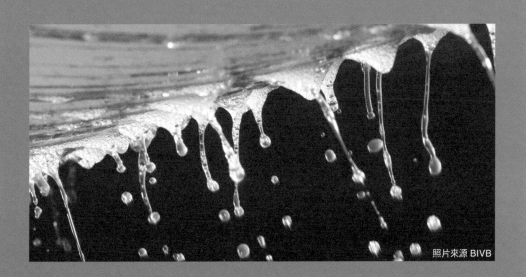

照片來源 BIVB

照片來源 Sud de France

甜葡萄酒的釀造

貴腐／灰葡萄孢菌（Noble Rot / Botrytis Cinerea）

詳細內容請參閱第3章。

只使用感染貴腐黴的葡萄來釀造甜酒。有些酒廠，如知名的 Château d'Yquem，在不完美的年份甚至不釀造甜酒。揀選糖分合標準的葡萄以釀造出14度酒精的成熟度，因此在酒精發酵後還可有一些糖分殘留在酒液中。任何不符合標準的葡萄果實都會被剔除於外。

由於葡萄梗有利於榨汁，因此葡萄破皮但不去梗。自乾癟葡萄中收集到少量但風味集中的果汁。

葡萄汁開始進行發酵，最後因自然或加入少量硫化物而停止發酵。有時釀酒師會在酒槽四周使用冷凝器，以冷卻果汁的方式抑止酵母繼續作用，因而釀出含有高糖分的葡萄酒。這些酒汁可在橡木桶中陳年、換桶、澄清，最後裝瓶。

以受貴腐菌影響的貴腐葡萄而釀成的甜葡萄酒在法國處處可見，包含西南產區的蒙巴季雅克（Monbazillac）、阿爾薩斯的選粒貴腐型葡萄酒（Sélections de Grains Nobles；SGN）以及羅亞爾河的萊陽丘（Coteaux du Layon）與梧雷（Vouvray）。

你知道嗎？

Passerillé

Passerillé為一種釀造甜酒的方式。是刻意留在葡萄藤上乾燥或果乾化的葡萄，這些葡萄可能會或不受到灰黴菌的影響。

此外還有另一種可以獲取較甜葡萄汁的方法，是將採收完的葡萄晾乾或將結凍葡萄，類似製造冰酒的過程，常用於其他國家，但法國較少見。

甜葡萄酒（Vin Moelleux）

這裡指的是微甜的葡萄酒，這些酒款比一般干白酒有更佳的陳年潛力，常可在羅亞爾河流域發現。

香甜酒（Vins Liquoreux）

在葡萄汁發酵之前先加入葡萄蒸餾酒。常見的香甜酒有來自干邑（Cognac）產區的彼諾酒（Pineau des Charentes）、侏羅（Jura）馬克凡香甜酒（Macvin du Jura）與法國西南部的福樂克香甜酒（Floc de Gascogne）。

天然甜葡萄酒（Vin Doux Naturel；VDN）或加烈酒（Fortified Wine）

天然甜葡萄酒（VDN）是一種經由後天加工，而擁有天然甜度的葡萄酒。在發酵過程中加入蒸餾酒，以人為方法中斷發酵，不讓所有糖分轉化成酒精，因而造就成甜酒。其酒精濃度常為14%以上。

天然甜葡萄酒可分成兩個不同的種類：

A. 還原（Reductive）：存放在不鏽鋼槽中，酒體不與空氣接觸，以保持原始的葡萄香氣（如玫瑰花香），建議年輕時飲用。

B. 氧化（Oxidative）：依據酒款風格的不同，而將酒體暴露在空氣中，或在橡木桶中陳年，甚至在陽光下曝曬。這些酒款有著迷人的氧化與橡木桶陳年的風格，如果乾、咖啡、蜂蜜與香草等香味。

法國知名的天然甜葡萄酒產區包含：風替紐-蜜思嘉（Muscat de Frontignan）、威尼斯-彭姆-蜜思嘉（Muscat de Beaumes de Venise）、哈斯多（Rasteau）與班努斯（Banyuls）。

高溫酒（Cooked Wine）

熟酒（Vin cuit）常被翻成酒精強化酒，如波特（Port）或雪莉（Sherry）。這類酒因為部分水分的蒸發濃縮而成，有的會添加糖分，有的則無。這類酒也可因為高溫造成。

照片來源 BIVI

橡木、木桶與製桶

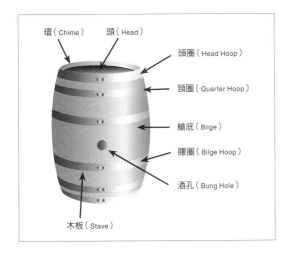

環（Chime）　頭（Head）
頭圈（Head Hoop）
頸圈（Quarter Hoop）
艙底（Bilge）
腰圈（Bilge Hoop）
酒孔（Bung Hole）
木板（Stave）

橡木（Oak）

橡木在世界各地如北美、德國、東歐、俄羅斯、葡萄牙與巴爾幹島等地均有種植。法國則因橡木品種的不同，而種植在不同地區，如法國中部的Tronçais、Nevers、Allier、Limousin與法國東北部的Vosges。

製桶法（Cooperage）

歷史上，木桶可用於葡萄酒的儲存與運輸，木桶的製作被認為是一種古老的技能與藝術，木桶的製造商稱為Coopers。其木材的挑選基準是參考樹木形狀與生長條件，這些因素決定了木桶的紋路、木質間隙的細緻度與單寧含量，優質的木材有緊密的木質空隙與細膩的單寧。

雖然有各種橡木類型，但製桶商與釀酒師最偏愛白橡木，因為它擁有最好的孔隙度、強度、韌性、可加工性、重量與個性。

木板陳年（Stave Ageing）

第一次切割圓形木材時要保留其木紋，不可破壞脈絡，才可確保最終的成品有防水的功能。木材會被劈成為製桶所需木板，並在自然環境中陳放。透過曝曬的過程，木板中可能破壞葡萄酒口味的雜質，如不良的氣味與粗糙的單寧酸等會被清除。這樣的陳年過程需要數年以上的時間。

木板陳年完成後，會切成適當的長度，頭尾略呈錐狀，外圍斜切，內側稍稍挖空，接著送去製桶廠組裝。

木桶製作（Raising the barrel）

製桶者選擇最佳的木板，並放在金屬箍中的過程稱為「mise en rose」，使用三個金屬箍讓木板緊密結合再一起，創造了堅實的木桶雛型。

燻烤（Firing）

每個木桶雛型會放在小型火爐旁製型。木桶內側依需求而有不同的烘烤程度：輕、中或重度燻烤。木桶燻烤程度也會影響未來葡萄酒的風格。

照片來源 BIVB

裝蓋（Assembly）

　　木桶原先由金屬箍綑成裙狀，接著頭尾裝上由木板拼接而成的封蓋，最後再利用絞盤將木板收縮成木桶的形狀。

木桶的尺寸

　　大型古老的木槽被稱為foudre或demi-muid，容量約為350公升。波爾多地區，木桶的容量為225公升；而布根地，每個木桶的容量則為228公升。干邑（Cognac）地區的木桶較小，容量約為205公升。

製桶廠（The Cooper）

　　製桶是一個古老的技藝，成品有著極高的標準規範，並且完全靠手工完成。因此每個製桶廠所製造的木桶都有些許的不同。有些酒莊還擁有自己的製桶師為自家酒款製造適合的木桶。

釀酒學

　　在希臘文中，「Oinos」的意思為葡萄酒。釀酒學（Oenology，英文為enology、法文為oenologie與義大利文為enologia）是一門結合葡萄酒種植、培育與釀造的科學。也是生產質量穩定、價格合理葡萄酒的訣竅。

釀酒師（Oenologist）

　　小型酒廠可能會在採收、發酵與後發酵的過程中聘請經驗豐富的釀酒顧問，他可能也在同一時間擔任其他酒廠的釀酒師。在大型的酒廠中，釀酒師們多在酒廠內工作，並聽命於首席釀酒師。釀酒師在學校學習各種與釀酒有關的相關學科，包食品技術、化學、為生物學、工程學（酒廠的設備與操作）、葡萄酒鑑賞等，還須具有基本的經營管理能力。

幾個釀酒廠工作的例子

A. 分析技術

　　在實驗室中進行分析，包含葡萄果實的糖／水比重，或測量葡萄的成熟度。

B. 檢測問題葡萄酒

　　酒款的問題可能從是由厭氧微生物、好氧微生物或化學疾病等產生，發生的地點可能是發霉的葡萄或橡木桶，或者機器滲漏的焦油，甚至可能是受到感染的葡萄汁。接著採取補救措施。釀酒師可選用化學劑量，如增加硫化物與酵素，或使用澄清劑來淨化酒款等。

C. 微生物學

　　這也是隸屬於釀酒師的工作。

新世界葡萄酒會將剛萌芽喜愛糖分的釀酒酵母加入葡萄酒中。而法國葡萄酒傾向使用葡萄皮上的天然酵母菌。在葡萄酒發酵期間，釀酒師會在顯微鏡下檢視酵母菌的生長狀況。天然酵母菌有助於發酵，但也可能遇到潛伏的「殺手酵母」，抑制酒精酵母菌的作用。

此外，釀酒師也要認得腐敗的菌種。醋酸菌是最不受歡迎的細菌之一，他會將葡萄酒醋酸化，並且阻止葡萄酒的乳酸發酵。

釀酒師也要視情況驅使乳酸菌進行乳酸發酵：將尖銳的蘋果酸轉為柔順的乳酸，最終獲得一個較滑順質地的酒款。

乳酸發酵可以透過紙層分析法或酶分析法來監控。乳酸發酵後，會提高 pH 值（降低酸度），釋放二氧化碳，得到質地柔軟的乳酸。通常在涼爽氣候生產的葡萄酒會進行乳酸發酵。它多半自然發生，但也能透過人為誘發。

蘋果酸→乳酸+二氧化碳

乳酸發酵的酒款有好也有壞。優點是可降低高酸葡萄酒中的酸度，提高葡萄酒的感官特色，並改善酒質的穩定性，基本上酒款會變得更複雜，擁有奶油的香氣，質地更滑順。但是，酸度過低、高 pH 值的葡萄酒可能面臨腐壞的風險，而產生不良的風味，並在色澤上有所變化。

D. 葡萄酒釀造試驗

為了更了解葡萄酒以及提升葡萄酒的品質，可能進行多種行動，例如：

加糖（Chaptalization）：在破皮壓碎的果汁中加入糖，以增加潛在的酒精度。在極端情況下，某些葡萄過酸的歐洲國家中是被允許的。

加酸（Acidification）：增加酒石酸以平衡因葡萄過熟而產生的高 pH 值酒款。在大多數的新世界國家中，允許釀酒師降低葡萄的甜度。

單寧與色澤的調整（Tannin and color modification）：檢查酒款的單寧與顏色，並進行調整。這涉及到在各種情況下分開釀造少量的葡萄酒，並且分辨出那些是最佳的酒款。

1000 倍顯微鏡下的酵母與細菌

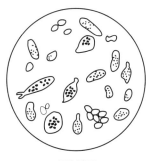

野生酵母

細菌

左上：明串珠菌（Leuconostoc）　左下：乳酸片球菌（Pediococcus）
右上：乳酸菌（Lactobacillus）　右下：醋酸菌（Acetobacter）

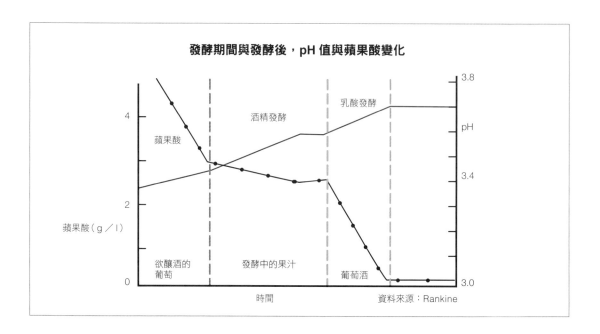

發酵期間與發酵後，pH 值與蘋果酸變化

蘋果酸（g／l）

酒精發酵　　乳酸發酵

蘋果酸

pH

欲釀酒的葡萄　　發酵中的果汁　　葡萄酒

時間　　　　　資料來源：Rankine

修正（Corrections）：當發現錯誤，如葡萄酒出現霧狀、硫化氫的產生、揮發性酸、顏色汙染等，立即採取行動並糾正錯誤。這包括了謹慎使用過濾設備（過濾墊與薄膜式）、穩定技術（如低溫穩定）等，若過度操控葡萄酒，則會使葡萄酒失去其風格與個性。其他的品質控管包括預防軟木塞腐敗、包裝檢查等問題。

其他測試：試驗使用不同的橡木桶、不同的栽種法、調和來自不同區塊的葡萄酒、找出呈現葡萄酒風土條件的最佳方法。

E. 品質控管

從挑選剛採收的葡萄到裝瓶與包裝、使用硫化物的劑量，以檢驗軟木塞的安全性。

F. 建議新的方法與技術

來改進酒莊的運作。

G. 品酒與葡萄酒評價

競賽與統計報告的成果都是協助酒莊釀造更佳品質酒款的方法之一。

你知道嗎？

當你開啟一瓶冷藏的白葡萄酒，你可能會在瓶中或軟木塞上發現類似玻璃碎片的細小結晶體。事實上，這些小晶體是酒石酸結晶體，常發生在葡萄酒過冰的情況下。

為了避免葡萄酒新手的誤解，多數的酒廠會進行低溫穩定法。在葡萄酒裝瓶前，將酒款放置到近乎結冰的溫度，並將因低溫形成的結晶體移除。

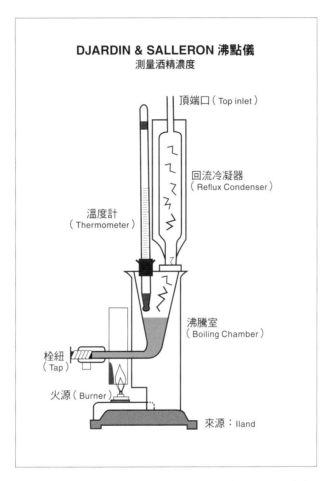

DJARDIN & SALLERON 沸點儀
測量酒精濃度

頂端口（Top inlet）

回流冷凝器
（Reflux Condenser）

溫度計
（Thermometer）

沸騰室
（Boiling Chamber）

栓紐
（Tap）

火源（Burner）

來源：Iland

沸點儀是透過氣體與液體的溫度平衡，來測量該液體的沸點。

Chapter 5

阿爾薩斯 ALSACE

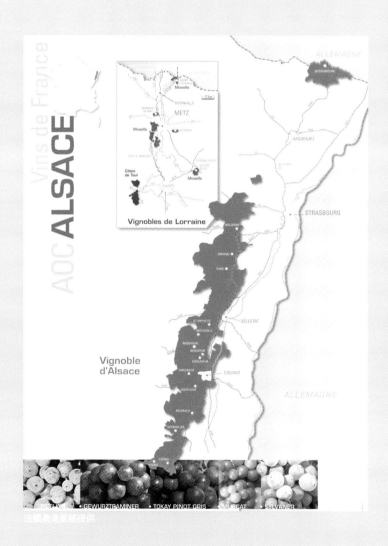

法國農漁業部提供

照片來源 CIVA

阿爾薩斯（Alsace）是白酒愛好者的天堂。本地有多種葡萄品種可供選擇，從干白型的葡萄酒、半干型葡萄酒到甜酒；從酒體輕盈到濃郁豐富，任君選擇。若你想來點輕盈的泡泡，還可選擇清爽帶果味的阿爾薩斯氣泡酒（Crémant d'Alsace）。當然，紅酒愛好者在這裡也不會被人忽略，阿爾薩斯生產的紅葡萄品種只有一個：黑皮諾（Pinot Noir），創造出酒體細緻、單寧柔和，帶有些許的漿果與香料氣味，搭配白肉或紅肉菜餚都十分適合。

照片來源 CIVA

照片來源 CIVA

阿爾薩斯簡述

特殊的地理位置

阿爾薩斯座落於法國東側,南北綿延 100 公里,葡萄園面積超過 15,000 公頃。氣候雖寒冷,但弗日山脈(Vosges)可阻隔寒風,山坡上朝南、西南與東南方向的葡萄園可獲得充沛的陽光照射。阿爾薩斯葡萄園往往位於降雨量低的高海拔地區。為確保品質,葡萄園採用低產率的修剪以及較高的引枝方式避免霜害。

多樣的土質

阿爾薩斯的土壤結構非常複雜,有花崗岩(granite)、砂岩(sandstone)、火山岩、黏土、石灰岩(limestone)、沖積層(alluvial)等。

7 個主要葡萄品種

90% 以上的阿爾薩斯葡萄酒採用麗絲玲(Riesling)、格烏茲塔明那(Gewurztraminer)、灰皮諾(Pinot Gris,以前稱為 Tokay d'Alsace)、白皮諾(Pinot Blanc)、蜜思嘉(Muscat)、希瓦那(Sylvaner)及夏斯拉(Chasselas),唯一的紅葡萄品種是黑皮諾。此產區的葡萄酒多以單一品種釀造。

其他的阿爾薩斯酒款

- 甜酒(**Sweet Wine**)

  遲摘型葡萄酒(Vendange Tardive,簡寫為 VT),也稱晚收型葡萄酒。另外,阿爾薩斯還有選粒貴腐型葡萄酒(Sélection de Grains Nobles,簡寫為 SGN)。

- 氣泡酒(**Crémant d'Alsace**)

  阿爾薩斯氣泡酒多為白酒型式,但有時也會釀成粉紅氣泡酒。

- 高貴的混合(**Edelzwicker**)

  Edelzwicker 是混用在阿爾薩斯所生產的不同白葡萄品種所釀的白葡萄酒,例如白皮諾(Pinot Blanc)、希瓦那(Sylvaner)、夏斯拉(Chasselas)等,是個經濟實惠的白酒。

照片來源 CIVA

阿爾薩斯酒款的多樣性

簡短的歷史

相似於多數法國葡萄酒產區,西元前58年,羅馬人在阿爾薩斯開始種植葡萄藤。因擁有完美的葡萄酒生產條件:陽光普照、天氣乾燥、土壤肥沃,西元2年,弗日山脈已遍滿葡萄園了。

西元5世紀,因羅馬帝國的衰敗,日耳曼民族佔領了阿爾薩斯,沒多久他們被法蘭克人趕出去。到了西元10世紀,阿爾薩斯再次被德帝國占領。西元12~13世紀,阿爾薩斯在德國霍亨斯陶芬王朝(Hohenstaufen Kings)的統治之下繁榮發展。

西元17至20世紀間,阿爾薩斯多次交替於法國與德國統治。戰亂頻繁,導致葡萄藤被摧毀。法國大革命期間(1789-1799),教會用的葡萄園區也被拆毀。1871年,德國收復阿爾薩斯,但在一次世界大戰後,再次歸屬於法國。在1940到1945年間,該區被德國納粹所占領,隨著戰爭結束,阿爾薩斯又回歸法國統治。

因其地理位置特殊,阿爾薩斯長期以來被夾在法國與德國之間,擁有錯綜複雜的歷史背景。

儘管歷史動盪,在西元10世紀時,阿爾薩斯地區共有160個葡萄種植區域或村莊。到了15世紀,擁有超過24,000公頃的葡萄園,阿爾薩斯是中世紀時期全歐洲最知名,也最昂貴的葡萄酒產區。

受德國與法國雙重文化的影響,創造出獨特的阿爾薩斯酒款。阿爾薩斯釀酒法傾向於德國,但葡萄酒風格則偏向於法國。一次世界大戰後,為了釀造出更優質的葡萄酒,酒商們決定重新種植葡萄。

葡萄品種

阿爾薩斯的葡萄酒風格取決於釀酒品種,只有麗絲玲(Riesling)、格烏茲塔明那(Gewurztraminer)、灰皮諾(Pinot Gris)及蜜思嘉(Muscat)這4個品種可生產特級葡萄園等級(Grand Cru)的葡萄酒。同時,也只有這4個品種可釀造甜型遲摘葡萄酒(VT)或者受貴腐黴菌感染的SGN酒款。

風格

常見的酒款風格為中等酒體、擁有各個葡萄品種特色與香氣的干白酒。例如，充滿柑橘與花卉香氣的麗絲玲（Riesling），擁有辛香料與濃郁香味的格烏茲塔明那（Gewurztraminer），帶有桃子與燻烤味的灰皮諾（Pinot Gris），呈現新鮮葡萄香氣的蜜思嘉（Muscat）。

黑皮諾（Pinot Noir）主要釀成酒體清淡但富有果味的紅葡萄酒，有時也會釀造氣泡酒或貴腐甜酒（請參閱第3章）。

獨特的瓶身

阿爾薩斯酒瓶稱為「阿爾薩斯笛型瓶」（flûte d'Alsace），是一種修長的綠色瓶子，相當優雅，不論是在餐桌上或者酒窖中都十分容易辨識。

生產商與葡萄園

當地約有175間酒廠，生產近8成的葡萄酒，此外還有2,000名以上的酒農自行釀造裝瓶。酒商與葡萄農創造出多樣化的產品。由於受到德法文化的影響，阿爾薩斯的村莊與葡萄園經常擁有法文與德文的名字。與法國其他產區不同，阿爾薩斯的單一葡萄園並不代表有更優越的品質。

具爭議性的 Crus、Clos、Côte、Coteaux及特定葡萄園（lieux-dits）

法定產區通常是衡量品質的基準，但有時也會出現例外。當你品飲一款阿爾薩斯特級葡萄園（Grand Cru）的酒款時，你可以確信這瓶酒是來自特級葡萄園，並且由4個高貴的葡萄品種所釀造的酒款。

即便酒款來自特級葡萄園，部分知名的酒商，如Trimbach、Hugel及Beyer等，並不會在他們的頂級酒款上標示Grand Cru的字樣。而其他的生產者則可能在其頂級酒款的酒標上使用「Réserve」或「Côtes du~」的字眼。

1975年，首次提出特級葡萄園分級系統概念，到了1983年，首批25個葡萄園被選入。直至今日，特級葡萄園的數量已超過50個了。然基於種種考量，某些獨占園如Trimbach酒廠的Clos Saint Hune、Weinbach的Clos de Capucins與Zind Humbrecht 的Clos Windsbuhl，即使它們擁有優異的品質，卻被排除在特級園的名單之外。因此有許多生產者擁有Grand Cru的葡萄園，也可能拒絕使用這種具有爭議性的稱謂。

有趣的是，由於各方團體的角力與妥協，讓阿爾薩斯每個村莊都擁有至少一個特級葡萄園，讓人更質疑葡萄園本身是否真正擁有特級園的價值。制定特級葡萄園的原意是激勵當地生產者釀出更細緻的酒款，但對於喜愛阿爾薩斯葡萄酒的酒迷們來說，卻造成了更多的不便。他們除了要認識當地優秀的酒商、喜愛的品種外，還要記住部分不隸屬於特級葡萄園系統的優質葡萄園。

阿爾薩斯法定產區

來自阿爾薩斯的酒款是屬於以下三種法定產區其中之一：

阿爾薩斯AOC（AOC Alsace）

約有12,000公頃的葡萄園可生產阿爾薩斯AOC法定產區的酒款，使用阿爾薩斯品種釀造，並標示於酒標上，例如「Riesling AOC Alsace」。不過也有少數例外，例如調和不同品種的Edelzwicker。

阿爾薩斯氣泡酒（Crémant d'Alsace）

阿爾薩斯氣泡酒的葡萄園面積占地約1,300公頃，採瓶中二次發酵方法釀造（請參閱第4章），大多數的阿爾薩斯氣泡酒是使用白皮諾（Pinot Blanc）釀造，不過也可能發現使用灰皮諾（Pinot Gris）、麗絲玲（Riesling），甚至夏多內（Chardonnay）釀造而成的氣泡酒，此外這裡亦生產黑皮諾（Pinot Noir）的粉紅氣泡酒。

阿爾薩斯特級葡萄園（AOC Alsace Grand Cru）

阿爾薩斯特級葡萄園的法定產區於1985年設立，面積約1757公頃，目前有51個特級葡萄園，多種植麗絲玲（Riesling）、格烏茲塔明那（Gewurztraminer）、蜜思嘉（Muscat）與灰皮諾（Pinot Gris）這4種品種。酒標上通常會註明特級葡萄園及品種名稱，其單位產量與葡萄成熟度有較嚴格的要求，特級葡萄園法定產區的法規甚至要求最低酒精含量。

照片來源 CIVA

照片來源 CIVA

品種與葡萄酒

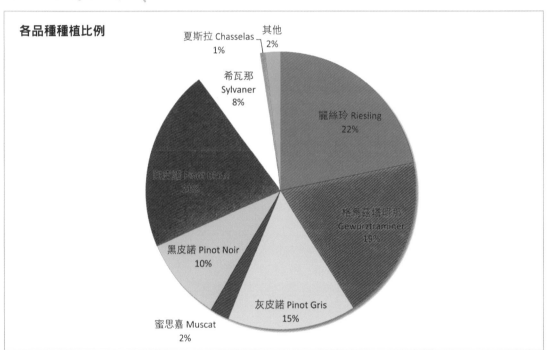

各品種種植比例

- 夏斯拉 Chasselas 1%
- 其他 2%
- 希瓦那 Sylvaner 8%
- 麗絲玲 Riesling 22%
- 白皮諾 Pinot Blanc 21%
- 格烏茲塔明那 Gewurztraminer 19%
- 黑皮諾 Pinot Noir 10%
- 灰皮諾 Pinot Gris 15%
- 蜜思嘉 Muscat 2%

　　受到弗日山脈的屏障，阿爾薩斯地區呈現陽光明媚、日照充足，且乾燥炎熱的半大陸型氣候（semi-continental），每年的降雨量只有400到500毫米，幾乎是全法國最低的區域。

　　在弗日山麓海拔約200至400公尺間的葡萄園，可說是擁有最好陽光日照的地塊，可讓葡萄緩慢地成熟發展，往往釀成香氣複雜、口感優雅的葡萄酒。

　　阿爾薩斯葡萄園占地15,500公頃，其土壤如同由石灰岩、花崗岩、片麻岩、片岩、砂岩所組成的馬賽克圖樣。不同的土質組成，將引導出葡萄品種優秀的特徵，創造出阿爾薩斯葡萄酒獨一無二的個性。

風格

阿爾薩斯的酒款十分多樣，橫跨各種價格帶與風格。

品種	酒款風格	實用資訊
麗絲玲 Riesling	年輕的Riesling色澤是淺黃色中帶有些許綠色，成熟後則轉為金色。一般來說，年輕時的香氣以桃子、花香為主，而成熟的Riesling則帶有礦物與油質的氣味。有著清脆的酸度，以及結實有力的酒體結構。	Riesling是阿爾薩斯最受尊崇的品種，生長在片岩（schist soils）上帶有花果的芬芳，而種在石灰岩-黏土質的土壤（clay limestone soils）則帶有花香與草本植物，如檸檬、薄荷的特色。特級葡萄園與最佳的阿爾薩斯Riesling往往要10年以上的時間才能看出它的實力。 適飲溫度為8至12度。
格烏茲塔明那 Gewurztraminer	金黃色澤，成熟後會發展出琥珀色的基調。酒中常發現獨特如胡椒、肉桂等香料香氣，芒果、荔枝、玫瑰、柑橘的果調香氣。由於低酸度與高酒精濃度，即使是干白酒也常讓人有微甜的印象。	酒精濃度從12到14度不等。通常高酒精濃度會帶有較溫潤豐富的口感，這個特色在微甜的酒款中更加明顯。在特級葡萄園也有釀造Gewurztraminer的產品。 適飲溫度約為12度。
蜜思嘉 Muscat	年輕時有著黃綠色澤，隨著時間的變遷而逐漸轉為金黃色。帶有強烈濃郁的香氣，年輕時帶有些許花香，成熟後則發展出辛香料的氣息。	在特優的年份中，Muscat呈現出優雅細緻的風格，彷彿咬了一口新鮮的葡萄。 適飲溫度在7至10度。
灰皮諾 Pinot Gris	一般呈現淺黃色或黃綠色，成熟後會轉為金黃色。可有細膩的杏桃、蜂蜜香氣，及些許的煙燻味。同時結合Gewurztraminer的辛香料風味以及Riesling細膩的酸度結構。熟成後會發產出奶油、餅乾甚至菌菇的香氣。	有著華麗且綿長的尾韻。以前曾被稱為Tokay d'Alsace或Tokay Pinot Gris，現已被禁止以避免與匈牙利的產區混淆。釀成遲摘酒也十分受歡迎。 適飲溫度為10至14度。

品種	酒款風格	實用資訊
希瓦那 Sylvaner	黃綠色澤，帶有白花、柑橘的香氣，有時還可發現草本植物與礦物的風味。	輕盈、果味豐沛的白酒風格，建議在3年內飲用。 適飲溫度為8至12度。
白皮諾 Pinot Blanc	顏色清淡，有著濃郁的水蜜桃、白花與杏桃香氣，強勁平衡。	為即飲型酒款。 適飲溫度為10至12度。
黑皮諾 Pinot Noir	可釀成粉紅酒或紅酒，有著櫻桃、草莓的香氣，酒體雖然輕盈，但卻帶有令人驚艷的單寧與結構，具有陳年潛力。	阿爾薩斯地區唯一的紅葡萄品種，多數情況下酒體都較清淡，但有時也會在橡木桶中陳年，約有10年的陳年潛力。 適飲溫度為12度。

其他葡萄品種酒款特色

　　歐歇瓦（Auxerrois）在阿爾薩斯地區較不受重視，但仍會以阿爾薩斯歐歇瓦（Auxerrois d'Alsace）或皮諾歐歇瓦（Pinot Auxerrois）的名義裝瓶銷售，酒款帶有奶油、香料與麝香氣味。

　　夏斯拉（Chasselas）也被稱為Gutedel，酒體清淡、帶有新鮮水果的香氣，適合及早飲用，大多用來調配Edelzwicker酒款

　　高貴的混合（Edelzwicker）是阿爾薩斯最入門的酒款，通常被稱為Vin d'Alsace。通常混釀2種或更多種的阿爾薩斯葡萄品種：即Pinot Blanc、Auxerrois、Pinot Gris、Pinot Noir、Riesling、Gewurztraminer、Muscat、Sylvaner與Chasselas。Edelzwicker的品質有高有低，大多是酒體清淡、尾韻清爽的干白酒。

選粒貴腐型葡萄酒與遲摘型葡萄酒

　　選粒貴腐型葡萄酒，簡稱SGN。遲摘型葡萄酒，簡稱VT。是兩種酒款並非為獨立的AOC法定產區名稱。阿爾薩斯法定產區與特級葡萄園都有可能有這樣的酒款。

　　陽光明媚又少雨的阿爾薩斯是貴腐黴菌（noble rot）生長的理想環境，偶爾會出現白日溫暖，但在夜間有濃霧，或清晨有薄霧這樣的罕見情況，此時黴菌可「影響」葡萄。

　　貴腐黴可能無法一次感染整串葡萄，因此需做葡萄選粒的工作，葡萄為逐粒手工採收。高濃度的糖分與貴腐黴的影響，改變葡萄的原始特色。而未受貴腐黴感染的葡萄會較晚採摘，釀成遲摘型葡萄酒（Vendange Tardive）。

　　誠如所想，SGN與VT酒款十分罕見的，可

以使用的葡萄品種包含Gewurztraminer、Pinot Gris、Riesling與Muscat。AOC Alsace與AOC Alsace Grand Cru皆可釀造SGN與VT。

　　SGN的酒款比VT的酒款更甜，酒精、甜度與酸度達到平衡，酒體結構也更為複雜。SGN的酒精濃度大約15至16度，而VT的酒精濃度約為13度。SGN的酒款可陳年5至10年，適飲溫度為8至9度。

Riesling SGN

　　花香，隨著陳年而發展出礦石香氣。

Gewurztraminer SGN

　　辛香料與柑橘類的香氣，也可聞到菌菇、蜂蜜與可可的味道。

Muscat SGN

　　帶有葡萄乾與貴腐黴的氣味。

Pinot Gris SGN

　　燻烤香，帶有菌菇、蜂蜜、麵包與聖誕香料的香氣。

遲摘型葡萄酒（Vendange Tradive）

　　Vendange Tardive的字面意思便是晚收。葡萄將留在藤蔓上，等到11月或12月才採收，此時葡萄已非常成熟，並呈現脫水萎縮，果肉內的糖分十分濃縮，因透過這樣一個過程而釀造的酒款稱為遲摘型葡萄酒。

　　自1984年以來，只有Gewurztraminer、Pinot Gris、Riesling與Muscat可釀造阿爾薩斯法定產區與特級葡萄園等級的遲摘型葡萄酒。

　　遲摘型葡萄酒可分為甜型、半甜型與干型不同類型（若釀造商願意，可將酒款發酵成干型葡萄酒），不管是何種甜度，VT的酒款應呈現厚重的酒體與濃郁的風格，酒精濃度為12.9度至14.3度，成熟5年後即可飲用，但也有20年的陳年潛力。

Riesling VT

　　出現百香果與柑橘水果的香氣。

Gewurztraminer VT

　　帶有豐富的玫瑰、香蕉、荔枝、杏桃與果醬的香味。

Muscat VT

　　可聞到一些丁香花與麝香的味道。

Pinot Gris VT

　　奶油般的質地，帶有熱帶水果、蜂蜜與燻烤香料的氣味。

獨特的地理位置

阿爾薩斯的面積綿延110公里長，可劃分為兩大區塊：位於北邊史特拉斯堡周遭的下萊茵區（Bas-Rhin），與南邊的上萊茵區（Haut-Rhin）。

偏北的地理位置意味著阿爾薩斯的氣候較為冷涼，可能會造成葡萄成熟困難。但現實卻相反，由於葡萄熟成緩慢，阿爾薩斯生產出優雅複雜的酒款。

此獨特情況是受其微氣候（microclimatic）條件的影響：半大陸型氣候、陽光明媚、炎熱且乾燥的氣候環境。

阿爾薩斯氣候受弗日山脈的地理環境影響。弗日山脈為葡萄園阻擋了各種有害葡萄的氣候：寒風、雨水與冰雹。而向南、西南與東南面山坡上的葡萄園則有豐沛的陽光照射。

超過3/4的葡萄園坐落在海拔175公尺至420公尺處，近5成葡萄園位於山腳斜坡上，1/4的葡萄園在松葉林密布的高山上，其餘的1/4屬於平原地區。

馬賽克拼圖般的土壤

造成阿爾薩斯獨特風格的優勢之一，就是藏在土壤中的貝殼化石：萊茵河流域曾在三疊紀（triassic）與侏羅紀時期（jurassic）被洪水淹沒，讓土壤含有高比例的鈣質。

葡萄藤主要種植在弗日山脈的山坡地、山腳丘陵與平原地區，山坡地的土壤大多為花崗岩、片岩、火山玄武岩、砂岩等組成，葡萄扎根極深。

丘陵土壤則截然不同，主要為含鈣的砂岩、含鈣泥灰岩或泥灰質黏土所組成，含有豐富的礦物質。

以上照片來源 CUVA

照片來源 CIVA

平原地區則以沖積砂土或礫石地、含鈣黃土或沃土為主。

在阿爾薩斯能找到多達20種不同的土壤類型，包含片麻岩、花岡岩、黏土、泥灰岩、石灰岩、砂岩等，甚至火山岩都有。

絕大多數的阿爾薩斯葡萄園土壤成分都是由石頭、岩塊與土壤等混和物自然沉積而成，有著良好的排水系統，並刺激葡萄根向下深耕。

土壤類型	酒款風格
黏土（clay）	酒體結構緊致
礫石（gravel）	精緻細膩
石灰岩（limestone）	帶來水果的特色與清爽的酸度
砂石（sand）	清爽清新，帶有豐富果味
片岩（schist）	優雅簡樸的果香與花香
花崗岩（granite）	酒體渾厚結實，擁有良好陳年潛力
火山岩（volcanic）	帶有鹹味與煙燻味

如此複雜多變的土壤，讓阿爾薩斯的葡萄品種有更多樣性的選擇，確保各式土壤條件下可釀造出不同的酒款風格。

土壤與品種的結合

Pinot Blanc 喜愛質地細膩且肥沃的壤土，而 Muscat 適合種植在含鈣的砂土或沃土上。Pinot Noir 生長在含鈣砂石地，Sylvaner 同樣也喜愛含鈣的砂地，Auxerrois 生長在肥沃的泥灰質土壤上，而 Chasselas 可適應各種土壤但需要良好的保水度。

土壤也可分成暖性土（warm solis）與涼性土（cold solis）。舉例來說，Pinot Gris 與 Gewurztraminer 喜愛含有高比例黏土的「涼性土」，而 Riesling 則較適應在陡峭地形、石灰質含量高的「暖性土」。

葡萄整枝與種植會因不同土壤類型而有所改變，整枝方式依據葡萄園的海拔高地而有所不同。本區常見的整枝方式居由式（Guyot）、高登式（Cordon）、日內瓦雙藤式（Geneva double curtain）以及里拉式（Lyre）。種植在陡峭梯田式葡萄園區的葡萄通常是人工採收，平原區的葡萄則有可能為機器採收。

阿爾薩斯 特級葡萄園

不同於一般阿爾薩斯 AOC 法定產區等級，特級葡萄園酒款更能呈現石灰岩、片岩、花岡岩、黏土、砂岩等不同土壤所產生細微的香氣與口感的差異。

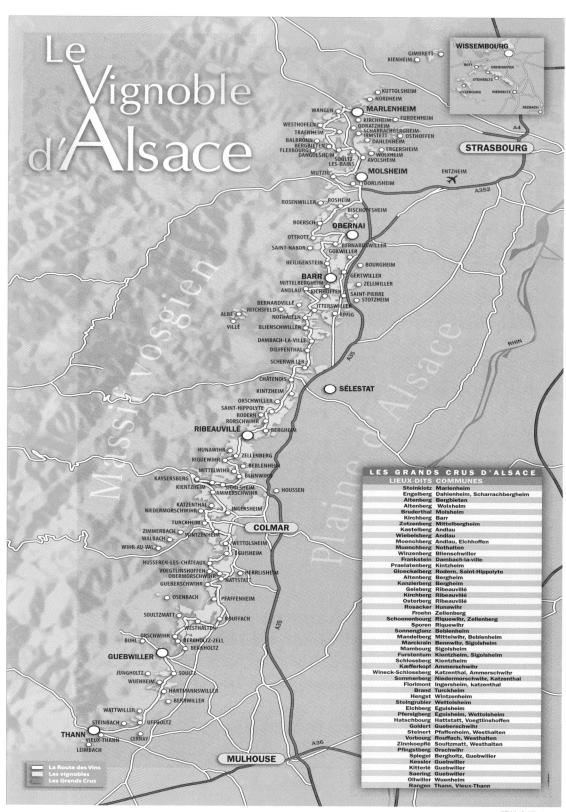

Le Vignoble d'Alsace

WISSEMBOURG

GIMBRETT
KIENHEIM

ROTT   OBERHOFFEN
STEINSELTZ
CLEEBOURG   RIEDSELTZ
SEEBACH

KUTTOLSHEIM
NORDHEIM
WANGEN   MARLENHEIM
WESTHOFFEN   KIRCHHEIM   FURDENHEIM
TRAENHEIM   ODRATZHEIM
BALBRONN   SCHARRACHBERGHEIM
BERGBIETEN   IRMSTETT   OSTHOFFEN
FLEXBOURG   DAHLENHEIM
DANGOLSHEIM   ERGERSHEIM
SOULTZ-   WOLXHEIM
LES-BAINS   AVOLSHEIM
MUTZIG   MOLSHEIM
DORLISHEIM

STRASBOURG
ENTZHEIM
A4
A352

ROSENWILLER   ROSHEIM
BISCHOFFSHEIM
BOERSCH   OBERNAI
OTTROTT
SAINT-NABOR   BERNARDSWILLER
GOXWILLER   BOURGHEIM
HEILIGENSTEIN
BARR   GERTWILLER
MITTELBERGHEIM   ZELLWILLER
ANDLAU   EICHHOFFEN
SAINT-PIERRE
ITTERSWILLER   STOTZHEIM
BERNARDVILLÉ   EPFIG
REICHSFELD
ALBÉ   NOTHALTEN
VILLÉ   BLIENSCHWILLER
DAMBACH-LA-VILLE
DIEFFENTHAL
SCHERWILLER

CHÂTENOIS
KINTZHEIM   SÉLESTAT
ORSCHWILLER
SAINT-HIPPOLYTE
RODERN
RORSCHWIHR
RIBEAUVILLÉ   BERGHEIM

HUNAWIHR
RIQUEWIHR   ZELLENBERG
BEBLENHEIM
MITTELWIHR
KAYSERSBERG   BENNWIHR
KIENTZHEIM   SIGOLSHEIM
AMMERSCHWIHR   HOUSSEN
KATZENTHAL
NIEDERMORSCHWIHR   INGERSHEIM
TURCKHEIM
ZIMMERBACH   WINTZENHEIM
WALBACH   COLMAR
WIHR-AU-VAL   WETTOLSHEIM
EGUISHEIM
HUSSEREN-LES-CHÂTEAUX   HERRLISHEIM
VOEGTLINSHOFFEN
OBERMORSCHWIHR   HATTSTATT
GUEBERSCHWIHR
OSENBACH   PFAFFENHEIM
SOULTZMATT   ROUFFACH
WESTHALTEN
ORSCHWIHR
BUHL   BERGHOLTZ-ZELL
BERGHOLTZ
GUEBWILLER
JUNGHOLTZ   SOULTZ
WUENHEIM
HARTMANNSWILLER
BERRWILLER
WATTWILLER
STEINBACH   UFFHOLTZ
THANN
VIEUX-THANN   CERNAY
LEIMBACH

A35

RHIN

Plaine d'Alsace

Massif vosgien

A36

MULHOUSE

La Route des Vins
Les vignobles
Les Grands Crus

LES GRANDS CRUS D'ALSACE	
LIEUX-DITS	**COMMUNES**
Steinklotz	Marlenheim
Engelberg	Dahlenheim, Scharrachbergheim
Altenberg	Bergbieten
Altenberg	Wolxheim
Bruderthal	Molsheim
Kirchberg	Barr
Zotzenberg	Mittelbergheim
Kastelberg	Andlau
Wiebelsberg	Andlau
Moenchberg	Andlau, Eichhoffen
Muenchberg	Nothalten
Winzenberg	Blienschwiller
Frankstein	Dambach-la-ville
Praelatenberg	Kintzheim
Gloeckelberg	Rodern, Saint-Hippolyte
Altenberg	Bergheim
Kanzlerberg	Bergheim
Geisberg	Ribeauvillé
Kirchberg	Ribeauvillé
Osterberg	Ribeauvillé
Rosacker	Hunawihr
Froehn	Zellenberg
Schoenenbourg	Riquewihr, Zellenberg
Sporen	Riquewihr
Sonnenglanz	Beblenheim
Mandelberg	Mittelwihr, Beblenheim
Marckrain	Bennwihr, Sigolsheim
Mambourg	Sigolsheim
Furstentum	Kientzheim, Sigolsheim
Schlossberg	Kientzheim
Kæfferkopf	Ammerschwihr
Wineck-Schlossberg	Katzenthal, Ammerschwihr
Sommerberg	Niedermorschwihr, Katzenthal
Florimont	Ingersheim, katzenthal
Brand	Turckheim
Hengst	Wintzenheim
Steingrubler	Wettolsheim
Eichberg	Eguisheim
Pfersigberg	Eguisheim, Wettolsheim
Hatschbourg	Hattstatt, Voegtlinshoffen
Goldert	Gueberschwihr
Steinert	Pfaffenheim, Westhalten
Vorbourg	Rouffach, Westhalten
Zinnkoepflé	Soultzmatt, Westhalten
Pfingstberg	Orschwihr
Spiegel	Bergholtz, Guebwiller
Kessler	Guebwiller
Kitterlé	Guebwiller
Saering	Guebwiller
Ollwiller	Wuenheim
Rangen	Thann, Vieux-Thann

照片來源 CIVA

特級葡萄園 特級葡萄園名（則為其 所在行政區）	產區風土條件	葡萄品種與酒款特色
Steinklotz（Marlenheim）	含鈣土壤及石灰岩	Riesling、Gewurztraminer、Pinot Gris：擁有良好的陳年潛力
Engelberg（Dahlenheim 與 Scharrachbergheim）	鵝卵石、擁有豐富石灰質黏土的化石及石灰質泥灰土	Gewurztraminer、Riesling、Pinot Gris, Muscat：酒體豐滿，結構平衡
Altenberg（Bergbieten）	泥灰土-石灰質-石膏，面向東南方，可擁有豐沛的陽光照射	Riesling、Gewurztraminer、Pinot Gris、Muscat：充滿花香，新鮮且平衡 特例：允許使用 Riesling、Pinot Gris、白皮諾（Pinot Blanc）、黑皮諾、Muscat 與夏多內（Chardonnay）來混釀酒款。
Altenberg de Wolxheim	石灰質泥灰土，礫石，含鈣黏土	Riesling：豐富有力
Bruderthal（Molsheim）	石灰質泥灰土，較高的坡度上石塊較多	Riesling、Gewurztraminer：結構明顯、口感平衡。Gewurztraminer 較多花香，而 Riesling 豐富強烈
Kirchberg（Barr）	石灰質泥灰土，含鈣土壤	Gewurztraminer、Riesling、Pinot Gris：帶有辛香料味道
Zotzenberg（Mittelbergheim）	石灰質與泥灰土，東面與南面有較多的陽光照射，保水力佳	Gewurztraminer、Riesling、Pinot Gris：細緻優雅 特例：允許生產希瓦那（Sylvaner）
Kastelberg（Andlau）	陡峭的山坡上有多石片岩、花岡岩與砂質土壤	Riesling：細緻優雅，具陳年潛力
Wiebelsberg（Andlau）	砂石黏土地，排水良好	Riesling：花香豐沛
Moenchberg（Andlau 及 Eichhoffen）	帶有卵石的石灰質泥灰土	Riesling：結構優雅，適合陳年
Muenchberg（Nothalten）	多石砂地與火成岩	Riesling：酒體成熟豐滿
Winzenberg（Blienschwiller）	雲母石花崗岩	Riesling、Gewurztraminer、Pinot Gris：花香豐沛

特級葡萄園 特級葡萄園名（則為其 所在行政區）	產區風土條件	葡萄品種與酒款特色
Frankstein（Dambach-la-ville）	雲母石花崗岩	Riesling、Gewurztraminer：優雅細緻花香
Praelatenberg（Kintzheim）	花崗片麻岩和礫石	Riesling：深具陳年潛力
Gloeckelberg（Rodern 及 Saint-Hippolyte）	泥灰質-石灰石	Gewurztraminer 與 Pinot Gris
Altenberg（Bergheim）	泥灰質-石灰石	Riesling 與 Gewurztraminer：平衡有力
Kanzlerberg（Bergheim）	泥灰質-石灰石，石膏	Riesling 與 Gewurztraminer：獨特的香氣
Geisberg（Ribeauvillé）	泥灰質-石灰石-砂石土，白雲岩	Riesling：優雅
Kirchberg（Ribeauvillé）	泥灰質-石灰石-砂石土，白雲岩	Riesling：優雅
Osterberg（Ribeauvillé）	泥灰質或沃土	Gewurztraminer、Pinot Gris：口感豐厚 Riesling：細緻
Rosacker（Hunawihr）	含鈣泥灰質，白雲岩與石灰質	Riesling：辛香料味 Gewurztraminer：玫瑰與胡椒味
Froehn（Zellenberg）	沃土、黏土、片岩，海拔高度在 270-300 公尺間	Gewurztraminer：香氣豐富
Schoenenbourg（Riquewihr 及 Zellenberg）	泥灰質上覆蓋著砂石土壤	Riesling：結構有力，適合釀造 SGN 與 VT
Sporen（Riquewihr）	多石黏土、沃土，面東南向	Gewurztraminer：細膩
Sonnenglanz（Beblenheim）	沃土-石灰石	Gewurztraminer、Pinot Gris：成熟的水果香氣，口感均衡

特級葡萄園 特級葡萄園名（則為其所在行政區）	產區風土條件	葡萄品種與酒款特色
Mandelberg（Mittelwihr 及 Beblenheim）	石灰質沃土，面向南方與東南方	Riesling、Gewurztraminer：酒體高雅
Marckrain（Bennwihr 及 Sigolsheim）	含鈣泥灰土-石灰石，海拔200至250公尺	Gewurztraminer：酒體豐富 Pinot Gris：令人愉悅的香氣
Mambourg（Sigolsheim）	含鈣泥灰土	Gewurztraminer、Pinot Gris、Muscat、Riesling
Furstentum（Kientzheim 及 Sigolsheim）	含鈣石灰石	Gewurztraminer：豐富有力
Schlossberg（Kientzheim）	花崗石	Riesling：豐富花香
Wineck-Schlossberg（Katzenthal 及 Ammerschwihr）	花崗石	Riesling：細緻的花香與果香
Sommerberg（Niedermorschwihr 及 Katzenthal）	花崗石	Riesling：酒體平衡
Florimont（Ingersheim 及 Katzenthal）	含鈣黏土	Gewurztraminer：辛香料味 Riesling：活潑的香氣
Brand（Turckheim）	花崗石	Riesling、Gewurztraminer：細緻平衡
Hengst（Wintzenheim）	含鈣的沃土與砂石地	Gewurztraminer、Pinot Gris：須陳年10至20年的時間
Steingrubler（Wettolsheim）	含鈣的沃土與砂石地	Gewurztraminer、Riesling、Pinot Gris：酒體豐厚飽滿
Eichberg（Eguisheim）	含鈣黏土	Gewurztraminer、Riesling、Pinot Gris：濃厚型酒款
Pfersigberg（Eguisheim 及 Wettolsheim）	砂石地與泥灰土	Gewurztraminer 與 Riesling：果香豐沛、酒體渾厚

特級葡萄園 特級葡萄園名（則為其 所在行政區）	產區風土條件	葡萄品種與酒款特色
Hatschbourg（Hattstatt 及 Voegtlinshoffen）	含鈣的泥灰土-壤土-黃 土，220至330公尺間	Gewurztraminer、Pinot Gris、Muscat：香氣 多變
Goldert （Gueberschwihr）	含鈣黏土，230至330公 尺間	Gewurztraminer：和諧均衡
Steinert（Pfaffenheim及 Westhalten）	含鈣土壤	Gewurztraminer、Pinot Gris：豐富多變的香 氣
Vorbourg（Rouffach及 Westhalten）	含鈣的砂石地	Gewurztraminer、Riesling、Pinot Gris：酒體 有力，帶有強烈的水果、堅果與香草的氣味。
Zinnkoepflé（Soultzmatt 及 Westhalten）	含鈣的砂石地	Gewurztraminer：獨具風格 Riesling：燦爛多變
Pfingstberg（Orschwihr）	含鈣的沃土-砂石地	Riesling：花香豐沛
Spiegel（Bergholtz及 Guebwiller）	砂石-沃土	Gewurztraminer：乾燥花香 Riesling：礦石風味
Kessler（Guebwiller）	黏土-砂地	Gewurztraminer：花香豐富
Kitterlé（Guebwiller）	火成岩-砂石	Riesling：礦石風味 Gewurztraminer, Pinot Gris：水果乾
Saering（Guebwiller）	含鈣的沃土-砂石	Riesling：果乾與花香
Ollwiller（Wuenheim）	黏土-砂地	Riesling：雄壯
Kaefferkopf （Ammerschwihr）	花崗岩	Gewurztraminer：華麗 特例：可使用Gewurztraminer、Riesling、 Pinot Gris與Muscat混釀
Rangen（Thann及 Vieux-Thann）	火成岩	Pinot Gris、Riesling、Gewurztraminer：豐富 平衡

照片來源 CIVA

特級葡萄園品種的特色

麗絲玲（Riesling）

　　黃綠色澤，隨著陳年而轉為金色。帶有花卉與礦石的香氣，偶爾也會有些許的水蜜桃風味。花崗岩地形帶來柑橘類的芬芳，片岩則帶出花果香氣，石灰質泥灰土將提供些許的草本植物的氣息。特級葡萄園釀製的Riesling酒體結構明顯，並有綿長的尾韻。

格烏茲塔明那（Gewurztraminer）

　　金黃色澤，陳年後轉為琥珀色。在花崗岩為主的園區會產生帶有花卉、熱帶水果香氣的酒款，石灰石或卵石地層則會創造出玫瑰與水果乾香氣的優雅酒款，泥灰土強調了酒款的辛香料氣息。酒精濃度較高，常帶有殘糖，酒款溫潤平衡，尾韻悠長。

蜜思嘉（Muscat）

　　淡金色澤，隨著時間陳年轉為金黃色。酒款帶有葡萄乾的香氣，也可發現一些黑醋栗與草本植物的香氣，陳年的酒款則有八角等辛香料氣息。

灰皮諾（Pinot Gris）

　　淺金色澤，熟成後轉為暗金色。年輕時帶有杏桃、蜂蜜與些許可可的香氣，陳年後則帶有成熟水果及燻烤香味，有時也會出現森林與菌菇的氣息，酒體華麗奔放。

閱讀阿爾薩斯酒標

法定產區 AOC：Alsace
酒廠名稱：Domaine Zind Humbrecht
葡萄品種：Gewurztraminer
釀造商名稱：Leonard et Olivier Humbrecht

葡萄品種：Gewurztraminer
酒款：選粒貴腐型葡萄酒
法定產區 AOC：Alsace Grand Cru
酒廠名稱：Domaine Weinbach
釀造商名稱：Colette Catherine et Laurence Faller

法定產區 AOC：Alsace
酒款：Gentil
酒廠名稱：Hugel

酒款：Cuvée Frédéric Emile
法定產區 AOC：Alsace
酒廠名稱：Trimbach
葡萄品種：Riesling

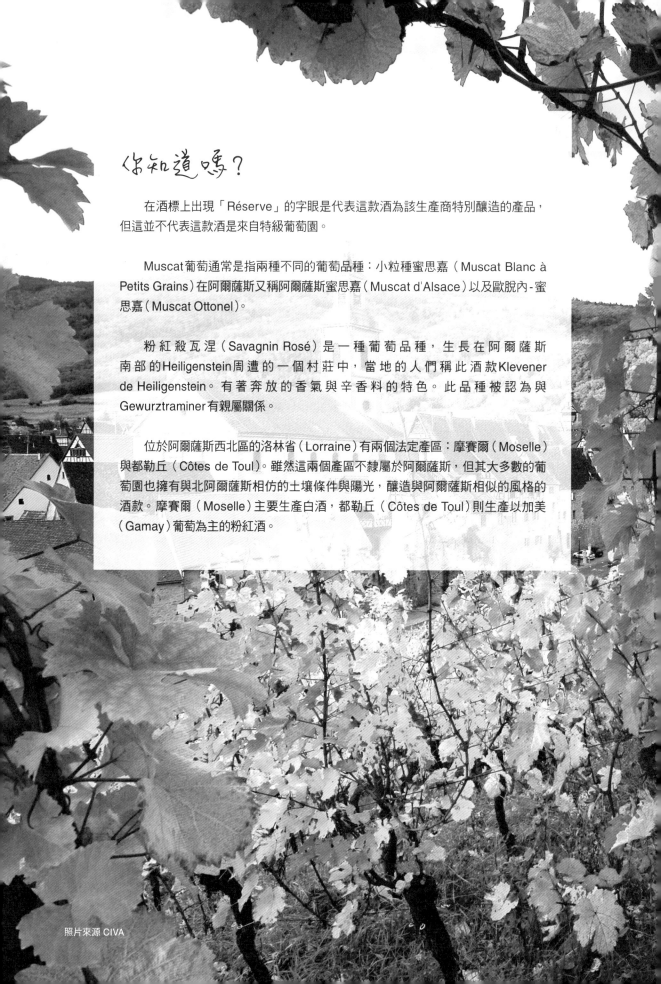

你知道嗎？

在酒標上出現「Réserve」的字眼是代表這款酒為該生產商特別釀造的產品，但這並不代表這款酒是來自特級葡萄園。

Muscat葡萄通常是指兩種不同的葡萄品種：小粒種蜜思嘉（Muscat Blanc à Petits Grains）在阿爾薩斯又稱阿爾薩斯蜜思嘉（Muscat d'Alsace）以及歐脫內-蜜思嘉（Muscat Ottonel）。

粉紅殺瓦涅（Savagnin Rosé）是一種葡萄品種，生長在阿爾薩斯南部的Heiligenstein周遭的一個村莊中，當地的人們稱此酒款Klevener de Heiligenstein。有著奔放的香氣與辛香料的特色。此品種被認為與Gewurztraminer有親屬關係。

位於阿爾薩斯西北區的洛林省（Lorraine）有兩個法定產區：摩賽爾（Moselle）與都勒丘（Côtes de Toul）。雖然這兩個產區不隸屬於阿爾薩斯，但其大多數的葡萄園也擁有與北阿爾薩斯相仿的土壤條件與陽光，釀造與阿爾薩斯相似的風格的酒款。摩賽爾（Moselle）主要生產白酒，都勒丘（Côtes de Toul）則生產以加美（Gamay）葡萄為主的粉紅酒。

Chapter 6

波爾多
BORDEAUX

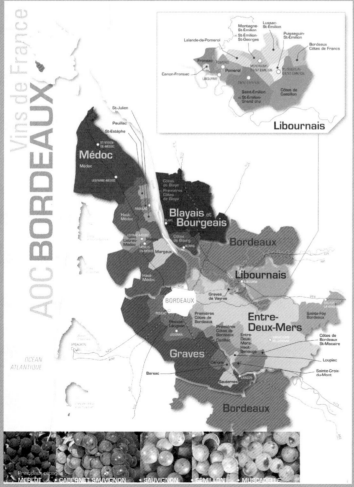

法國農漁業部提供

照片來源 CIVB

波爾多，有著響亮的聲譽，在這兒你可找到一些法國最著名的偉大酒款。多數的葡萄酒愛好者大概對於拍賣場上經常拍出高價的Château Pétrus與Château Lafite司空見慣了，但波爾多地區並非全數生產這樣價格昂貴的葡萄酒，還有許多價格合理、平易近人的波爾多酒款，值得被大眾所知。例如風味充沛的優級波爾多（Bordeaux Supérieur）、兩海之間（Entre Deux Mers）所生產香氣清新宜人的白酒。此外，波爾多還提供了氣泡酒、粉紅葡萄酒與深粉紅葡萄酒（clairet）等選擇。

波爾多簡述

波爾多是一個廣域的葡萄酒產區，擁有各種土壤及適宜釀酒葡萄生長的良好條件，適合多種葡萄品種的種植，因此它可以生產出許多獨特風格的葡萄酒。

全法約有1/4的法定產區AOC葡萄酒產自於波爾多

波爾多位於大西洋沿岸，洋流帶來了溫暖的夏天及溫和的冬天，照拂著波爾多12萬公頃的葡萄園。這裡主要的土壤類型為礫石和黏土，部分區域還有白堊土（chalk）與石灰石。

6大主要葡萄品種

波爾多葡萄酒是由不同葡萄完美調和而成，主要品種如下：

紅葡萄品種：卡本內-蘇維濃（Cabernet Sauvignon）、梅洛（Merlot）、及卡本內-弗朗（Cabernet Franc）。

白葡萄品種：榭密雍（Sémillon）、白蘇維濃（Sauvignon Blanc）與密思卡岱勒（Muscadelle）。

6種風格與地理區域

波爾多地區有60個不同的AOC，有部分是葡萄者愛好者不能不知道的：

- **波爾多（AOC Bordeaux）與優級波爾多（AOC Bordeaux Supérieur）**：包含品質優異的紅葡萄酒、粉紅葡萄酒（rosé及顏色較深的clairet）與氣泡酒。
- **梅多克（Médoc）及格拉夫（Graves）**：生產最優質的紅葡萄酒與白葡萄酒，以城堡酒莊（Château）和知名的村莊為單位，如：上梅多克（Haut-Médoc）、里斯塔克-梅多克（Listrac-Médoc）、聖愛斯臺夫（Saint-Estèphe）、波雅克（Pauillac）、聖朱里安（Saint-Julien）、瑪歌（Margaux）、幕里斯（Moulis）與貝沙克-雷奧良（Pessac-Léognan）。
- **聖愛美濃（Saint-Emilion）與其周遭地區**：包含玻美侯（Pomerol）和弗朗薩克（Fronsac）的紅葡萄酒。
- **波爾多丘（Côtes de Bordeaux）**區域的紅葡萄酒、微甜葡萄酒與甜白葡萄酒。
- **兩海之間（Entre Deux Mers）**與其他的干白葡萄酒法定產區。
- **索甸（Sauternes）**區所產的甜白葡萄酒。

傳奇的波爾多葡萄酒

對於一個擁有太多雨水及貧瘠土壤的葡萄酒產區來說，波爾多的成功可說跌破了不少人的眼鏡。波爾多能有今天的地位必須歸功於一系列的歷史因素。過去，酒商們曾隨意地種植葡萄，經過大量錯誤的嘗試後，獲得許多寶貴的經驗，配合各產區獨特的氣候、土壤、產區風土條件，將葡萄種植在最適合它們的各個區域。優秀的葡萄酒再加上精明的經銷商，波爾多葡萄酒就這樣推向海外市場。

波爾多傳奇

再也沒有任何一個葡萄酒產區能與波爾多一樣，在發展的過程中受到許多外來力量的影響。最早葡萄園種植年份是西元71年，這是歷史學家所追溯到最早波爾多種植葡萄的記錄。但傳說，早在西元前一世紀前半，來自義大利南部的商人曾將葡萄酒介紹給波爾多地區的人民，自此波爾多開始種植釀酒葡萄。到了西元12世紀，種植釀酒葡萄已成為本區一個重要的農業經濟活動。

前進英格蘭

西元1152年，法國阿基坦女公爵埃莉諾（Aliénor d'Aquitaine）與英格蘭國王亨利二世（Henry Plantagenet）成婚，這個結合將波爾多紅葡萄酒（當時稱為Claret）帶入英國，並創造了巨大的銷量。在接下來的300年，阿基坦區均為英國國王所管轄，大量的波爾多紅酒進入英國市場，英國成為法國優質「Claret」的最大消費者。

優越的地理位置

波爾多的葡萄園分布於三條水路：加隆河（Garonne）、多爾多涅河（Dordogne）與吉隆特河口（Gironde），這三條水路對於波爾多的貿易行為有舉足輕重的影響。透過波爾多港，葡萄酒不但可銷售到歐洲，更可前往美洲，拓展商機。西元1337年爆發了英法百年戰爭，波爾多在英國的消費市場也走到了盡頭。

品牌重塑與市場行銷

17世紀結束前，由於法國國王對外發動戰爭，各個葡萄酒進口國對於葡萄酒課徵具懲罰性的巨額稅收，波爾多葡萄酒的出口銷售量大幅下降。在此同時，各國消費者有更多樣的飲料選擇：茶、咖啡、巧克力與西班牙葡萄酒充斥市場，也對波爾多葡萄酒的銷售量造成不小的影響。

荷蘭人的貢獻

為此，波爾多的酒商們將他們的注意力轉向荷蘭市場。荷蘭一向都是波爾多葡萄酒的大客戶，他們不但喜愛葡萄酒，同時也分享他們在建設堤防上的專業知識，協助改善波爾多梅多克地區的河岸地區，將此區的水抽乾，挖出大量的礫石土壤。這些土壤後來被發現是十分適合種植釀酒葡萄的，讓此區可釀造出更優質的葡萄酒。

葡萄酒商（négociant）的崛起

在那些日子中，葡萄酒是放在橡木桶中直接運送，數個月過後，通常無可避免的，葡萄酒會

照片來源 CIVB

變質。當時沒有人知道如何保存葡萄酒。而積極的英國商人及船運公司決定與酒農密切合作,將葡萄酒裝瓶密封起來,以確保葡萄酒的來源與品質,希冀能銷售更多有品質的葡萄酒。這些英國商人與船運公司後來變成為我們所熟知的葡萄酒商(négociant)。

戰爭與自然災害

儘管法國大革命造成了政治與社會的動亂,但波爾多葡萄酒的市場仍蓬勃發展,英國的上流社會仍享受著波爾多葡萄酒。1855年,波爾多有了自己的分級制度,將最優秀的波爾多酒款分出不同的等級。直至今日這個分級系統仍在葡萄酒的世界中扮演著舉足輕重的作用。

在波爾多地區曾發生過兩個自然災害,嚴重摧毀了葡萄園。然而它們同時也讓波爾多成功發展出今日的面貌。一個是在1850年發生的黴害(mildew disease),另一個則是1875年至1892年間的葡萄根瘤蚜蟲害(Phylloxera),這是一種侵食葡萄根的蚜蟲,會致植物於死(請參閱第3章)。這些病蟲害讓酒農們更加細心照顧他們的葡萄園,而為了對抗蟲害,波爾多酒農們進口抗蟲害的砧木,並且開始根據葡萄園的風土特色來種植合適的品種。

註: 由於1855年的分級制度只適用於梅多克地區,此後各地區陸續提出了自己的分級系統,請參閱有關分級制度的部分。

多樣的波爾多

大範圍或廣域的AOC

來自於吉隆特省(Le département de la Gironde)各地所釀造的葡萄酒都可稱為波爾多葡萄酒。波爾多法定產區(AOC Bordeaux)是本區最初等級的法定產區,來自於波爾多各地的葡萄酒均可列為這個等級。優級波爾多(AOC Bordeaux Supérieur)則是略高一等的法定產區,生產區域與波爾多相似,但法規上要求較高的酒精濃度。

由於AOC Bordeaux以及AOC Bordeaux Supérieur法定產區並非來自特定的區域或村莊,與來自於特定村莊或城堡酒莊所生產的頂級葡萄酒不同,這些葡萄酒通常會放在商業品牌下銷售。以下是這些葡萄酒的特色:

波爾多(AOC Bordeaux)

廣域的法定產區,其白葡萄酒通常帶有輕巧的花果香氣,口感清爽,紅酒則是帶多果味、少單寧的酒體。它們通常呈現優雅均衡的風格,年輕時便適合飲用。

優級波爾多(AOC Bordeaux Supérieur)

誠如它的名字,優級波爾多的紅葡萄酒略優於AOC Bordeaux,通常帶有像黑醋栗等豐沛的果味,單寧也較波爾多酒款再強勁一些。歸功於某些葡萄園的老藤葡萄,部分酒款有10年的陳年實力。

波爾多克雷賀深粉紅葡萄酒（Bordeaux Clairet）

波爾多克雷賀深粉紅葡萄酒（Clairet）是傳統的波爾多酒款，呈現深粉紅的色澤，帶有草莓、黑醋栗的果味，酒體清淡，單寧柔和。

波爾多粉紅葡萄酒（Bordeaux rosé）

粉紅的色澤，香氣清新均衡，常帶有優雅的花香。不同的葡萄品種會創造出不同的口感，一般而言無須經長期成熟，相當適合即飲的酒款。

波爾多氣泡酒（Crémant de Bordeaux）

此酒款在波爾多通常由兩個或兩個以上的品種混和：白蘇維濃（Sauvignon Blanc）、榭密雍（Sémillon）、密思卡岱勒（Muscadelle）、白于尼（Ugni Blanc）或高倫巴（Colombard），可釀成一般的白氣泡酒或粉紅氣泡酒。跟一般的氣泡酒相同，最好在溫度攝氏7度時飲用。

波爾多產葡萄酒法定產區圖貌

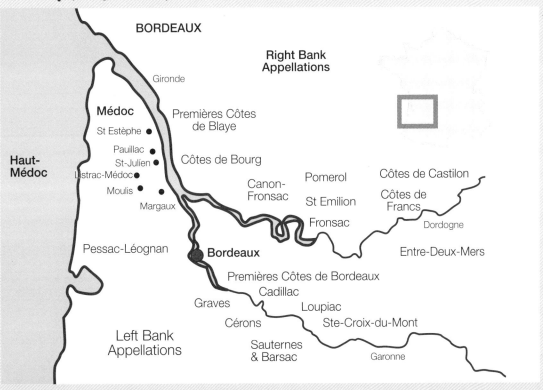

資料來源 CIVB

優異的產區風土條件，釀酒師高超的混釀的工藝，造就波爾多葡萄酒多變化的口感，也使波爾多葡萄酒成為經得起時間考驗的經典。

區域級法定產區酒款

　　AOC Bordeaux及AOC Bordeaux Supérieur法定產區皆為較廣域的法定產區。其再更高一級的就是區域級法定產區。也就是說葡萄酒來自特定的區域：如來自Médoc、Haut-Médoc、Saint-Emilion、Graves等。這代表此葡萄酒所使用的葡萄酒必須來自該產區，葡萄酒的愛好者能從葡萄酒本身的風格，可分辨出是來自Haut-Médoc的酒款，還是Saint-Emilion的酒款。

村莊級法定產區

　　區域級法定產區的葡萄酒，有時可選擇所屬的村莊級法定產區。如在上梅多克區內的波雅克（Pauillac）、聖愛斯臺夫（Saint-Estèphe）與里斯塔克-梅多克（Listrac-Médoc）等村莊。許多品酒人士也可分辨出上梅多克區各個村莊之間不同的風味。

村莊法定產區與城堡酒莊（Château）命名酒款

　　優質的葡萄酒常以生產它們的城堡酒莊來命名（約有9000多家），這些優質的葡萄園（Cru）被所屬的城堡酒莊及村莊界定出來。如來自梅多克波雅克村的Château Latour、Saint-Emilion區的Château Ausone、Graves區的Domaine de Chavelier以及Barsac村的Château Doisy-Daëne。

城堡酒莊酒款與其分級制度

　　你可能聽過聖愛美濃一級特等酒莊A級（Saint-Emilion Premier Grand Cru Classé A），這跟波雅克的一級特等酒莊（Pauillac Premier Grand Cru）是一樣的嗎？什麼是優等一級酒莊（Premier Cru Supérieur）和中級酒莊（Cru Bourgeois）？一般而言，「Cru」代表優質葡萄園所產之葡萄酒，而「Grand」有著「優異」的含意。這些分級制度將在本章結束前做完整的解釋。

　　就目前而言，只需知道波爾多酒款有不同等級的法定產區：廣域、區域性及村莊級產區。一般而言，其質量水準與價格也反應在所屬的等級上。

　　千萬不要將法定產區的等級與酒莊分級制度混為一談，酒莊的分級制度是因應19、20世紀葡萄酒市場需求而生，基本上，酒莊分級制度是依據酒款本身的風味而做出評鑑。

照片來源 CIVB

葡萄品種

混釀的藝術

　　波爾多葡萄酒釀酒的精髓在於釀酒師會將不同的葡萄品種，依照不同的比例混釀成心中所期許的風格之酒款。各個葡萄品種的產量、品質與成熟度每年都不同，因此混釀的比例可能年年不同。比如在某一個年份Cabernet Sauvignon的單寧過度強硬，則可能會添加更多的Merlot使酒體的口感更加圓潤。調和，是波爾多獨特的釀造手法。

葡萄品種與其特色

- **Cabernet Sauvignon**：色澤較深，常帶有強烈如黑醋栗與黑莓等水果香氣，同時也帶有草本植物的香氣，如雪松（cedar）、薄荷、青椒等。其豐厚的酒體結構與強勁的單寧可增加酒款的陳年潛力。
- **Merlot**：常出現花香與梅子、櫻桃等香氣，口感較為圓潤柔和，常與Cabernet Sauvignon一同調配，以柔化酒體的單寧，增加豐腴的口感。
- **Cabernet Franc**：擁有優雅的香料氣息，如：丁香（clove）、蒔蘿（dill，小茴香），和小巧的紅色漿果香氣。入口常有香料的氣味，口感較顯清瘦，單寧口感明顯。
- **小維鐸（Petit Verdot）**：胡椒味與單寧，顏色較深，可增添酒體色澤。
- **鈎特（Côt）或稱馬爾貝克（Malbec）**：辛香料風味，常賦予酒體色澤與單寧。
- **白蘇維濃（Sauvignon Blanc）**：提供濃郁的草本植物香氣以及清爽的尾韻。
- **榭密雍（Sémillon）**：擁有纖細優雅的香氣及甜美滑潤的口感。
- **密思卡岱勒（Muscadelle）**：豐富的香氣，但酸度較低，口感柔順。

　　在波爾多地區還可以發現下列葡萄品種：Carménère、高倫巴（Colombard）、白芙爾（Folle Blanche）、莫扎克（Mauzac）、翁東克（Ondenc）、白于尼（Ugni Blanc）、梢楠（Chenin）及白梅洛（Merlot Blanc）。

左岸與右岸

　　通常座落在吉隆特河口（Gironde）與加隆河（Garonne）左岸的葡萄園種植較多的Cabernet Sauvignon，以及較少的Merlot，調和的比例也是如此。

　　而位在Gironde與多爾多涅河（Dordogne）右岸的酒廠，則種植較多的Merlot與Cabernet Franc，使用的比例同時呈現在酒款裡。因此，討論波爾多紅酒的風格時，是絕不可忽略他們的地理位置。

- **左岸**：包含Médoc、Haut-Médoc、Graves、Pessac-Léognan。年輕時酒體單寧強勁，帶有黑莓的香氣，隨著酒體的成熟，會發展出大地土壤、皮革、菸草與醃製水果的香氣。
- **右岸**：Saint-Emilion、玻美侯（Pomerol）與其周圍地區。紅色漿果的香氣與圓潤柔和的單寧，通常酒款成熟的速度會早於左岸。

　　干白酒大多使用以白蘇維濃（Sauvignon Blanc）為主，榭密雍（Sémillon）為輔，而甜白酒則剛好相反，Sémillon的比例較高，Sauvignon Blanc的用量較少。Sémillon較容易感染到貴腐黴而生產出特殊的甜酒。

貴腐（Pourriture Noble 或 Noble Rot）

　　貴腐是一種受到灰葡萄孢菌（botrytis cinerea）感染，而讓葡萄枯萎的現象。採用更高糖分及酸度的果汁能增添葡萄酒的風味，創造出獨特的甜酒。請參閱第3章「葡萄的成長」與第4章「葡萄酒釀造」。

產區風土條件

照片來源 CIVB

波爾多受益於溫和的海洋性氣候，可是受種種因素的影響。

微氣候（microclimate）

從海上吹撫的微風讓波爾多的夏季溫合，而種植在海岸線的松葉林則抵擋了冬季嚴峻的海風。

土壤

河岸邊的土壤多為沖積、砂土與礫石所組成，十分適合 Cabernet Sauvignon 生長，葡萄藤為了尋找水源，會努力的往下扎根，而紮根越深則代表他們生存的環境越穩定。這意味著若遇到淹水或旱災，深耕的根都不會受到影響，此外，礫石也會吸收熱能，幫助葡萄藤保持溫度，以及防止水分迅速蒸發。

波爾多的土壤還包括含有石灰質的黏土、砂岩、甚至沉積黏土。像是干白酒的葡萄藤在各種土壤均可茁壯成長，包括沖積土、砂石與白堊土。在礫石砂地則可發現甜酒的葡萄藤。Merlot 則在涼爽的土壤上可生長得更好。

葡萄與土壤間的交流

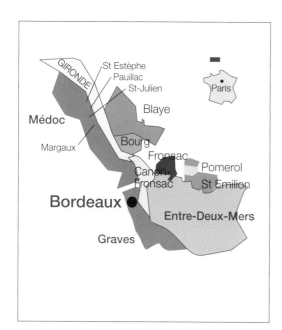

一般來說，使用生長在黏土、石灰石土壤的葡萄所釀出的酒體常帶有強烈的香氣，這些土壤上種植的葡萄也常賦予葡萄酒明顯的單寧，讓酒體有骨架。

想分辨聖愛美濃（AOC Saint-Emilion）與特級聖愛美濃（AOC Saint-Emilion Grand Cru）的酒體有何不同？只要看看其產區風土條件（terroir）與土壤就可略知一二。結構明顯的 AOC Saint-Emilion Grand Cru 葡萄酒多使用種植在石灰質與黏土土壤的葡萄，而 AOC Saint-Emilion 葡萄酒所用的葡萄則多種植在砂質土壤，因此口感較為清爽。

區域級法定產與村莊級法定產區和其風格

1. 來自 Médoc 與 Haut-Médoc 的紅葡萄酒

本區的紅葡萄酒有著濃厚的酒色，香味濃重，入口酒體渾厚。酒款能呈現豐沛的果味及優雅的單寧。大部分的酒款的調配比例多以種植在沖積土與礫石土壤的Cabernet Sauvignon為主，Merlot為輔。經過陳年，酒款的層次風味更加多變。此區除了區域性的法定產區的名義，也可使用村莊級的法定產區。

比方說，一款酒貼上波雅克（Pauillac）產區的標籤，通常比貼著Haut-Médoc的標籤更受歡迎。一般而言，村莊級的酒款品質比區域級更好，但絕非定律。

我們常可在Médoc與Haut-Médoc的酒款中發現黑醋栗、香料、可可、咖啡與烘焙過的香草以及濃厚的水果香氣，在酒窖中陳年數年後，酒體的單寧會更加柔順。通常梅多克的酒體較上梅多克的酒體更輕盈一些。

• 慕里（Moulis）和里斯塔克-梅多克（Listrac-Médoc）

這兩個村莊級的法定產區並沒有任何一家Médoc分級制特級酒莊（Grand Cru）。在Moulis村中有不少中級酒莊（Cru Bourgeois）（另一種分級制度，請參閱後文）

Moulis村的主要葡萄品種為Cabernet Sauvignon和Merlot，種植在含有淤泥與石灰質的礫石臺地，釀造出的酒款帶有豐富的紅色

水果、烤過的麵包與菸草的香氣，口感複雜，帶有果醬、香草、香料和咖啡的風味，但單寧仍細緻柔滑。Listrac-Médoc主要以Cabernet Sauvignon為主，混釀些許的Merlot和Cabernet Franc。葡萄生長在混有石灰質的礫石地上，葡萄酒的香氣以成熟的紅色水果、香草與香料為主，單寧雖然較為強勁，但整體口感仍十分平衡。

• 聖愛斯臺夫（Saint-Estèphe）

這裡的土壤和其他村莊不盡相同，主要是含有沖積土與礫石的黏土。種植的葡萄品種有Cabernet Sauvignon、Cabernet Franc、Merlot和小維鐸（Petit Verdot）。酒體的單寧結構十分結實集中，多數的酒款需要陳放達10年以上，有些甚至須窖藏30年以上的時光才能展現其風貌。Saint-Estèphe的酒款常有熟果香（黑醋栗）與花香（紫羅蘭），以及透過橡木桶培養產生的香氣和木材烘烤味。成熟的Saint-Estèphe酒款通常帶有複雜的香氣與平滑的單寧。本村莊並沒有一級酒莊（Premier Cru），但擁有二級至五級的酒莊。

• 波雅克（Pauillac）

Médoc區葡萄酒的重鎮，在Pauillac村就有3個一級特等酒莊（Premier Grand Cru

Classé）：Château Lafite-Rothschild、Château Mouton-Rothschild與Château Latour，以及眾多的級數酒。本區的土壤多為礫石地，種植的品種以Cabernet Sauvignon、Cabernet Franc與Merlot為主。波雅克的酒款通常擁有細緻且複雜的香氣，香草、皮革、黑醋栗、雪松與香料等香氣都常出現在酒款之中，入口後可感受到強而有力卻又精緻的單寧。

- **聖朱里安（Saint-Julien）**

  Merlot、Cabernet Sauvignon、Cabernet Franc、小維鐸（Petit Verdot）與馬爾貝克（Malbec）在聖朱里安的礫石地中成長，這裡的酒款擁有李子、可可、香草、焦糖、菸草、香料與松露的氣息，有時候也可聞到些許的皮革味。酒體結構完整，常需要超過20年以上的窖藏才能將聖朱里安酒款的風味完整呈現。雖然沒有一級酒莊（Premier Cru），但位於村莊內的二級至五級酒莊表現十分優異。

- **瑪歌（Margaux）**

  這個村莊的名稱與它最有名氣的葡萄酒：一級酒莊（Premier Grand Cru Classé）的Château Margaux齊名。在這裡也能發現二級、三級、四級與五級酒莊的酒款。土壤為礫石地，葡萄品種則有Cabernet Sauvignon、Cabernet Franc、Merlot、小維鐸（Petit Verdot）等。典型的瑪歌區酒款常帶有櫻桃、莓果、肉桂、丁香等優雅複雜的香氣，豐富又細膩的單寧也是其特色之一。瑪歌區的酒款通常需10至20年的窖藏。

2. 來自 Saint-Emilion、玻美侯(Pomerol)、弗朗薩克(Fronsac)區域的紅葡萄酒

越過河的右岸，有另一個生產紅葡萄酒的區域，通稱為里布內區（Libournais），包含AOC Saint-Emilion、AOC Saint-Emilion Grand Cru以及周圍產區，如律沙克-聖愛美濃（Lussac Saint-Emilion）、蒙塔涅-聖愛美濃（Montagne Saint-Emilion）、普榭岡-聖愛美濃（Puisseguin Saint-Emilion）、聖喬治-聖愛美濃（Saint-Georges Saint-Emilion）。此外本區還有玻美侯（Pomerol）、拉隆-玻美侯（Lalande de Pomerol）、弗朗薩克（Fronsac）、加儂-弗朗薩克（Canon-Fronsac）、卡斯提雍丘（Côtes de Castillon）、內阿克（Néac）及波爾多-弗朗丘（Bordeaux Côtes de Francs）等村莊。

- **聖愛美濃（Saint-Emilion）**

  這是一個極具歷史的中世紀古城，包含十分寬廣的區域。在這裡可以找到兩種不同的土壤：一是含有鈣質的礫石砂土，另一個則是含鈣的黏土土壤。砂石土壤釀造出輕盈酒體的酒款，而黏土土壤則創造出強勁卻優雅的AOC Saint-Emilion Grand Cru葡萄酒。

  一般來說，Saint-Emilion的酒色呈現紅寶石色澤，酒款隨著時間日漸成熟，逐漸轉為石榴色。酒款的單寧結構完整，常見的香氣有野莓、香料、花卉、可可、皮革與成熟李子的香味，這些香氣在AOC Saint-Emilion Grand Cru的酒款中會顯得更明顯集中。在這裡，調配的主要葡萄品種為Cabernet Franc和Merlot，極少使用Cabernet Sauvignon，因此本區的葡萄酒通常比Médoc的酒款更快到適飲期，並產生絲緞般的單寧口感。

  Saint-Emilion周遭的產區大多擁有和它相似的風格，不過酒體更輕盈。在Lussac Saint-Emilion，葡萄種植在向南坡的礫石黏土地，接受陽光的照射，創造出天鵝絨般細緻的酒體。在Puisseguin Saint-Emilion的土壤大多為石灰質黏土，釀造出細膩單寧與豐沛果味的葡萄酒。Montagne Saint-Emilion的表層土壤為多孔石灰岩，底層則為石灰質黏土，偶爾也可看到礫石或砂土，讓葡萄酒的單寧更細緻柔滑。最後，在Saint-Georges Saint-Emilion我們能發現複雜果香的葡萄酒，這要歸功於石灰質黏土的風土條件。

- **玻美侯（Pomerol）**

  在Saint-Emilion的北方，我們能發現僅800

公頃，全波爾多最小的葡萄酒產區，那就是Pomerol。與其形容它是個村莊，還不如說它像個小社區，在這兒，多數的葡萄園都是家庭共享。

本區的土壤混和了黏土、礫石、砂石與含鐵氧化物。黏土吸水膨脹後填補了土壤空隙，雨季時葡萄園不會因此而太過潮濕，而黏土的保水作用讓土壤變得較寒涼，十分適合Merlot的種植。而在炎熱的夏季，吸飽水分的黏土土壤又可適時地調節水量，讓葡萄藤不至於乾枯。

Pomerol的酒款呈現出獨特的紫羅蘭與松露香氣，還有豐富多層次的果香與少許的皮革氣息，與它華麗的酒體與高雅的單寧相得益彰。本區並沒有分級制度，但本區的知名酒莊　如L'Evangile、La Conseillante、Gazin、Lafleur、Vieux Chateau Certan、Certan de May、Lafleur Petrus、Beauregard、Trotanoy、Latour a Pomerol、Nenin de Sales、Petit-Village均價格不菲。

- **拉隆-玻美侯（Lalande de Pomerol）**

位於Pomerol的隔壁，酒體風格與Pomerol相近，但品質不似Pomerol這般優異。這是因為本區土壤多為黏土、碎石與砂石所組成的沖積土。主要釀酒品種為Merlot，讓酒體呈現深紅寶石色澤，並且有烘烤麵包、香料、李子與果醬的香味，偶爾也能發現可可的香氣。

- **弗朗薩克（Fronsac）與加儂-弗朗薩克（Canon-Fronsac）**

在這裡，葡萄園的土壤為石灰質砂土，你能發現Merlot、Cabernet Sauvignon、Cabernet Franc與馬爾貝克（Malbec）的蹤影。Fronsac酒款的特色在於帶有香料氣息、柔軟豐腴的酒體。陳年之後，能培養出類似Pomerol那般帶有松露香氣的酒款。Canon-Fronsac的葡萄酒與Fronsac相似，但是個性上帶有更多誘人的水果香氣，果味與單寧間也能取得良好的平衡。人們常可在這兩個區域找到物有所值的產品。

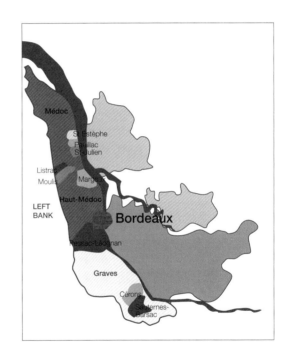

▋3. 來自波爾多丘（Côtes de Bordeaux）的紅葡萄酒

本區涵蓋了波爾多各個地區超過128,00公頃的葡萄園。1985年，超過1500個生產者匯集在一起，組成了波爾多丘葡萄酒公會，但直到2008年波爾多丘的法定產區才正式成立。現在波爾多丘區有多個法定產區，常在酒標上看到的有：布拉伊（Blaye Côtes de Bordeaux）、卡斯提雍（Castillon Côtes de Bordeaux）、弗朗（Francs Côtes de Bordeaux）與卡帝亞克（Cadillac Côtes de Bordeaux），其前身為Côtes de Bordeaux。

波爾多丘的酒款常常是輕鬆易飲、酒體均衡，價格平易近人，大部分的葡萄酒以Merlot為主，添加少許的Cabernet Sauvignon與Cabernet Franc。在這裡同時也生產一些甜酒。

- **布拉伊（Blaye）**

  石灰石黏土質沉積的土壤，多種植 Merlot。此區葡萄酒走果香調性，酒體均衡。

- **布拉伊（Blaye Côtes de Bordeaux）**

  是個陽光明媚的產區，土壤是黏土與石灰質混和而成，品種以 Merlot 為主，搭配少許的 Cabernet Sauvignon、Cabernet Franc 與 馬爾貝克（Malbec），釀造出芬芳又柔順的酒款。

- **布爾及布爾丘（Bourg 及 Côtes de Bourg）**

  本區有多種不同的土壤，在沖積土上可種植 Merlot 與馬爾貝克（Malbec）、黏土與砂礫土上種植 Merlot 與 Cabernet Franc，此外，Merlot 有時也會種植在含石灰質的黏土上。酒體飽滿，帶有些許辛香料的香氣。

- **卡帝亞克（Cadillac Côtes de Bordeaux）**

  向陽的山坡地，土壤為石灰質黏土或者含有黏土的礫石斜坡，種植比例以 Merlot 最多（55%），其餘的則是 Cabernet Sauvignon、Cabernet Franc 和馬爾貝克（Malbec），酒款香氣芬芳奔放。

- **卡斯提雍（Castillon Côtes de Bordeaux）**

  Merlot（70%）種植在石灰質黏土上，此外也種植一些 Cabernet Franc，本地的氣候類似大陸性氣候，酒體色澤濃郁，帶有較結實的單寧。

- **弗朗（Francs Côtes de Bordeaux）**

  土壤由黏土和石灰質所組成，陽光充足氣候乾爽。種植品種為 Merlot（50%）、Cabernet Franc 及 Cabernet Sauvignon，酒體飽滿，具有陳年的潛力。

- **瓦意爾 - 格拉夫（Graves de Vayres）**

  本區氣候溫和，其土質為暖性土壤，主要種植 Merlot 約占75%，釀造出果味豐富柔順的葡萄酒。請讀者一定要注意：不要將本區跟左岸的格拉夫區弄混。

- **聖發 - 波爾多（Sainte-Foy Bordeaux）**

  大量的黏土與石灰石藏在較深的地層中，十分適合 Merlot 的生長，可釀造出複雜又濃郁的酒款。

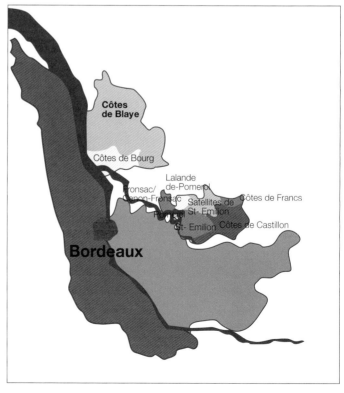

4. 來自Graves、Pessac-Léognan的紅、白葡萄酒

Graves地區除了紅酒知名外，也釀造出不少波爾多優質的白酒。Graves紅葡萄酒的風格與Médoc相近，都帶有黑醋栗與雪松的香氣，但本區的酒款混釀較多的Merlot，因此也會產生出類Saint-Emilion區的李子的果香。除此之外，本區的酒款帶有一個獨特的礦石氣味。

Graves地區的特別之處在於本地擁有大量的鵝卵石與黏土，因此排水系統良好。在這裡，葡萄藤的根能深入底層，獲得充分的養分、礦物質與鐵質，因此創造出本區特有的礦石氣味。

在白天的陽光照射之下，鵝卵石能吸收熱量並在夜晚持續給與葡萄藤足夠的熱能，因此Graves地區的白酒口感清脆但仍可感受到豐富的果味。

Pessac-Léognan是位於Graves區內的村莊級法定產區。土壤為礫石、黏土、砂石和石灰石，本區雖然有生產紅酒，但它最優秀的酒款卻是白酒。這裡的白酒帶有杏桃、水蜜桃的香氣，以及奶油般細膩的口感，隨著時間，將會散發出堅果的香氣，酒體也會更豐富多變。

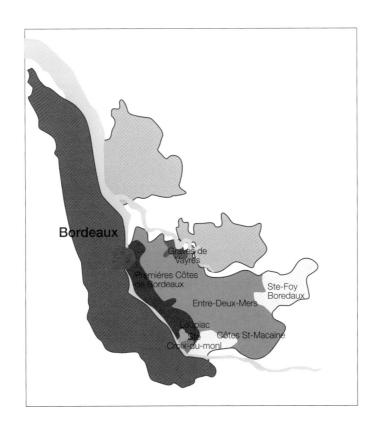

5. 來自兩海之間 (Entre-Deux-Mers) 與波爾多其餘產區的白葡萄酒

除了上述的Graves、Pessac-Léognan、少數幾個區域如Médoc，以及以甜酒聞名的索甸（Sauternes）以外，波爾多其餘區域也生產白葡萄酒。波爾多生產的白葡萄品種主要以白蘇維濃（Sauvignon Blanc）為主，榭密雍（Sémillon）和密思卡岱勒（Muscadelle）為輔。

瓦意爾-格拉夫（Graves de Vayres）位於多爾多涅河（Dordogne）河岸，以礫石地為主，本區的白葡萄酒優雅，多混釀榭密雍（Sémillon）和白蘇維濃（Sauvignon Blanc），偶爾會添加少許的密思卡岱勒（Muscadelle）。

兩海之間區是波爾多干白型葡萄酒主要的生產區域。從字面上看來，兩海之間意思是位於「兩個海洋」之中，但它其實是位於波爾多兩大河流之間的區域：多爾多涅河（Dordogne）與加隆河（Garonne）。這裡的白酒主要由白蘇維濃（Sauvignon Blanc）主導，有時添加榭密雍（Sémillon）賦予酒款圓潤的酒體，或使用密思卡岱勒（Muscadelle）品種來增強香氣。

本區的土壤多樣化，主要為黏土和石灰石，最優秀的葡萄酒來自含鈣黏土質的葡萄園，這樣的土壤可提供白酒新鮮的花香以及爽口的尾韻，而種植在砂質黏土上的葡萄酒則有更豐腴的口感。常見的法定產區包括：兩海之間（Entre-Deux-Mers）、兩海之間-上貝諾吉（Entre-deux-Mers Haut-Benauge）以及波爾多-上貝諾吉（Bordeaux Haut-Benauge）。

• 波爾多與干型波爾多（Bordeaux Sec）

此為大區域的法定產區（Bordeaux AOC），主要的生產者有城堡酒莊主人、釀酒合作社與酒商，波爾多氣泡酒（Crémant de Bordeaux）也列屬於這個類別當中。

• 布拉伊（Blaye Côtes de Bordeaux）

主要的白葡萄品種有白蘇維濃（Sauvignon Blanc）、榭密雍（Sémillon）、些許的高倫巴（Colombard）和白于尼（Ugni Blanc），釀造出帶有蘆筍和柑橘香氣，新鮮爽口的白葡萄酒。

• 布爾及布爾丘（Bourg及 Côtes de Bourg）

用白蘇維濃（Sauvignon Blanc）、榭密雍（Sémillon）和高倫巴（Colombard）來釀造出帶有鮮花、柑橘、桃子等香氣的干白酒。

• 布拉伊丘（Côtes de Blaye）

主要由高倫巴（Colombard）為主，約占60至90%，但至少須和另一個品種混釀，大多為密思卡岱勒（Muscadelle）、白蘇維濃（Sauvignon Blanc）或榭密雍（Sémillon）。

• 弗朗（Francs Côtes de Bordeaux）

一個極小的法定產區，主要生產在桶中發酵陳年的白酒。

• 聖發-波爾多（Sainte-Foy Bordeaux）

位於波爾多產區的邊緣，在波爾多市東邊約60公里處，產區範圍寬廣，土質類似兩海之間的土壤，多為泥灰岩和沃土，是個近來受到葡萄酒愛好者注意的產區，紅與白葡萄酒皆有生產。

6. 來自索甸(Sauternes)、巴薩克(Barsac)、卡帝亞克(Cadillac)、蒙-聖跨 (Sainte Croix du Mont)、盧皮亞克(Loupiac)等區的甜葡萄酒

Sauternes和Barsac是村莊級的法定產區，主要是用由受到貴腐菌感染的榭密雍（Sémillon）和白蘇維濃（Sauvignon Blanc）釀造而成，色澤金黃，香氣集中，風味特殊的葡萄酒。

受惠其特殊的微型氣候，Sauternes是少數幾個擁有能生產貴腐葡萄酒的產區。來自Sauternes和Barsac的葡萄酒通常有著濃稠的液感與金黃色澤，水蜜桃、芒果，到木瓜、鳳梨等

水果香氣都可能出現在這裡的葡萄酒中。此外也可能帶有蜂蜜、焦糖的香氣。酒體圓潤豐厚又柔順，有著燉煮水果與焦糖的尾韻，但又帶有令人清爽的酸度。Sauternes是波爾多區生產甜酒最大的法定村莊，有自己的酒莊分級制度，知名的Château d'Yquem便座落在此。

鄰近的Barsac風格與Sauternes類似，有10間列級酒莊（Cru Classé）位於Barsac。隔壁的西隆（Cérons）同樣也生產甜白葡萄酒，價格也十分實惠。

蒙-聖跨（Sainte Croix du Mont）與盧皮亞克（Loupiac）與Sauternes及Barsac隔河相望，在這裡生產的甜白酒的香氣帶有無花果、葡萄乾、杏桃乾等香氣，雖然口感不如Sauternes與Barsac複雜，但價格卻更可親。

另一個價格親民的甜酒產區則是卡帝亞克（Cadillac），和Sainte Croix du Mont、Loupiac一樣，都位於波爾多的右岸，葡萄種植在石灰石黏土的斜坡上，此外也有適合Sémillon種植的礫石地。這裡的酒款油滑順口，但不顯得沉重。

其他較顯為人知的甜酒法定產區，包含了波爾多首丘（Premières Côtes de Bordeaux）、波爾多-上貝諾吉（Bordeaux Haut-Benauge）、波爾多丘-聖馬蓋爾（Côtes de Bordeaux Saint-Macaire）、弗朗（Francs Côtes de Bordeaux）、瓦意爾-格拉夫（Graves de Vayres）、優級格拉夫（Graves Supérieures）以及聖發-波爾多（Sainte-Foy Bordeaux），這些地方大多生產中等酒體的甜白酒。

最後有一點要提醒大家的是，優級波爾多（Bordeaux Supérieur）這個法定產區也生產甜度中等的甜酒，主要混用Sémillon、Sauvignon Blanc和Muscadelle。有時也會添加少量的Ugni Blanc、Mauzac、Ondenc、Chenin Blanc及Merlot Blanc。還有如果您看到酒標上有「Bordeaux Moelleux」這兩個字，這代表這款葡萄酒是波爾多甜型葡萄酒。

分級系統如何來？

Médoc與Sauternes分級名單

這個分級制度是由1855年為了在法國舉辦的萬國博覽會而建立，當時法國皇帝拿破崙三世（Napoléon III）請波爾多的酒商依據酒款的買價與賣價而做出的排名。

經過多次的討論，他們終於決定將葡萄酒分成5個層級，從一級至五級，通常稱為列級酒莊或級數酒（Cru Classé）。這就是人們熟知的1855年的分級制度。當時在這個制度中（主要在Médoc區），人們認定成交價最高者就是最好的葡萄酒。現有61家城堡酒莊（Château）隸屬於這個列級酒莊名單中，除了1973年Château Mouton-Rothschild曾從二級酒莊（Deuxième Cru）升等至一級酒莊（Premier Cru）外，100多年來這份名單從未改變。

此外，酒商們也同時為Sauternes和Barsac的酒款做分級，主要分為兩大類別：一級酒莊和二級酒莊，其中Château d'Yquem擁有較為特別的級別，稱為優等一級酒莊（Premier Cru Supérieur）。由於當時的酒商大多著重於Médoc酒款的交易，因此1855年的分級制度主要侷限在Médoc區，而非整個波爾多區。換句話說，除Château Haut-Brion外，Saint-Emilion、Pomerol與Graves等區都不包括在內。

若愛酒人士只依循1855年的分級制度來選擇酒款的話，那麼將會錯過許多波爾多其他產區的頂級酒款。這也難怪波爾多其他產區如Saint-Emilion和Graves也建立了屬於自己的分級制度。

Saint-Emilion的反擊

人們常習慣拿右岸的Saint-Emilion區跟左岸的Médoc區做比較，也因此Saint-Emilion對於1855年分級制度的反擊便是建立自己獨特的分級系統。

自1954年開始，Saint-Emilion區變分成3個不同的等級：特級聖愛美濃（Saint-Emilion Grand Cru）、列級聖愛美濃（Saint-Emilion Grand Cru Classé）、一級特等聖愛美濃（Saint-Emilion Premier Grand Cru Classé），為了讓分級制度能反映現況，這份名單會每10年做一次調整。

Saint-Emilion區的分級名單

一級特等酒莊A級（Premier Grand Cru Classé A）
一級特等酒莊B級（Premier Grand Cru Classé B）
一級特等酒莊（Premier Grand Cru Classé）
1910年：利布恩區公商會（Chambre de Commerce et d'Industrie de Libourne）成立。
1935年：聖愛美濃法定產區（AOC Saint-Emilion）成立。
1969年：更多的酒莊加入分級名單。
1979年：列級酒莊的審核被推遲至1985年。
1985年：設立關於土壤、最低產量與酒精濃度等新規定。此外酒款需要經過在10年中通過7次測試才能保有列級酒莊的資格。

Graves區的情形

1959年，Graves也創立了屬於自己的分級制度，在此同時Graves並沒有將唯一列入1855年Médoc分級制度的酒莊：Château Haut-Brion摒除在外。1987年Pessac-Léognan升等為村莊級法定產區，讓這裡的分級狀況更顯混亂。

當品飲一款Château Haut-Brion的葡萄酒時，我們會知道這是一款Pessac-Léognan的葡萄酒，也是來自Graves列級酒莊的酒款（Grand Cru Classé），同時也別忘了它是1855年Médoc分級制度中的一級特等酒莊（Premier Grand Cru Classé）。

玻美侯（Pomerol）的靜默

1855年的分級制度建立之時，Pomerol尚未開發完成，因此也不難理解Pomerol並沒有加入目前的任何分級制度中。畢竟，要不是Château Pétrus、Château Trotanoy和Château Lafleur這三匹黑馬，根本沒有人注意到這個區域。

在二次大戰之後，Château Pétrus才開始嶄露頭角，每當你想到Château Pétrus的葡萄園只有11公頃、葡萄藤平均年齡超過45年，每年僅能釀造出4,000箱葡萄酒（而且不夠優異的年分是不釀造酒款），它令人咋舌的高價似乎也變得合理。本區另一個超級巨星，90年代Saint-Emilion區的膜拜酒Château Le Pin的價格比Château Pétrus更高，因為它的葡萄園只有1.2公頃，產量更稀少。

布爾喬亞級（又名中級酒莊）的分級系統

「布爾喬亞」（Bourgeois）這個字起源於15世紀，原意是能擁有土地、配劍的中階商人階級。而中級酒莊則是指那些在1855年沒有進入分級名單的Médoc酒莊。事實上，在1920年之前，這些酒莊根本沒有做分類。直到1932年波爾多公商會（Chambre de Commerce de Bordeaux）選出444家品質不輸1855年分級名單的酒莊，並將他們分成三類：中級酒莊（Cru Bourgeois）、中級傑出酒莊（Cru Bourgeois Exceptionnel）、中級優質酒莊（Cru Bourgeois Supérieur）。

然而中級酒莊的數量與屬性常隨著時間變動，有些優質酒款的酒莊因為沒有加入公會，而被排除在選單之外。在1966年至1978年間，明定了中級酒莊的規範資格：葡萄園面積不可小於7公頃，必須在自有酒莊內釀造、裝瓶。2002年一月，又新規範說無需特意在酒標上標示所屬村莊（如Listrac、Moulis、Médoc、Saint-Estèphe等）。直到2009年，有超過470家中級酒莊，其中有6家Cru Bourgeois Exceptionnel以及超過100家的Cru Bourgeois Supérieur。

2010年，有人提出從2008年份開始，中級酒莊將只保留一個等級也就是只有Cru

Bourgeois。於是Cru Bourgeois Exceptionnel 的儿家酒莊裡頭，有六家（Château Chasse Spleen、Château Les Ormes de Pez、Château de Pez、Château Potensac、Château Poujeux 及Château Siran）決定不加入這個新分級系統，決定聯合成立標示「Les Exceptionnel」的團體來銷售自家商品。

閱讀波爾多酒標

特級酒莊（Grand Cru）

Saint-Emilion區分級制的一級特等酒莊A級（Premier Grand Cru Classé A）

1855年Médoc分級名單中的一級特等的列級酒莊（Premier Grand Cru Classé）

1855年Sauternes分級名單中的列級酒莊（Grand Cru Classé），不過是一家二級酒莊（2nd Cru Classé）

優級波爾多
（AOC Bordeaux Supérieur）

中級酒莊
（Cru Bourgeois）

陳年熟力與一般概述

根據年份條件的不同，來自同一酒莊的兩款酒會有不同的發展。

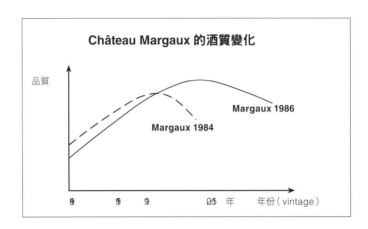

年輕的波爾多紅酒

外觀：帶有深紫紅的色澤。

香氣：紅色水果與雪茄或削鉛筆芯的香氣，也可以聞到玫瑰、茉莉、櫻桃、李子、焦糖與胡椒等香味。

口感：單寧較強硬，帶有橡木桶燻烤的風味與綿長的餘韻。

陳年的波爾多紅酒

外觀：顏色轉為紅磚色，酒緣色澤較淺。

香氣：轉為成熟的香氣，帶有蘑菇、土壤、玫瑰和草莓的氣味，混有一些香料、大蒜、焦糖的香氣。可可與胡椒的味道會在尾韻慢慢顯現出來。

口感：圓潤細膩的單寧結構。

波爾多級數酒與一般酒款的陳年變化

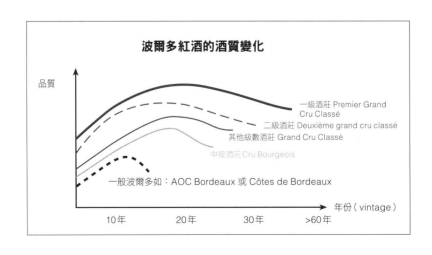

你知道嗎？

Grand Vin de Bordeaux

在波爾多葡萄酒上常看到的Grand Vin de Bordeaux偉大的波爾多葡萄酒只是酒標上的一個標語，任何波爾多酒款都可以標上這樣的字眼，並無法當作品質或分級的依據。

Petits Châteaux

小城堡（Petits Châteaux）是一個在波爾多愛好者口中常談到的非正式的術語，並不屬於任何分類之中。「小城堡」的說法容易讓人誤解，這些葡萄酒可能來自大波爾多區（AOC Bordeaux），也有可能來自Saint-Emilion或布拉伊（Blaye Côtes de Bordeaux）、有些甚至用不同區域的葡萄所釀的葡萄酒混釀。

Second Wine

二軍酒（Second Wine）這類的酒款並沒有特別的分級，但已經受到大眾的認可。一般來說，二軍酒是某些知名酒款的「副牌」，二軍酒通常是列級酒莊將不適合釀造列級酒莊的酒款的葡萄所釀的，但品質卻仍十分優異，無法輕易割捨。在大多數的狀況下，這些二軍酒是採用較年輕葡萄藤的葡萄所釀造，或者較早採收的葡萄。通常他們的名字也跟一軍酒的名稱有些關聯。這些酒的風格與一軍酒相似，只是酒體較為輕巧，陳年實力也略遜於一軍酒。千萬不要將二軍酒與二級酒莊給搞混了。

舉例來說，Château Latour的二軍酒我們稱為Les Forts de Latour，二級酒莊Gruaud-Larose的二軍酒稱為Sarget de Gruaud-Larose。其他常見的二軍酒還有Les Pagodes de Cos、La Dame de Montrose、Les Tourelles de Longueville、La Réserve de la Comtesse等，你能猜出他們是那家酒莊的二軍酒嗎？

若有「上梅多克」（Haut-Médoc），是否有個「下梅多克」（Bas-Médoc）呢？

下梅多克指的是Saint-Estèphe以北，一直到Saint Seurin de Cadourne村的區域，仍屬於Médoc的範圍，這裡的風土條件並不適合種植葡萄酒，無法生產大量的優質葡萄酒。

布根地與薄酒萊
Bourgogne & Beaujolais

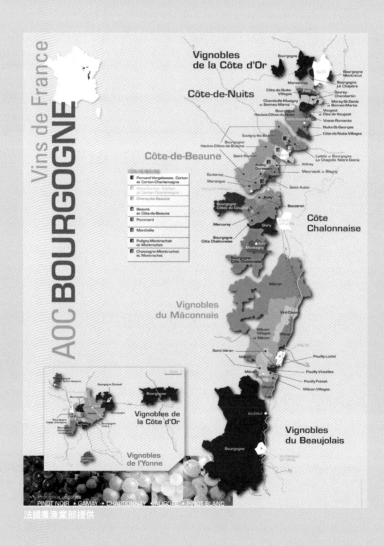

法國農漁業部提供

若你喜愛有豐沛香氣、細膩優雅的紅酒，或者擁有新鮮果味、結實酒體的白酒，那麼布根地（Bourgogne）是最適合的選擇。

這裡有各種知名的酒款，紅酒有香氣迷人的香波-蜜思妮（Chambolle-Musigny）、堅實的羅希園（Clos de la Roche）、活潑的梅克雷（Mercurey）到相當稀有的侯瑪內-康地（Romanée-Conti），白酒則有雄偉的梅索（Meursault）與蒙哈謝（Montrachet），或者也可挑選果味清新的馬貢（Mâcon）及優雅細膩的夏布利（Chablis），別忘了布根地還有生產迷人的氣泡酒（Crémant de Bourgogne）與粉紅酒。

布根地概述

5個布根地葡萄產區

　　夏布利區（Chablis）、夜丘區（Côte de Nuits）、伯恩丘區（Côte de Beaune）、夏隆內丘區（Côte Chalonnaise）與馬貢內區（Mâconnais）。

2大品種

　　黑皮諾（Pinot Noir）與夏多內（Chardonnay）可適應布根地夏季溫暖、冬季寒冷的大陸型氣候，占全產區98%的產量。其他品種有釀白酒的阿里哥蝶（Aligoté），及有時混釀於地區級等級紅酒的加美（Gamay）。

2大土質

　　紅葡萄品種生長在石灰岩與黏土混和的泥灰岩中，有時也有砂石與礫石混於其中，白葡萄品種則種植在以石灰岩為主的土壤上。

4種法定產區分級

　　可分為地區級（Appellation Régionale）、村莊級（Appellation Village）、一級葡萄園（Premier Cru）與特級葡萄園（Grand Cru），共計100個法定產區（AOC），其中特級葡萄園（Grand Cru）及一級葡萄園（Premier Cru）有33個AOC；村莊級（Appellation Village）有44個AOC；地區級（Appellation Régionale）則有23個AOC。

2種主要酒款風格

　　主要有使用Pinot Noir釀造的紅葡萄酒，與Chardonnay釀造的白葡萄酒。

其他布根地葡萄酒

　　布根地還有生產布根地氣泡酒（Crémant de Bourgogne）、Gamay釀造的粉紅酒，阿里哥蝶（Aligoté）釀造的白酒、較少見的希撒（César）紅酒，甚至還有用白蘇維濃（Sauvignon Blanc）所釀造的聖比（AOC Saint-Bris）酒款，以及葡萄酒渣所釀蒸餾酒（Marc）。

薄酒來概述

關於薄酒來（Beaujolais）是否隸屬於布根地的一部分，葡萄酒愛好者們有著不同的意見。

人們常以行政、司法與地理三個不同的面向來分隔法國領土，而這三者往往有著些許的牴觸。位在Pouilly-sur-Loire的葡萄園位於Nièvre省（法國的一個行政省分），應歸屬於法國中部的羅亞爾河（Valée de la Loire）產區，但卻由布根地管轄。而薄酒來產區一直以來都跟里昂（Lyon）這個城市一樣，屬於隆河省（Département du Rhône）為隆河流域的範圍，但在管理上卻和金丘省的夜丘、伯恩丘，以及樣能省（Yonne）的Chablis與歐歇瓦區（Auxerrois）一樣，受布根地管轄。

自羅馬時代開始，無論行政或稅收的管理上，薄酒來都被認為是布根地的一部分。

這看起來似乎沒有甚麼大不了，但背後的含意卻截然不同。

薄酒來地區採用Gamay葡萄釀造葡萄酒，因此薄酒來的酒款往往不被認為是布根地葡萄酒。然而在地理環境上，薄酒來卻被認為是布根地的延伸產區，許多布根地的酒商或仲介商也會銷售薄酒來的酒款，甚至有某些薄酒來的酒款會以布根地產區的名義銷售。因此在探討布根地葡萄酒貿易與業務上，薄酒來產區始終被包含於內。

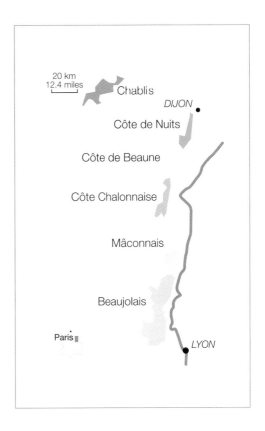

但用來釀造薄酒來酒款的品種Gamay卻不是布根地的主要釀酒品種（Pinot Noir），因此，從布根地酒款的角度來看，薄酒來代表著另一個獨立的產區。

多樣的布根地葡萄酒

　　布根地占地並不遼闊，共有27, 900公頃的葡萄園，4,300個生產者。由於土壤環境十分多樣，微氣候（microclimate）與土壤的差異有時僅在一公尺之內，生產者更著重在創造每個葡萄園的獨特性。布根地愛好者強調品飲布根地酒款的樂趣，在於發掘每款葡萄酒之間細微的差異，因此，每個生產者旗下可能有十多種不同的酒款，但每款可能都只釀造250箱。相較於波爾多級數酒莊相比，其一軍酒的產量可能是布根地酒款的4倍之多，更別提他們的二軍、三軍酒款。

　　然而對於葡萄酒新手而言，布根地的葡萄園、酒款風格與年份差異是難解的謎題。

　　為了明瞭複雜的布根地葡萄酒，首先你必須知道影響葡萄酒的各種因素。

大量的無性繁殖（clone）

　　Pinot Noir與Chardonnay有許多不同的無性繁殖（請參閱第4章），無性繁殖是一個經由揀選後，利用扦插或嫁接複製而成的品種，可彰顯出某些特殊屬性，如味道、產量與對於環境的適應力。而各個無性繁殖除了原始母株的風格外，又因生長地區的差異，創造出截然不同的香氣與風味，或減少病害的發生。

為數眾多的葡萄園

　　布根地內的五個產區又可細分成許多的葡萄園，每個園區都有屬於自己的風土條件與微氣候，創造出風格多變的酒款。

年份差異

　　每年的氣候狀況，如每年的日照時數、降雨量等都有所差異，這意味著每個年份的酒款品質與風格也會有所不同。

眾多的生產商

　　超過4,300個生產者，人人都擁有自己的風格與標準。

葡萄酒品質跟分級制度不能畫上等號

　　即使布根地有四種不同層級的法定產區分級，但酒商有時可能對低階產區的酒款注入更多的精力，因此較「低等級」的酒款也可能有更好的表現。

　　結果是布根地葡萄酒創造出各種不同的品質與風格：豐厚或纖細，單寧明顯或酒體細膩，清爽或圓潤等。

照片來源 BIVB

造成布根地葡萄酒多變的因素為何？

答案就是一件影響法國重要的歷史事件：法國大革命（La Révolution française）。

教會的領土

自西元6世紀起，教會便在此地擁有大量的葡萄園。早期葡萄酒是為了宗教目的而生產，最早的釀酒師就是教會的僧侶，依據他們的智慧與經驗釀造出品質優異的葡萄酒，甚至發掘出最佳的葡萄園區。

法國大革命與拿破崙法條（Code Napoléon）

在1789年法國大革命前，葡萄園及葡萄酒的生產業務是由貴族們掌管。法國大革命之後，政府把從貴族沒收而來的財產分割成小區塊，轉賣給當時的中產階級。拿破崙繼承法頒布後，規範父親必須將其財產平均分配給他所有的孩子，無論是男是女都可繼承，導致葡萄園被切割得更分散。

一小塊葡萄園的面積大約是0.08公頃，今日法規大約可種植800株葡萄藤。每株葡萄藤每年約可生產1.5瓶葡萄酒（或每個葡萄園年產量約為1,400瓶）。相較於波爾多的城堡酒莊平均年產量10萬瓶，布根地的總產量算是非常少，占全球葡萄酒生產量低於1%。對於超過100萬名的布根地葡萄酒愛好者來說，這樣的產量簡直是微乎其微。

迷宮般的葡萄園

由於每個葡萄園都代表了不同的產區風土條件（terroir），因此每塊葡萄園釀出來的葡萄酒都是獨一無二的。許多酒迷認為可以從葡萄園與村莊的位置來分辨酒款的特色，畢竟葡萄酒是以這些法定產區來命名。但，你知道每塊葡萄園可能有8個不同的生產者共同擁有嗎？每個生產者都有自己獨特的種植方式與釀酒哲學。無庸置疑地，有些人就是比他的鄰居更懂得種植葡萄。此外，每塊葡萄園區內可能有多達59種不同的土壤，導致每株葡萄有各自的風土狀況。也因此在同一個葡萄園中，釀酒商X與釀酒商Y可能會創造出風格與品質完全不同的商品。而由於拿破崙的繼承法，釀酒商X與釀酒商Y也許有著相同的姓氏，這更讓人困惑不已。

更多疑問等待回答

每當布根地愛好者在找尋解答時，他們會發現更多的問題：這款酒是什麼年份？葡萄何時採收？這是來自什麼產區？葡萄園為何？生產商是誰？釀造方法是……？也難怪酒迷們認為了解布根地葡萄酒是如此困難。

布根地葡萄酒產區

1. 夏布利區(Chablis)與大歐
歐瓦區(Grand Auxerrois)

Chablis位於法國的北邊,地處巴黎與第戎(Dijon)之間,與布根地主要葡萄園區相隔約100公里。自中世紀起,Chablis就以白酒風靡巴黎地區,有著顯著但細膩、果香豐沛又具礦石氣息、酒體豐富多變的獨特白葡萄酒。

瑟漢河(Le Serein)流經Chablis鎮,其兩側的山丘地就是AOC Chablis法定產區葡萄園所在之處,面積超過4,500公頃,有各種不同面向的葡萄園,受陽程度各有不同,一般而言氣候寒涼,創造出Chardonnay不同的風貌:從清淡到果香濃郁、從礦石口感到層次複雜。品質優異的Chablis有著平衡的口感。氣候寒冷的年份,酒體顯得清瘦尖銳,而過熟的年份則會使酒體結構鬆弛。

大歐歐瓦區(**Grand Auxerrois**)

大歐歐瓦區(Grand Auxerrois)的葡萄園環繞在Chablis外圍。這裡的酒款常被稱為榡能省(Yonne)的葡萄酒,主要的產區有:布根地-希替利(Bourgogne Chitry)、布根地-聖賈克丘(Bourgogne Côte Saint Jacques)、布根地-歐歐瓦丘(Bourgogne Côte d'Auxerre)、布根地-估隆吉-維諾茲(Bourgogne Coulanges-la-Vineuse)、布根地-埃皮諾依(Bourgogne Epineuil)、布根地-多內爾(Bourgogne Tonnerre)、布根地-維日雷(Bourgogne Vézelay)、依宏希(Irancy)及聖比(Saint Bris)。

本地區的葡萄品種包含Pinot Noir、César、Aligoté與Sacy。釀造的各類酒款包括:氣泡酒

(Crémant de Bourgogne)以及使用Sauvignon Blanc的AOC Saint Bris。

Chablis 區的地質狀況

210公尺　180公尺　150公尺

小夏布利(AOC Petit Chablis)葡萄園:砂土、黏土與泥灰岩

夏布利(AOC Chablis)葡萄園:石灰岩

夏布利特級葡萄園(Chablis Grand Cru):黏土、石灰岩與泥灰岩

夏布利特級葡萄園(Chablis Grand Cru)與12個夏布利一級葡萄園(Chablis Premier Cru)。

夏布利的一級葡萄園(Chablis Premier Cru)與特級葡萄園(Chablis Grand Cru)位於瑟漢河(Le Serein)沿岸,環繞Chablis鎮。

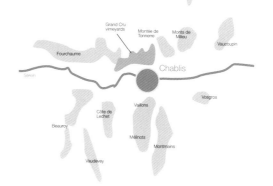

Chablis的分級結構

法定產區	葡萄園	葡萄酒特色
特級葡萄園（Grand Cru） 布隆修（Blanchots） 布果（Bougros） 克羅（Les Clos） 格內爾（Grenouilles） 普爾日（Preuses） 瓦密爾（Valmur） 渥玳日爾（Vaudésir）	超過100公頃的葡萄園、可釀造53萬公升的法定產區。由於不同的坡度與向陽面，分割為7塊特級葡萄園。 這些特級葡萄園含有特殊的「Kimméridgien」岩層，是一種侏羅紀晚期岩層，也是本地最好的地質，是白堊土與滲透性黏土所組成，還有貝類的化石在其中。	奶油般的香氣，有著些許的礦物與硝石氣息，還有檸檬與水果乾的風味。 此外也可發現烤杏仁、蜂蜜與些許的菌菇香味。 可陳放10至15年。 適飲溫度為12至14度。
一級葡萄園（Premier Cru） 共有41個一級葡萄園，其中有12個園區擁有Kimméridgien岩層與白堊黏土質，因而被認為比其他葡萄園的地質（主要為石灰岩）更優。 這12個知名的葡萄園為： 弗休姆（Fourchaume） 伯樺（Beauroy） 雷謝丘（Côte de Léchet） 多內爾坡（Montée de Tonnerre） 密利優山（Mont de Milieu） 弗諾（Les Fourneaux） 渥德維（Vaudevay） 維雍（Vaillons） 美力諾（Mélinots） 蒙曼（Montmains） 渥葛羅（Vosgros） 渥古班（Vaucoupin） 若混釀兩個以上一級葡萄園的葡萄一樣可在酒標上一級葡萄園的等級，但不可標示葡萄園名稱。	共有776公頃的園區，海拔高度為150到190公尺，年產量約440萬公升。 與特級葡萄園相似，一級葡萄園（Premier Cru）的酒款有時也會放在橡木桶中發酵、陳年。	帶有礦物與柑橘、水果乾與堅果的香氣，通常有著圓潤活潑的口感，尾韻綿長。 可陳放10至15年。 適飲溫度為12至14度。
Chablis與小夏布利（Petit Chablis） Petit在法文是「小」的意思，雖不可直接用字面意思來解釋，但在Chablis的法定產區等級中，它的確是位於最初一級。 往往都是最經濟實惠的酒款	葡萄園的面積超過3,500公頃，年產量2200萬公升。	寒冷年份的Chablis風格較為清瘦。 而在溫暖年份生產的Chablis則有10年的陳年潛力。 通常在不鏽鋼桶中發酵。 小夏布利（Petit Chablis）通常建議在裝瓶後2至3年內飲用，才能感受到其清爽的風格。 適飲溫度約為8至10度。

在金丘省（Côte d'Or）的北邊是夜丘區（Côte de Nuits），名字取自於當地最大的村莊：夜-聖喬治（Nuits-Saint-Georges），南邊2/3的園區則稱為伯恩丘區（Côte de Beaune），以它最大的城市：伯恩（Beaune）而命名。

夜丘區主要生產紅酒，而伯恩丘區以白酒聞名，但這不表示這兩個產區只生產這兩種酒款。夜丘區境內具有豐富礦物質的白堊黏土，適合生產香氣芬芳，如天鵝絨般細緻的Pinot Noir紅酒。而在伯恩丘區內，Chardonnay可以在小橡木桶中發酵，創造出豐富口感的白葡萄酒。而伯恩丘區的紅酒也比夜丘區更柔和可口。

金丘（Côte d'Or）

狹長布根地產地的中心地帶稱為金丘（Côte d'Or），意指「金色的山丘」。這個名稱的起源尚無考據，有人說這是夕陽西下時，山坡上的葡萄園彷彿黃金般燦爛。也有人認為Or這個字是「東方（Orient）」的縮寫，而Côte d'Or則表示面朝東方的葡萄園。

大多數人都同意是羅馬人從鄰近的阿爾卑斯山區將Pinot Noir引進本地，並建立葡萄園。葡萄園坐落在東南向的斜坡，可接受清晨的陽光照射，由於山谷的阻斷，使得坡度的面向從西到東南都有，唯獨沒有面北向。而這些獨特的地理條件讓金丘區的布根地葡萄酒備受尊崇。

金丘區最知名的葡萄園位於夜丘區與伯恩丘區之間50公里處的狹長區域。這裡的土壤有著遠古時期的海洋沉積的石灰質土壤。當然擁有最佳向陽面的葡萄園大都列為特級葡萄園或一級葡萄園。

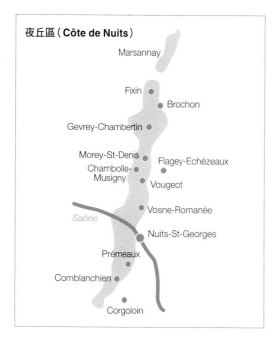

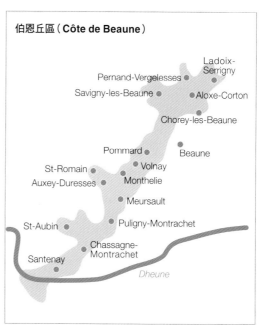

上夜丘區(Hautes-Côtes de Nuits)與上伯恩丘區(Hautes-Côtes de Beaune)

　　人們往往忽略位於金丘山坡後方（Arrières Côtes）的葡萄酒：上夜丘（AOC Hautes-Côtes de Nuits）與上伯恩丘（AOC Hautes-Côtes de Beaune）。在這裡「Hautes」表示「較高」的意思，因為本區的葡萄園位於夜丘區與伯恩丘區西邊海拔較高處。

　　上丘的兩個地區級法定產區是到1961年才成立的，目的是想要與一般大區域級的AOC Bourgogne有所區隔。為避免春天的霜害，並讓芽孢離地面較遠，這裡的葡萄藤長得較高。紅葡萄酒採用Pinot Noir釀造，有著甜美的覆盆莓的果香，白葡萄酒主要由Aligoté釀造，有著新鮮的水果香氣，上丘區的酒款價格極具競爭力。

　　上丘區的範圍包含了16個上夜丘村莊、12個上伯恩丘村莊以及7個來自Saône-et-Loire省的村莊。販售時，酒標不可標示地塊或葡萄園的名稱，但有時也有例外。

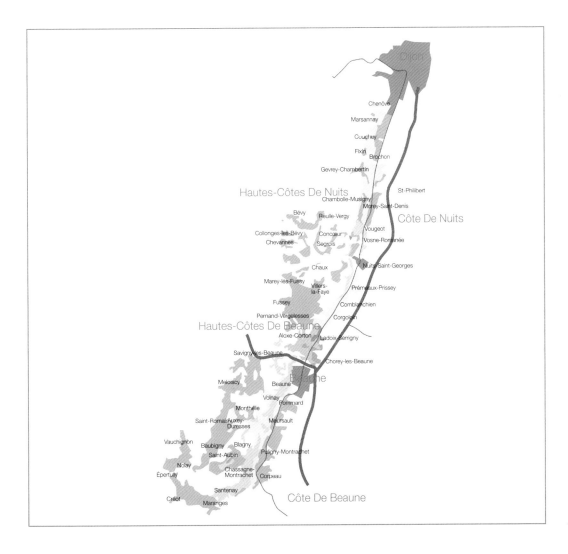

地圖：近距離檢視金丘區

較不為人知的夜丘區村莊

在夜丘區北部有三個著名村莊，分別為：Chenôve、Marsannay-la-Côte與Couchey，生產果味豐沛的紅葡萄酒與帶有蜜桃氣息的細緻粉紅葡萄酒，以及有著清爽酸度的白葡萄酒。你可在馬沙內（AOC Marsannay）找到令人心動的紅、白葡萄酒，不過粉紅酒才是此區誘人的祕密武器。

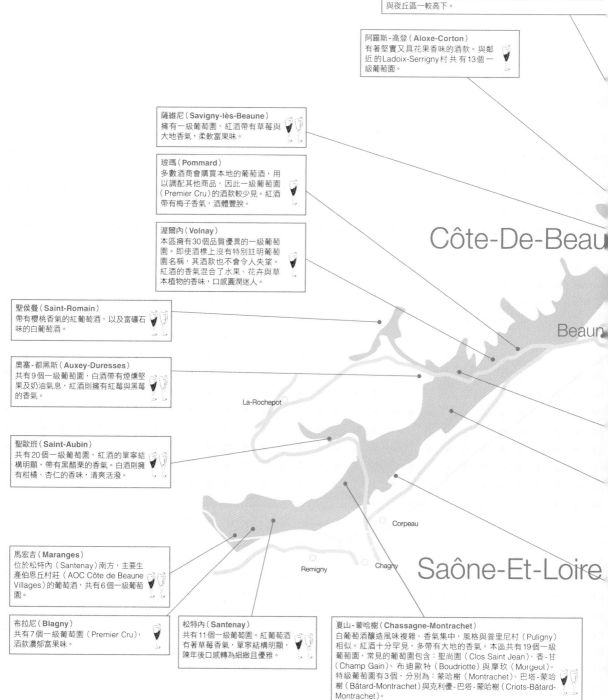

佩南-維哲雷斯（Pernand-Vergelesses）
紅酒帶有豐沛的花果香氣，白酒則擁有花卉與礦石氣息。本區共有5個一級葡萄園。最出名的葡萄園當屬查理曼園（Charlemagne），法定產區為AOC Corton-Charlemagne，其白酒帶有奶油香氣而優雅。
Corton Charlemagne與產紅酒的高登園（Corton）同屬於特級葡萄園（Grand Cru），它們跨越了拉都瓦（Ladoix）、佩南-維哲雷斯（Pernand-Vergelesses）與阿羅斯-高登（Aloxe-Corton）這三個村莊。Grand Cru等級的白酒通常使用AOC Corton的名義銷售；紅酒除了用Corton或Le Corton之外，後面還可加上地塊名稱。特級葡萄園如Les Bressandes園與Clos du Roi園的紅酒可與夜丘區一較高下。

阿羅斯-高登（Aloxe-Corton）
有著堅實又具花果香味的酒款。與鄰近的Ladoix-Serrigny村共有13個一級葡萄園。

薩維尼（Savigny-lès-Beaune）
擁有一級葡萄園，紅酒帶有草莓與大地香氣，柔軟富果味。

玻瑪（Pommard）
多數酒商會購買本地的葡萄酒，用以調配其他商品，因此一級葡萄園（Premier Cru）的酒款較少見。紅酒帶有梅子香氣，酒體豐腴。

渥爾內（Volnay）
本區擁有30個品質優異的一級葡萄園。即使酒標上沒有特別註明葡萄園名稱，其酒款也不會令人失望。紅酒的香氣混合了水果、花卉與草本植物的香味，口感圓潤迷人。

聖侯曼（Saint-Romain）
帶有櫻桃香氣的紅葡萄酒，以及富礦石味的白葡萄酒。

奧塞-都黑斯（Auxey-Duresses）
共有9個一級葡萄園，白酒帶有煙燻堅果及奶油氣息，紅酒則擁有紅莓與黑莓的香氣。

聖歐班（Saint-Aubin）
共有20個一級葡萄園，紅酒的單寧結構明顯，帶有黑醋栗的香氣。白酒則擁有柑橘、杏仁的香味，清爽活潑。

馬宏吉（Maranges）
位於松特內（Santenay）南方，主要生產伯恩丘村莊（AOC Côte de Beaune Villages）的葡萄酒，共有6個一級葡萄園。

布拉尼（Blagny）
共有7個一級葡萄園（Premier Cru），酒款濃郁富果味。

松特內（Santenay）
共有11個一級葡萄園。紅葡萄酒有著草莓香氣，單寧結構明顯，陳年後口感轉為細緻且優雅。

夏山-蒙哈榭（Chassagne-Montrachet）
白葡萄酒釀造風味複雜、香氣集中，風格與普里尼村（Puligny）相似。紅酒十分罕見，多帶有大地的香氣。本區共有19個一級葡萄園，常見的葡萄園包含：聖尚園（Clos Saint Jean）、香-甘（Champ Gain）、布迪歐特（Boudriotte）與摩玖（Morgeot）。特級葡萄園有3個，分別為：蒙哈榭（Montrachet）、巴塔-蒙哈榭（Bâtard-Montrachet）與克利優-巴塔-蒙哈榭（Criots-Bâtard-Montrachet）。

Côte-De-Beau

Beaun

Saône-Et-Loire

La-Rochepot

Corpeau

Remigny

Chagny

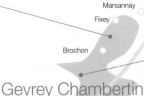

Marsannay
Fixey

Brochon

Gevrey Chambertin

Côte-De-Nuits

Chaux

Nuits-saint-georges

Villers-la-Faye

Magny-Villers

Premeaux Prissey

Combianchien

Pernand-Vergelesses

Corgoloin

Aloxe Corton

伯恩丘（AOC Côte de Beaune）

　　伯恩市周遭共16個村莊可生產AOC Côte de Beaune葡
萄酒。此區紅葡萄酒的酒體較夜丘區的更輕盈，所需的陳年時
間也較短。本法定產區也可生產白葡萄酒。

　　15世紀時，本區成立了伯恩濟貧醫院（Hôtel Dieu des
Hospices de Beaune）拍賣會，目的是為窮人與病人提供醫
療保健援助募集資金。每年，新釀好的葡萄酒以桶裝方式拍
賣，早期只允許酒商參加拍賣，近期已開放給社會大眾共同參
與。所得款項交由伯恩濟貧醫院等慈善機構處理。

夜丘區（AOC Côte de Nuits）

　　夜丘區地形為狹窄的丘陵，山頂為岩石地塊與高山森林
等。本區共有29個法定產區，最佳的葡萄園座落在海拔240
至320公尺處，可遠離霜害。

 紅酒　　 白酒　　 粉紅酒

　　當發現山的坡度逐漸變低，並看到開闊的平原時，就可知道我們已來到夏隆內丘區（Côte Chalonnaise）了。這裡有4,200公頃的葡萄園，土壤多為石灰岩、砂岩與泥灰岩。夏隆內丘提供多樣且價格平實的酒款，其法定產區包括：擁有29個一級葡萄園的梅克雷（AOC Mercurey）、擁有16個一級葡萄園的吉弗里（AOC Givry）與有23個一級葡萄園的乎利（AOC Rully）。

　　除了以Chardonnay及Pinot Noir為主的葡萄酒以外，夏隆內丘也使用Aligoté釀造布根地-阿里哥蝶（AOC Bourgogne Aligoté）與布哲宏（AOC Bouzeron）。本地最知名的Chardonnay產區是蒙塔尼（AOC Montagny），不過別忘了這裡也有生產布根地氣泡酒（AOC Crémant de Bourgogne）及地區級的布根地紅酒。

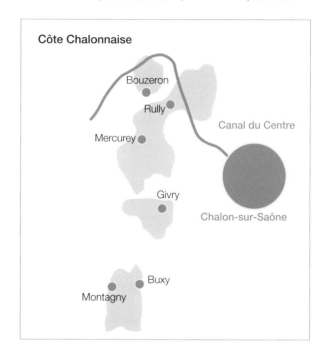

夏隆內丘區（Côte Chalonnaise）與古舒瓦區（Couchois）的酒款風格

梅克雷（Mercurey）
帶有花香的白葡萄酒，還可聞到薄荷與杏仁的香氣。紅酒則有草莓與櫻桃的果醬香氣，以及略帶苦味的單寧。

吉弗里（Givry）
其白葡萄酒帶有柑橘與堅果的香氣，酒體平衡。紅葡萄酒則在草莓香氣外亦可發現動物與辛香料的氣息。單寧圓潤成熟。

乎利（Rully）
白葡萄酒帶有柑橘與白葡萄的香氣，尾韻悠長。紅酒有有黑醋栗、紅色水果、丁香的氣味，單寧架構中等。

蒙塔尼（Montagny）
位於夏隆內丘南部，其酒款帶有桃子、梨子的香氣，偶爾也會有些硝石與香茅的香氣。

布哲宏（Bouzeron）
在布根地有上百個村莊種植Aligoté品種，其中最有名的就是布哲宏（Bouzeron）。有著白花、礦物及餅乾的香氣，口感圓潤迷人。在布哲宏也有種植Chardonnay與Pinot Noir，但必須列為布根地-夏隆丘（AOC Bourgogne Côte Chalonnaise）等級。

布根地-夏隆丘（Bourgogne Côte Chalonnaise）
來自44個不同的村莊，可生產白酒、粉紅葡萄酒與紅酒。紅酒帶有小巧的紅色水果香氣，質感細緻，適飲溫度為14度。白酒則在花香中帶有水果乾、蜂蜜的香氣，口感圓潤宜人，適飲溫度為13度。

布根地-古舒瓦丘（Bourgogne Côtes du Couchois AOC）
這是一個新興的紅酒法定產區，生產帶有草莓、黑莓香氣的酒款。古舒瓦（Couchois）位於馬宏吉（Maranges）與上伯恩丘（Hautes Côtes de Beaune）的南方，隸屬於Saône-et-Loire省。

再往南走，可看見一片占地6,500公頃的廣闊葡萄園，這就是馬貢區（Mâconnais）。在馬貢地區，除了Pinot Noir與Chardonnay之外，還種植Gamay。土壤可分為主要種植夏多內的石灰質、釀造馬貢白酒，與使用Gamay的馬貢紅葡萄酒的黏土及最適合Gamay的硝石土壤。

馬貢紅葡萄酒的酒體較輕，通常使用Gamay釀造，可年輕時飲用。白葡萄酒則多使用Chardonnay品種，因其白堊土質，讓酒體充滿著燦爛的水果氣息。

與布根地其他產區不同的是，馬貢區並沒有特級葡萄園和一級葡萄園。其最佳的酒款來自於AOC Mâcon-Villages或者是Mâcon之後加上「-村莊名」的葡萄酒，共有43個村莊，例如：Mâcon-Azé、Mâcon-Chardonay、Mâcon-Lugny、Mâcon-Uchizy、Mâcon-Solutré、Mâcon-Loché等。此外還有聖維宏（AOC Saint-Véran）、普依-富塞（AOC Pouilly Fuissé）、普依-樓榭（AOC Pouilly-Loché）與普依-凡列爾（AOC Pouilly Vinzelles）這幾個知名的村莊級法定產區。維列-克雷榭（AOC Viré-Clessé）為新近成立的村莊級法定產區，是合併維列（Viré）與克雷榭（Clessé）兩個村莊而成。

在此分級制度之下，還可找到酒精濃度較高的優級馬貢（AOC Mâcon Supérieur），以及馬貢（AOC Mâcon）葡萄酒。通常也會發現標示成一般AOC Bourgogne的葡萄酒，這是使用馬貢區內不同區塊的葡萄，再混釀布根地其餘產區的葡萄而成。在這裡也有其他的酒款，例如混釀Pinot Noir與Gamay的布根地巴斯都坎（AOC Bourgogne Passe-tout-grains）、AOC Bourgogne Aligoté以及布根地氣泡酒（AOC Crémant de Bourgogne）。

馬貢區以清新迷人的白酒及順口的紅酒聞名，馬貢村莊白酒更是物超所值。挑選範圍從Gamay釀造成的廣域AOC Mâcon Rouge，到AOC Saint-Véran白酒，甚至也可以選擇濃厚酒體的AOC Pouilly Fuissé白酒，或者風格相似的AOC Pouilly-Loché或AOC Pouilly-Vinzelles。

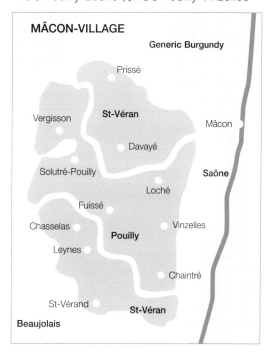

馬貢葡萄酒的風格

馬貢白葡萄酒（**AOC Mâcon Blanc**）／馬貢優級白葡萄酒（**AOC Mâcon Supérieur Blanc**） 有新鮮的水果特色。	普依-富塞（**AOC Pouilly Fuissé**）/普依-樓榭（**AOC Pouilly-Loché**）/普依-凡列爾（**AOC Pouilly-Vinzelles**） 有著礦石、杏仁、柑橘或鳳梨以及些許的燻烤香氣，酒體結構豐富多層次。
馬貢紅葡萄酒（**AOC Mâcon Rouge**）／馬貢優級紅葡萄酒（**AOC Mâcon Supérieur Rouge**） 中等酒體，帶有大地氣息。	聖維宏（**AOC Saint-Véran**） 桃子與梨子的果香，帶有一些奶油、蜂蜜與礦石風味。

照片來源 BIVB

法定產區與分級制度

下列為金丘區（Côte d'Or）主要使用的法定產區名稱及等級分類：
特級葡萄園（Grand Cru）
一級葡萄園（Premier Cru）
村莊級法定產區（Appellation Village，44個）
地區級法定產區（Appellation Régionale，23個）

（Bourgogne、Bourgogne Aligoté、Crémant de Bourgogne、Bourgogne Clairet ou Bourgogne Rosé、Bourgogne Hautes Côtes de Nuits、Bourgogne Hautes Côtes de Beaune、Bourgogne Passe-Tout-Grains、Bourgogne Côtes du Couchois、Bourgogne Vézelay、Mâcon、Mâcon-Villages、Mâcon-Uchizy、Bourgogne Côtes de Auxerre、Bourgogne Chitry、Bourgogne Coulanges-La-Vineuse、Bourgogne Epineuil、Bourgogne Côte Chalonnaise、Bourgogne Côte Saint-Jacques、Bourgogne Montrecul、Bourgogne La Chapitre、Bourgogne La Chapelle Notre-Dame等）

新的法定產區布根地丘（AOC Côteaux Bourguignons）將取代原有的普級布根地（AOC Bourgogne Grand Ordinaire）。

葡萄酒通常（但非絕對）會標示其最高的法定產區等級來販售。

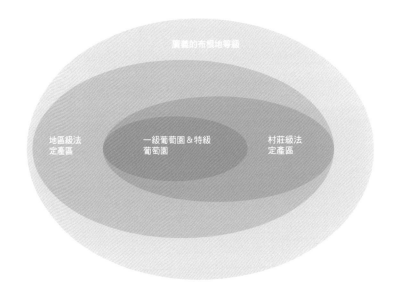

廣闊的布根地等級

地區級法定產區　　一級葡萄園＆特級葡萄園　　村莊級法定產區

法定產區與分級制度

夏布利與大歐歇瓦區法定產區

Bourgogne Côte d'Auxerre（地區級）
Bourgogne Côte Saint-Jacques（地區級）
Bourgogne Coulanges-La-Vineuse（地區級）
Bourgogne Epineuil（地區級）
Bourgogne Tonnerre（地區級）
Bourgogne Vézelay（地區級）
Chablis 與 Chablis Premier Cru（一級與村莊級）
Chablis Grand Cru（特級）
Irancy（村莊級）
Petit-Chablis（村莊級）
Saint-Bris（村莊級）

夏隆內丘（Côte Chalonnaise）法定產區

Bourgogne Côte Chalonnaise（地區級）
Bourgogne Côte du Couchois（地區級）
Bouzeron（村莊級）
Givry（村莊級）
Mercurey（村莊級）
Montagny（村莊級）
Rully（村莊級）

地區級（Régional）法定產區

Bourgogne（地區級）
Bourgogne Aligoté（地區級）
Bourgogne Chitry（地區級）
Bourgogne Clairet 或 Bourgogne Rosé（地區級）
Coteaux Bourguignons/ Bourgogne Grand Ordinaire（地區級）
Bourgogne La Chapelle Notre-Dame（地區級）
Bourgogne Le Chapitre（地區級）
Bourgogne Montrecul（地區級）
Bourgogne Passe-tout-grains（地區級）
Crémant de Bourgogne（地區級）

夜丘區法定產區

Bonnes Mares（特級）
Bourgogne Hautes Côtes de Nuits（地區級）
Chambertin（特級）
Chambertin-Clos de Bèze（特級）
Chambolle-Musigny（村莊級）
Chapelle-Chambertin（特級）
Charmes-Chambertin（特級）
Clos de La Roche（特級）
Clos de Tart（特級）
Clos de Vougeot（特級）
Clos des Lambrays（特級）
Clos Saint-Denis（特級）
Côte de Nuits-Villages（村莊級）
Echezeaux（特級）
Fixin（村莊級）
Gevrey-Chambertin（村莊級）
Grands Echezeaux（特級）
Griotte-Chambertin（特級）
La Grande Rue（特級）
La Romanée（特級）
La Tâche（特級）
Latricières-Chambertin（特級）
Marsannay（村莊級）
Marsannay Rosé（村莊級）
Mazis-Chambertin（特級）
Mazoyères-Chambertin（特級）
Morey-Saint-Denis（村莊級）
Musigny（特級）
Nuits-Saint-Georges（村莊級）
Richebourg（特級）
Romanée-Conti（特級）
Romanée-Saint-Vivant（特級）
Ruchottes Chambertin（特級）
Vosne-Romanée（村莊級）
Vougeot（村莊級）

伯恩丘區法定產區

Aloxe-Corton（村莊級）
Auxey-Duresses（村莊級）
Bâtard-Montrachet（特級）
Beaune（村莊級）
Bienvenues-Bâtard-Montrachet（特級）
Blagny（村莊級）
Bourgogne Hautes Côtes de Beaune（地區級）
Charlemagne（特級）
Chassagne-Montrachet（村莊級）
Chevalier-Montrachet（特級）
Chorey-Lès-Beaune（村莊級）
Corton（特級）
Corton-Charlemagne（特級）
Côte de Beaune（村莊級）
Côte de Beaune-Villages（村莊級）
Criots-Bâtard-Montrachet（特級）
Ladoix（村莊級）
Maranges（村莊級）
Meursault（村莊級）
Monthélie（村莊級）
Montrachet（特級）
Pernand-Vergelesses（村莊級）
Pommard（村莊級）
Puligny-Montrachet（村莊級）
Saint-Aubin（村莊級）
Saint-Romain（村莊級）
Santenay（村莊級）
Savigny-Lès-Beaune（村莊級）
Volnay、Volnay

馬貢（Mâcon）法定產區

Mâcon（地區級）
Mâcon-許可標出的村莊名（地區級）
Mâcon-Villages（地區級）
Pouilly-Fuissé（村莊級）
Pouilly-Loché（村莊級）
Pouilly-Vinzelles（村莊級）
Saint-Véran（村莊級）
Viré-Clessé（村莊級）

複雜的法定產區

　　你知道在布根地，地區級法定產區的酒款可將產地加在名稱當中嗎？如布根地-夏隆內丘（AOC Bourgogne Côte Chalonnaise）或布根地上夜丘區（AOC Bourgogne Hautes Côtes de Nuits）。酒標上還可以寫出葡萄品種，如AOC Bourgogne Aligoté 或酒款型態，如布根地白酒（AOC Bourgogne Blanc）、布根地紅酒（AOC Bourgogne Rouge）。此外，還有採用Pinot Noir 與 Gamay 混釀的AOC Bourgogne Passe-tout-grains 或粉紅酒。

由葡萄園賜名的村莊

　　複雜的布根地產地名稱其來有自。如哲維瑞（Gevrey）、莫瑞（Morey）、香波（Chambolle）等是原始的村莊名稱，為了提升該村莊的知名度，同時推銷當地村莊級的葡萄酒，每個村莊「認養」了該村莊中最出名的葡萄園，並將其名號加到村莊名稱當中。因此哲維瑞變成哲維瑞-香貝丹（Gevrey-Chambertin）、香波（Chambolle）變成香波-蜜思妮（Chambolle-Musigny）、莫瑞（Morey）變成莫瑞-聖丹尼（Morey-Saint-Denis）。而沒有特級葡萄園的村莊如伯恩（Beaune）、渥爾內（Volnay）、玻瑪（Pommard）等，則保留了原始的村莊名。

單一葡萄園並不等於一級葡萄園

　　村莊等級的酒款通常不在酒標上標示葡萄名稱。酒標上可見：AOC Morey-Saint-Denis、AOC Nuits-Saint-Georges AOC 或 AOC Volnay AOC。

　　但也有像這樣的罕見例子：AOC Vosne-Romanée「Aux Réas」是一個單一葡萄園的村莊級法定產區，「Aux Réas」是一個「非一級」的單一葡萄園。其等級與同村的一級葡萄園「Clos des Réas」完全不同。好在大多數的 1er Cru 字樣都會標示在酒標上以免混淆。

　　如果是一級葡萄園，就一定會標出所屬的村莊名，然後才加上葡萄園或者是地塊名稱，最後加上「Appellation Premier Cru Contrôlée」。例如：Gevrey-Chambertin "Les Cazetiers" 1er Cru。

一級葡萄園（Premier Cru）的酒款有時也不會將葡萄園名稱標示在酒標上

　　若一款 AOC Morey-Saint-Denis Premier Cru 的葡萄酒，沒有特別標示出葡萄園名稱，通常指這款酒是由2個或2個以上同村的一級園的葡萄混釀而成。

特級葡萄園（Grand Cru）無需標示村莊名稱

布根地最高等級的法定產區為特級葡萄園（Grand Cru），每個特級葡萄園都是獨立的AOC法定產區，不會標示其所在的村莊名稱。

村莊級法定產區

AOC Chambolle-Musigny產自Chambolle-Musigny村。

一級葡萄園（**Premier Cru**）

AOC Chambolle-Musigny "Les Charmes"是產自Chambolle-Musigny村的一個名叫Les Charmes一級葡萄園的酒款。

特級葡萄園（**Grand Cru**）

蜜思妮（Musigny）與邦馬爾（Bonnes Mares）是兩個位於香波-蜜思妮村的特級葡萄園。

註：邦馬爾（Bonnes Mares）有一部分園區位於Morey-Saint-Denis村。

特級葡萄園可能坐落在兩個村莊之間

知名的特級葡萄園——蒙哈榭（Montrachet）位於Puligny與Chassagne村莊之間，因此可發現AOC Puligny-Montrachet與AOC Chassagne-Montrachet的酒款。此外，在Montrachet周圍還有四塊特級葡萄園，原本的名稱為：巴達（Bâtard）、歇瓦里耶（Chevalier）、比衍維紐（Bienvenues）以及克利優（Criots），如今它們稱為：巴達-蒙哈榭（Bâtard-Montrachet）、歇瓦里耶-蒙哈榭（Chevalier-Montrachet）、比衍維紐-巴達-蒙哈榭（Bienvenues-Bâtard-Montrachet）及克利優-巴達-蒙哈榭（Criots-Bâtard-Montrachet）。

葡萄園：Lieux-dits與Climats

Lieu-dit(s)是一個特殊的法文字眼，意指擁有特殊地理特色的地名。在葡萄酒的領域中，則表示一個特殊的葡萄園或climat。基本上，Lieu-dit是一塊葡萄園的最小單位稱呼。在布根地地區，Climat與Lieu-dit這兩個詞彙常交替使用。

Lieu-dit也常用來作為酒款等級的劃分。如村莊級酒款可能會標示出其climat，而一級葡萄園則是標出Lieu-dit。一般來説，特級葡萄園本身就是一個Lieu-dit，但有少數布根地特級葡萄園還可再細分出不同的地塊，例如Chablis Grand Cru就可分成7個不同的Lieu-dit；而特級園Corton也是由多個地塊，如Les Bressandes、Le Clos des Rois、Les Renardes等Lieu-dit所組成。

照片來源 BIVB

117

照片來源 BIVB

解構布根地

　　辨識布根地酒款的最佳方法，就是先認清其葡萄生長的村莊。由於布根地的大型葡萄園都是多人共有，而多數生產者都是走精緻酒莊路線。接下來你將會學到如何破解布根地酒標的祕密，並辨別特級葡萄園（Grand Cru）、一級葡萄園（Premier Cru）與其他優質的酒款。

了解葡萄園、村莊與地區的名稱

　　地區級法定產區會依產地或村莊來命名，但不要錯認產區／村莊的名字。尤其部分村莊為了增加名氣，而把知名的葡萄園名稱加到村莊名當中，例如Gevrey-Chambertin的哲維瑞村。因此當品飲一款哲維瑞-香貝丹（Gevrey-Chambertin）的酒款時，請不要誤認為正在享受一款香貝丹（Chambertin）特級葡萄園的酒款。

查看字體大小

　　若酒標上葡萄園名稱的字體大於其他資訊，那麼它就是一款特級葡萄園的酒。若標示葡萄園名稱與村莊名稱的字體一樣大小，那這款酒應該是一級葡萄園等級。若標示法定產區的字體小於葡萄園名稱，即使是出現特級園名，也會是一款村莊級的酒，這是因為許多村莊名稱都冠上村內最知名的特級葡萄園名，如Gevrey-Chambertin的名稱是Gevrey村冠上特級園Chambertin而來的。

熟知生產者

　　一個頂尖酒莊釀造的村莊級或地區級酒款，品質可能比較差酒莊所釀的一級葡萄園更好。

年份差異

　　由於每年的天氣狀況皆有所不同，不同的年份也會創造出不同的酒款品質與酒體風格。

直達產地

　　前往布根地，或者與布根地仲介商直接接洽，一旦酒款上市就儘快購買，以免銷售一空，這樣可確保你挑選到最佳的酒款。法國食品協會與布根地葡萄酒公會（BIVB）定期會發佈有關布根地葡萄酒年份與活動的訊息。

此為一級葡萄園（Premier Cru）酒款，酒標上標示出其Climat/ Lieu-dit之名，在AOC名稱中可看到較小的字體標示出「1er Cru」。

此為村莊級法定產區酒款，酒標上標示出其Climat/ Lieu-dit，常被誤認為是一級葡萄園等級。

地區級法定產區酒款，千萬別誤把特定產區名稱認作是Climat/ Lieu-dit。

進一步了解布根地的酒款分級

即使有100個法定產區，還是有辦法可以了解布根地。

第一步

將布根地的酒款分級畫成金字塔圖型，並分成三個主要不同的等級：

- 地區級法定產區（Appellation Régionale）葡萄酒：
  金字塔的最底部，占有布根地總產量51.7%。有些酒標上甚至沒有標示年份。在這裡常可以發現物美價廉的商品。
- 村莊級法定產區（Appellation Village）葡萄酒：
  位於金字塔的中間，占36.8%的產量，依照葡萄酒生產的村莊而命名。
- 金字塔的頂端則是占10.1%的產量的一級葡萄園（Premier Cru），以及產量稀少，僅占1.4%的高價特級葡萄園葡萄酒（Grand Cru）。

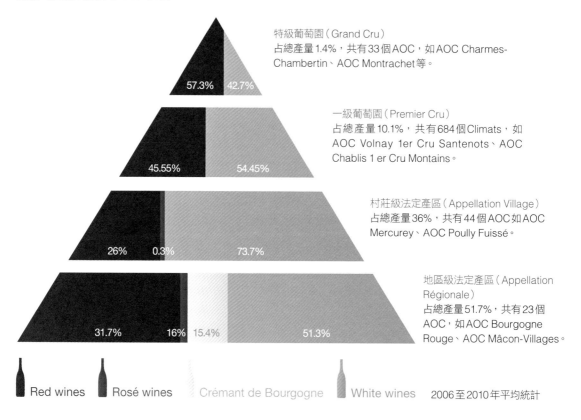

特級葡萄園（Grand Cru）
占總產量1.4%，共有33個AOC，如AOC Charmes-Chambertin、AOC Montrachet等。

57.3%　42.7%

一級葡萄園（Premier Cru）
占總產量10.1%，共有684個Climats，如
AOC Volnay 1er Cru Santenots、AOC
Chablis 1 er Cru Montains。

45.55%　54.45%

村莊級法定產區（Appellation Village）
占總產量36%，共有44個AOC如AOC
Mercurey、AOC Poully Fuissé。

26%　0.3%　73.7%

地區級法定產區（Appellation
Régionale）
占總產量51.7%，共有23個
AOC，如AOC Bourgogne
Rouge、AOC Mâcon-Villages。

31.7%　16%　15.4%　51.3%

Red wines　　Rosé wines　　Crémant de Bourgogne　　White wines　　2006至2010年平均統計

第二步

利用地圖來了解酒款的品質。

葡萄園的地形可分成3個部分：平地、丘區（Côte）與上丘區（Hautes Côtes）。

一般等級的葡萄酒種植在平原區，海拔高度約為200至300公尺。大家所熟知的丘區（如夜丘、伯恩丘等）位於海拔約300至400公尺，是最佳的葡萄園區。海拔400至500公尺處為上丘區（如上夜丘區、上伯恩丘區），多為地形陡峭的岩石峭壁與山谷斜坡。

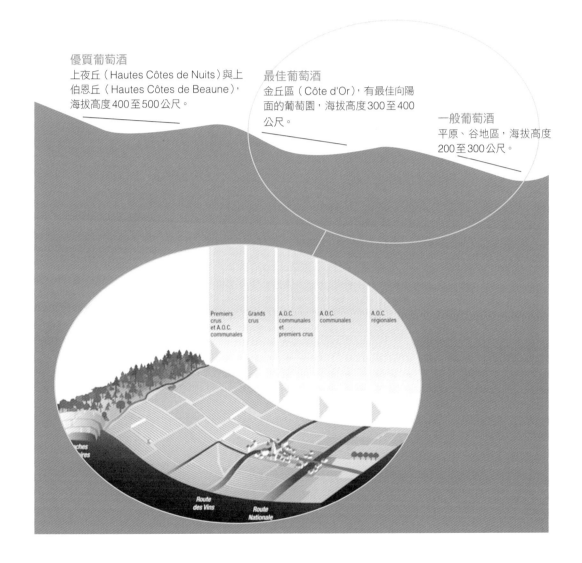

優質葡萄酒
上夜丘（Hautes Côtes de Nuits）與上伯恩丘（Hautes Côtes de Beaune），海拔高度400至500公尺。

最佳葡萄酒
金丘區（Côte d'Or），有最佳向陽面的葡萄園，海拔高度300至400公尺。

一般葡萄酒
平原、谷地區，海拔高度200至300公尺。

第三步

結合酒款的分級制度與葡萄園地形環境，便可將酒款分成三個不同的等級：地區型、村莊型與頂級酒款，其中頂級酒款分為一級葡萄園（Premier Cru）與特級葡萄園（Grand Cru）。

照片來源 BIVB

地區級法定產區

這些酒款來自於全布根地產區，包含了Yonne省、金丘（Côte d'Or）省、Saône-et-Loire省及Rhône省。葡萄酒可以使用品種來命名，如布根地AOC Bourgogne Aligoté、AOC Bourgogne Passe-tout-grains，也可以使用其產區來命名，如：AOC Bourgogne Côte Chalonnaise、AOC Bourgogne Hautes Côtes de Nuits。

地區級法定產區有兩種不同等級的次分類：廣域型地區級產區或具特定範圍的地區級產區。廣域型的地區級法定產區可以產自於布根地各處，例如AOC Bourgogne、AOC Bourgogne、AOC Bourgogne Rouge、AOC Bourgogne Rosé與AOC Bourgogne Pinot Noir。這些酒款大多產自於平原地區。其他還有使用Pinot Noir與Gamay釀造的AOC Bourgogne Passe-tout-grains、使用Aligoté葡萄釀造AOC Bourgogne Aligoté以及依釀造法命名的布根地氣泡酒AOC Crémant de Bourgogne。

而特定範圍的地區級酒款則為標示出其區域的名稱，如AOC Bourgogne Côte Chalonnaise與AOC Bourgogne Côte de Beaune等。一般來說這些酒款的品質較佳。其他還有：AOC Bourgogne Côtes d'Auxerre、AOC Bourgogne Hautes Côtes de Nuits、AOC Bourgogne Hautes Côtes de Beaune與AOC Bourgogne Irancy。

村莊級法定產區

以村莊名稱命名，如AOC Beaune、AOC Nuits-Saint-Georges、AOC Pommard，或者以在酒標中有著「Villages」字眼，如AOC Côte de Nuits-Villages、AOC Côte de Beaune-Villages。誠如名稱所標示，村莊級的酒款只能使用來自該村莊的葡萄釀造，舉例來說，AOC Pommard的葡萄酒只能使用種植在玻瑪村的葡萄，其餘村莊如Chablis等同理可證。

一級葡萄園與特級葡萄園

這些葡萄園坐落於丘區（Côte），消費者可以輕易的辨認一級葡萄園的名稱，因標示葡萄園名稱的字體與其他資訊的字體是一樣大。酒標的標示為：村莊名＋Premier Cru（有時也會將葡萄園名稱特別標示上去），如：Volnay 1er Cru「Clos des Ducs」、Pommard「Les Epenots」、Chambolle-Musigny「Les Amoureuses」、Beaune Grèves、Vosne-Romanée「Les Suchots」。

金字塔的頂端是最尊貴的特級葡萄園（Grand Cru），通常酒標上面標示的葡萄園名稱的字體大於其他資訊，例如：La Tâche、Clos-de-Vougeot、Montrachet等，葡萄園的名稱即可代表各自的法定產區。

閱讀布根地酒標

基礎布根地紅酒

釀造商

一級葡萄園
（Premier Cru）

部分酒款會將「特級葡萄園」標示
在酒標上

AOC Mâcon Villages

陳年潛力與葡萄酒風格

一級葡萄園（Premier Cru）與特級葡萄園（Grand Cru）的酒款建議至少陳放2年後再飲用，酒體會更臻成熟。

最優質的布根地白葡萄酒可陳年3至15年，年輕時它們可能表現出緊緻的柑橘風味（未經橡木桶陳年），或者呈現豐富的水蜜桃與奶油香氣（經橡木桶陳年）。成熟的白葡萄酒會更圓潤並有更複雜的香氣表現。

優秀的布根地紅葡萄酒可能會在陳年4年後才逐漸走向成熟，但有時陳年9年或甚至12年都不見得能達到酒款的最巔峰狀態。年輕時會有出櫻桃、草莓與花香，酒體的單寧口感較重，但與波爾多酒款相比，仍然細緻柔順許多，成熟後會發展出帶有野味、香料與成熟水果的風味。

酒款分級	建議最佳陳年時間（年）	最長保存期限（年）
特級葡萄園與一級葡萄園紅葡萄酒	7	35++
Chablis Grand Cru 與 1er Cru	19	25++
村莊級：Vosne、Chambolle、Morey 與 Gevrey	6	30+
Meursault、Puligny-Montrachet、Chassagne-Montrachet	8	30+
小村莊的紅與白葡萄酒	5	15
布根地地區級酒款	3	19

你知道嗎？

整個布根地的產量（不包含薄酒來產區）只有波爾多的1/4。

在布根地的自有園稱為「酒莊（Domaine）」，不同於波爾多的「城堡（Château）」。

Grand Vin de Bourgogne 是一個市場行銷的名稱，不帶有任何分級或品質意義。

Clos 意指圍有石牆的葡萄園，並不代表著這塊葡萄園有特殊之處。

Climat 意指葡萄園，表示在購買這塊土地之前，酒農必須先「品嘗大地的風味」來了解這塊葡萄園的特色。

AOC Bourgogne Passe-tout-grains 是布根地區唯一使用非單一葡萄品種釀造的產區，最多使用1/3的Gamay以及其他品種混釀而成。

Mise en Bouteille au domaine 的意思是「在酒莊裝瓶」，mise en bouteille à la propriété 的意思是「在自有產業裝瓶」，這兩者都是行銷上的術語。酒商用來說明酒款在哪裡裝瓶，如無說明葡萄產自何處，也無法保證酒款品質。

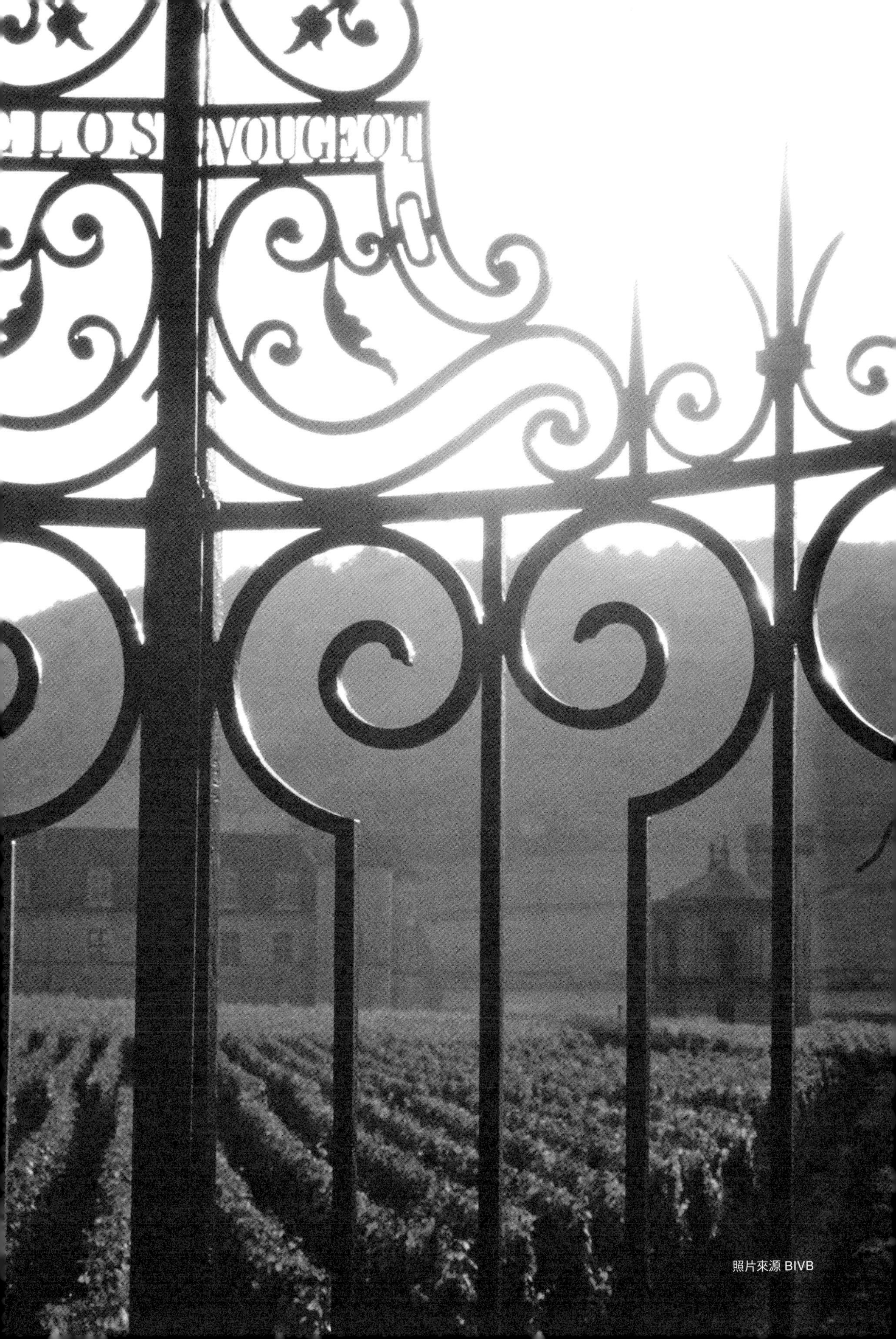

照片來源 BIVB

薄酒來

薄酒來（Beaujolais）位於法國南部，擁有19,052公頃的葡萄園，跨越兩個不同省分。葡萄酒愛好者常對於薄酒來的地位感到疑惑：它是隸屬於布根地（Bourgogne）的一部分嗎？

以地理環境來看，薄酒來緊鄰著馬貢區（Mâcon）的南端，綿延到里昂（Lyon）地區。除了少量清爽口感的Chardonnay白葡萄酒外，主要是以Gamay品種釀成的紅葡萄酒為主，其正式的名稱為「白汁黑加美」（Gamay Noir à Jus Blanc）。

桀驁不馴的Gamay葡萄

西元13世紀，布根地公爵菲利浦（Philippe II de Bourgogne）決心打壓Gamay葡萄，以便推廣種植黑皮諾品種（Pinot Noir）。當時布根地農民多租借布根地上丘區農地來種植Gamay葡萄，相較於嬌貴的Pinot Noir，Gamay葡萄較易種植生長且成熟較早，無需過多的勞力即可擁有更好的收成。

公爵為了維護金丘區的葡萄酒品質，頒布法令公開聲明Gamay葡萄是「下賤且對人體有害」的品種，禁止金丘區種植Gamay，黑皮諾於是成為金丘區的霸主。諷刺的是Gamay葡萄曾為農民帶來巨大的財富，讓他們在法國大革命之後得以躍身為地主，但買來的葡萄園種植的卻是Pinot Noir。

然而薄酒來地區仍持續種植Gamay葡萄。今天，薄酒來新酒（Beaujolais Nouveau）的獨占市場就是成功行銷的一個典範。要注意的是，薄酒來新酒只佔整個薄酒來產區所產葡萄酒的一部分，薄酒來產區有很多非新酒類型態的經典葡萄酒。

不同的土壤條件

AOC Beaujolais以及AOC Beaujolais Villages的土壤為含有黏土砂質的酸性貧瘠土壤。優級村莊（Les Beaujolais Crus）的土壤則為變質岩及花崗岩。

種植密度

薄酒來的種植密度居全球之冠，每公頃可種植6,000-10,000株葡萄藤，而品質最佳的酒款則可能是來自於每公頃6000株葡萄的園區。

二氧化碳浸泡法

薄酒來使用極為特殊的釀酒方式，稱為二氧化碳泡皮法（Macération carbonique），賦予酒款獨特的風味。

這種方法是將葡萄浸泡在其汁液中約一星期的時間，一般來說新酒（Nouveau）酒款通常為四天，AOC Beaujolais以及AOC Beaujolais Villages為6-8天，而村莊級酒款則長達10天。

和其他葡萄酒釀造程序不同之處，在於此法是將整串未去梗葡萄放置在密閉的發酵槽中，在缺氧的情況下進行，葡萄是從果肉內開始其酒精發酵，並同時萃取酒色，產生奔放的草莓香氣，創造出一個柔順易飲，有著櫻桃、草莓等新鮮水果香氣，近似白葡萄酒口感的美味薄酒來葡萄酒。

一般來説，薄酒來酒款大多酒體輕盈明亮，清新多果味。建議年輕時飲用，飲用前先冰鎮。薄酒來特級村莊（Les Crus du Beaujolais）酒款的酒體則漸為嚴謹，可窖藏3至10年的時間，甚至到30年都有。

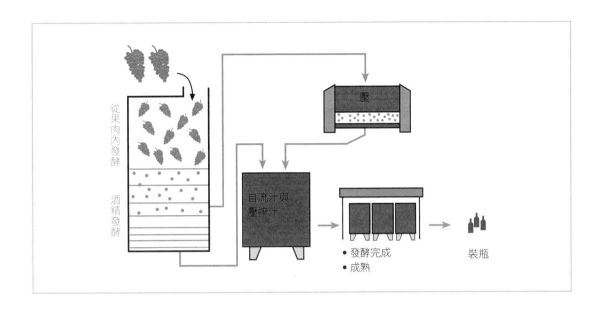

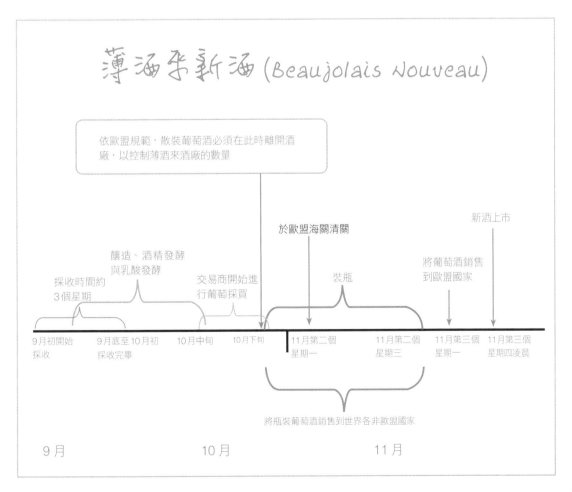

薄酒萊新酒 (BEAUJOLAIS NOUVEAU)

依歐盟規範，散裝葡萄酒必須在此時離開酒廠，以控制薄酒來酒廠的數量

於歐盟海關清關

新酒上市

釀造、酒精發酵
與乳酸發酵

交易商開始進
行葡萄採買

裝瓶

將葡萄酒銷售
到歐盟國家

採收時間約
3個星期

| 9月初開始
採收 | 9月底至10月初
採收完畢 | 10月中旬 | 10月下旬 | 11月第二個
星期一 | 11月第二個
星期三 | 11月第三個
星期一 | 11月第三個
星期四凌晨 |

將瓶裝葡萄酒銷售到世界各非歐盟國家

9月　　　　　　　　　10月　　　　　　　　　11月

薄酒來的分級與風格

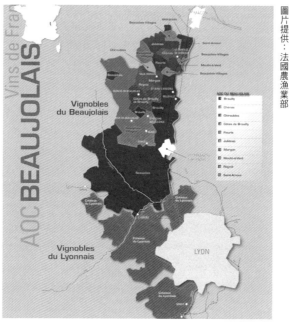

圖片提供：法國農漁業部

類別	法定產區	葡萄園	酒款特色
非薄酒來特級村莊（Les Beaujolais Crus）			
輕鬆易飲、讓人喜悅、價格低廉	薄酒來新酒（Beaujolais Nouveau）每年 11 月的第三個星期四凌晨上市，理論上新酒在隔年 4 月就不得再銷售。	2/3 的酒款來自於薄酒來產區，其餘 1/3 來自品質較佳的薄酒來村莊級產區（Beaujolais Village）。	簡單易飲的酒款，有著香蕉與糖果的香氣。 適飲溫度為 12 度。
簡單清新	AOC Beaujolais 及 AOC Beaujolais Supérieur。AOC Beaujolais Supérieur 不僅酒精濃度較高，品質也較一般薄酒來佳。	占地 7,639 公頃，土壤白堊土、黏土、與石灰岩質土（30%）、花崗岩及沖積土（70%）。	有著草莓、覆盆莓、黑醋栗的果香與花香，酒體中等。 適合年輕飲用，可享受其愉悅的口感與細微的單寧結構。
親切可人。有紅白葡萄酒與粉紅葡萄酒（rosé）	AOC Beaujolais Villages	位於北區山區，共有 38 個村莊，占地 5,769 公頃。 土壤結構為結晶岩。有 1/4 的產量為薄酒來村莊新酒（Beaujolais-Villages Nouveau）	帶有花朵的香氣、櫻桃、黑莓等果香，單寧細緻尾韻綿長。

類別	法定產區	葡萄園	酒款特色
10 個薄酒來特級村莊（Les Crus du Beaujolais）			
輕盈小巧	希路柏勒（AOC Chiroubles）	海拔 400 公尺，共 359 公頃葡萄園。 土壤為花崗岩與斑岩。	酒體輕盈，帶有優雅的紅色水果以及牡丹、鈴蘭、紫羅蘭等花香。 精巧的單寧結構。陳年 2 年後即可飲用。
	黑尼耶（AOC Régnié）	占地 369 公頃。 土壤為砂質花崗岩。	柔順的酒款，可聞到紅醋栗、黑莓、覆盆莓與紫羅蘭的香氣。 在溫暖的年份時還會呈現更成熟的果香與細緻的單寧結構。 可陳年 4 年以上的時間。
	布依（AOC Brouilly）	位於產區南部，擁有 1,300 公頃葡萄園。 土壤為花崗岩與沖積砂土。	是最大的薄酒來特級村莊產區。 有著最輕巧的酒體，草莓、覆盆子的香氣，有時也會帶有李子與桃子的氣味。 可陳放 1 至 3 年。
優雅明亮、果味豐富	布依丘（AOC Côte de Brouilly）	占地 316 公頃。 土壤為安山岩（又稱藍岩）。	與布依（Brouilly）的酒款相比，酒體更加圓潤厚重，也有更佳的陳年實力。 帶有新鮮葡萄、鳶尾花、紫羅蘭、牡丹、胡椒與礦物的香氣。
	弗勒莉（AOC Fleurie）	占地 862 公頃，土壤為花崗岩質的砂岩。	是薄酒來之后。 有著細緻優雅如紫羅蘭、玫瑰花瓣的花香，以及蜜桃、巧克力及紅色果實的香氣。圓潤多汁，有著天鵝絨般的尾韻。 可陳放 2 至 5 年。
	聖艾姆（Saint-Amour）	占地 322 公頃，土壤為砂質黏土。	新鮮芬芳，活潑細緻的酒款，帶有桃子、黑醋栗及辛香料氣息。 單寧結構足以支撐 5 年以上的陳放。

類別	法定產區	葡萄園	酒款特色
10 個薄酒來特級村莊（Les Crus du Beaujolais）			
中等酒體、複雜且特色鮮明	摩恭（Morgon）	占地 1,108 公頃。 土壤為片岩與碎花崗岩。 有 6 片擁有風土條件特殊的葡萄園，分別為：Côte de Py、Les Micouds、Grands Cras、Les Charmes、Corcelette 及 Douby	成熟的核果、櫻桃、李子與大地的氣味，酒體豐厚飽滿。 可陳放 3 至 10 年，常被認為是布根地黑皮諾酒款。
	薛納（Chénas）	是最小，也最罕有的特級村莊，也是法國國王路易十三最喜歡的葡萄酒。 占地 242 公頃，土壤為花崗岩質砂地。	花朵、香草與辛香料的香氣特色，並帶有些木質氣息，酒體豐潤厚重。 有陳年淺力，可陳放 4 至 8 年，也常被誤認為是布根地黑皮諾酒款。
Medium bodied, complexand characterful	朱里耶納（Juliénas）	占地 579 公頃。 土壤為片岩、花崗岩與黏土。	礦物及辛香料氣味中帶有花香、紅色水果如櫻桃、草莓等香氣，單寧充沛又細緻柔和。 年輕時即可飲用，但陳年後風味更佳，具 5 至 7 年的陳年潛力。
	風車磨坊（Moulin-à-Vent）	占地 644 公頃，土壤為含錳的花岡岩。其中有 15 片風格明顯的風土條件特殊的葡萄園：Craquelins、Les Rouchaux、Champ de Cour、En Morperay、Les Burdelines、La Roche、La Delatte、Les Bois Maréchaux、Le Pierre、Les Joies、Rochegrès、La Rochelle、Champagne、Les Caves、Les Vérillats	薄酒來之王，酒體龐大厚重，但仍保有清新的口感，帶有成熟櫻桃與玫瑰花的香氣。 成熟後則會發展出松露與麝香的氣味。 陳年 5 至 10 年後可達到顛峰期。

另一個產酒區：里昂丘（AOC Coteaux du Lyonnais）

位於薄酒來南部，里昂市區週遭有 320 公頃的葡萄園。行政區域隸屬於 Rhône 省，但里昂丘（AOC Coteaux du Lyonnais）的酒款風格卻更偏向薄酒來產區。有使用 Gamay 葡萄釀造的紅葡萄酒，以及少量利用 Chardonnay、Aligoté 及 Muscadet 釀造的白酒與粉紅酒。

閱讀薄酒來酒標

法定產區名稱

薄酒來特級村莊

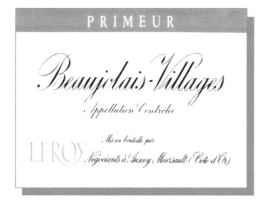

薄酒來村莊（Beaujolais Villages）酒款，較一般薄酒（Beaujolais）酒款品質更佳。

每年11月的第三個星期四凌晨上市的薄酒來新酒（Beaujolais Nouveau）。

Chapter 8

香檳 Champagne

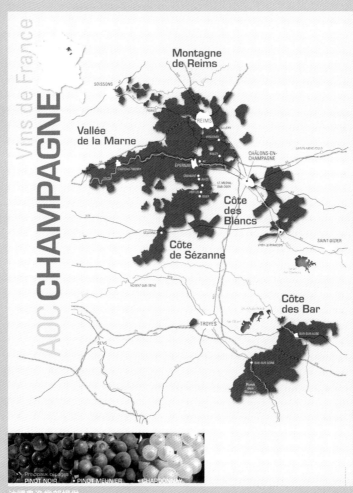

法國農漁業部提供

世上再也沒有任何一款酒能像香檳（Champagne）一樣表達出歡慶的氣氛。在所有值得慶祝的場合中，開一瓶無論是年份（Vintage）或無年份（Non-Vintage）、白葡萄白（Blanc de Blancs）或粉紅（Rosé）香檳、干型或甜型香檳，都不會出錯。

香檳概論

香檳是個位置偏北、又極寒冷的產區，擁有葡萄園面積約34,000公頃，平均葡萄藤樹齡為20年，每年生產約三億八千萬瓶香檳。當地有大約15,000個家庭式小農，平均葡萄園面積為1.5公頃，此外還有150個合作社與300個香檳酒廠。

絕對的氣泡

香檳中的氣泡來自於瓶中二次發酵的結果，稱為傳統香檳製造法（Méthode champenoise），也就是在一瓶發酵過後的葡萄酒中加入酵母跟糖，發酵過程中的二氧化碳將保留在瓶中，產生香檳獨有的氣泡。

3個主要釀酒品種

香檳區主要混釀下列兩種或兩種以上的葡萄品種：

- 黑皮諾（Pinot Noir）：給予酒體骨架、結構與陳年實力。
- 皮諾莫尼耶（Pinot Meunier）：提供精緻的花香與圓潤的口感。
- 夏多內（Chardonnay）：展現新鮮、清爽的風格。

5個主要產區

- 漢斯山區（Montagne de Reims）：主要種植 Pinot Noir。
- 白丘區（Côte des Blancs）：主要種植 Chardonnay。
- 馬恩河谷區（Vallée de la Marne）：坐西朝東方向，三個葡萄品種皆有種植，但以Pinot Meunier為主。
- 西棧丘區（Côte de Sézanne）：位置偏南，主要種植Chardonnay。
- 巴丘區（Côte des Bar）：五個產區中最南也最熱的產區，當地盛產Pinot Noir。

7種干甜度指標

- Brut nature：完全無添加糖，含糖量每公升小於3克，也稱「pas dosé」或「dosage zéro」。
- Extra-brut：超干型／超不甜型，含糖量每公升介於0至6克間。
- Brut：干型／不甜型，含糖量每公升小於12克。
- Extra dry (Extra sec)：微干型，含糖量每公升介於12至17克間。
- Sec：中等甜度，含糖量每公升介於17至32克間。
- Demi-sec：半干型／半不甜型，含糖量每公升介於32至50克間。
- Doux：甜型，其含糖量每公升超過50克。

各類風格

- 年份香檳（Vintage Champagne）：當年份狀況極優時，香檳廠會使用單一年份的葡萄來呈現該年份的特色。
- 無年份香檳（Non-Vintage Champagne）：通常簡稱NV，是表現香檳廠風格的重要酒款，常常會混和90%該年的香檳酒液與10%前一年份的香檳酒液雖然使用不同年份酒體來釀造，但風格始終一致。
- 粉紅香檳（Champagne Rosé）：因呈現粉紅色澤的酒液而命名。
- 黑葡萄白香檳（Blanc de Noirs）：只使用Pinot Noir與Pinot Meunier兩種黑品種葡萄來釀造。
- 白葡萄白香檳（Blanc de Blancs）：又稱白中白，只使用Chardonnay釀造。

一些特調裝瓶的香檳會特別標示出酒款的名稱，如Cuvée等。

調和的技藝

大部分的香檳都是由不同地區、不同葡萄園、不同品種混釀而成。

香檳區大約有300多個不同的葡萄園區、村莊及三個主要的城鎮

漢斯區的埃佩爾奈（Epernay）及阿依（Aÿ）兩個小鎮應該是香檳區最出名的產酒重鎮，酒農們在這裡出售使用來自300多個不同村莊的葡萄所釀好的葡萄酒。

香檳的起源

香檳區的酒款是如何從紅葡萄酒轉變成帶有氣泡的白酒呢？香檳區葡萄種植的歷史可追溯到西元3至5世紀間，而後遇到一系列的歷程，轉變成我們今日所熟知的香檳酒。

西元496年時，法國國王加冕時首度使用香檳區產的葡萄酒做成的聖油，自此香檳聲名大噪，在接下來的數百年間，有37個法國國王在香檳區中心的漢斯城（Reims）加冕。此外也有各國的王室來此參觀，包括法蘭西斯一世（François I）、蘇格蘭的瑪麗皇后（Mary Queen of Scots）以及路易16（Louis XVI）。自12世紀起，香檳區的葡萄酒已成為人們活動慶典時不可或缺的酒款。

這時候的香檳還不是氣泡酒，而是主要以Pinot Noir所釀成的紅葡萄酒，並與布根地在紅酒市場中彼此競爭。但香檳區的商人試圖讓自己與眾不同，因而創造了許多新式風格的葡萄酒，包括一些淺色的紅葡萄酒，進一步擴張香檳的知名度。根據資料的記載，15世紀中期，香檳區的葡萄酒有各種不同版本，顏色從鷓鴣眼（oeil de perdrix）、蜂蜜色（couleur de miel）、櫻桃粉紅色、茶色（fauve）到灰色（gris）都有。

1688年，（Dom Pérignon）修士被任命於Epernay附近Hautvillers修道院的財務總管，在他的工作職責中有一項便是酒窖的管理以及葡萄酒的釀造。當時寒冷的冬天氣候常常使葡萄酒停止發酵作用，葡萄酒在只有部分糖分轉化成酒精

時便裝瓶。當春天來臨、氣候回暖時，酵母重新作用，開始發酵酒中殘餘的糖分，但由於酒瓶已被封口，發酵時產生的二氧化碳無法散發至空氣中，僅能留在瓶中，而二氧化碳所產生的壓力常導致許多酒瓶爆裂。

貝里農修士花了許多時間研究如何阻止酒中的氣泡，在這個過程中，他創立了許多方法與手段來改善香檳的品質，而後他的學生皮耶（Pierre）修士記錄了他的成就，包括：

- 分批採收已取得最佳成熟度的葡萄。
- 發明香檳榨汁法，從紅葡萄中萃取出白色葡萄汁液。
- 透過調和不同葡萄園的葡萄釀造出風格統一的酒款。
- 改善過濾技術以生產更清澈明亮的酒液。

然後，貝里農修士仍然沒有找出酒體中產生氣泡的理由。幸運的是，飲酒流行轉向了氣泡酒，因此貝里農修士和他的朋友開始尋求更堅固、不會因二次發酵產生的氣體而爆破的瓶子。

當時，法國人使用木材燒製玻璃，生產出的玻璃品質不佳。然而英國人使用煤炭燒製，所生產的玻璃較堅硬。因此貝里農修士與其他生產商開始使用英國生產的玻璃瓶，並使用西班牙製的軟木，以及浸油的麻布來封瓶。

1728年，香檳的出口量開始成長，路易十五鼓勵人們改用玻璃瓶運輸而非傳統木桶。一年

後，第一間香檳廠正式成立。

在此後的100年，香檳製造商們致力於釀造帶甜味的氣泡酒，因為即使不了解葡萄酒產生氣泡的原因，他們也察覺到添加糖分可以產生氣泡。同時糖分的口感也將那些未成熟便採收而生產的葡萄酒變得更圓潤。

香檳的演變卻不曾停止。1801年，一位傑出的化學Jean-Antoine Chaptal主張不要在釀好的酒中加糖，而是在發酵期間加糖以增加酒精濃度。35年後，一名叫做Jean Baptiste François的藥劑師發明的「François法」，讓人們能確認需添加多少的額外的糖分才能生產出適合酒瓶壓力的二氧化碳。

另一個香檳區的重要貢獻來自於寡婦凱歌夫人（Veuve Clicquot），1805年，凱歌夫人的丈夫去世，她接手丈夫留下的香檳廠。1813年首次推出除渣過的香檳，也就是將二次發酵後產生的混濁物清除。但為了除去殘渣，香檳酒必須經過換瓶醒酒，而這會使酒中的氣泡消逝不見。

1813年，凱歌夫人和釀酒師Antoine Muller成功研究出搖瓶法（remuage）的程序：讓雜質沉澱至瓶頸，再有效的取出殘渣而不至於流失酒體的氣泡。

1820至1830年代，裝瓶與封塞的機器讓生產者可以輕鬆的使用錐形軟木塞封口，而氣泡能完整保留在瓶中。至此，香檳的製作品質終於開始有保障，到了1840年，香檳區氣泡酒的產量以壓倒性勝過非氣泡酒的生產。

1853年，香檳區氣泡酒的總銷量為30萬瓶，然而在該世紀結束前，總銷量已躍升至20億瓶。今日，每年約三億瓶香檳生產、銷售。

如何釀造香檳

詳細內容請參閱第4章。

香檳區的產區風土條件

本地受大西洋洋流的影響，氣候非常寒冷。除了歐伯（Aube）區之外，多空隙的白堊土保水良好，提供葡萄園足夠的水分。向陽坡的葡萄園享有最佳的陽光照射，並能將多餘的水分蒸發。除了氣候較溫暖的年份外，多數的葡萄都難以成熟，並有相當高的酸度，釀成的靜態酒或許並不令人喜愛，但卻是釀造優質氣泡酒的最佳基酒。

香檳區的葡萄種植比例為：39%的Pinot Noir、32%的Pinot Meunier以及29%的Chardonnay。

香檳是人與自然共同創造出的產物，產區風土條件或許能提供適合葡萄品種生長的環境，但還是要靠釀酒師決定使用何種品種來釀造、調配的比例、酵母浸泡時間的長短，最終呈現出符合香檳廠風格的酒款。

137

照片來源 CIVC

香檳的複雜性

香檳地區可分為五個較大的產區，每一個地區都有其獨特的香檳風格：

區域	主要葡萄品種	酒款風格
漢斯山區（Montagne de Reims）	Pinot Noir	金黃色澤，香氣濃郁，帶有些許礦石香氣，氣泡較大。
巴丘區（Côte des Bar）	85% Pinot Noir、8% Chardonnay、7% Pinot Meunier	金黃色澤，酒體結實並帶有香料氣息，氣泡活潑持久。
馬恩河谷區（Vallée de la Marne）	63% Pinot Meunier、27% Pinot Noir、10% Chardonnay	淡金色，帶有新鮮水果、烤麵包與紅色小漿果的香氣。柔順的口感，氣泡綿長，可輕鬆享用。
白丘區（Côte des Blancs）	96% Chardonnay、本區以出產白葡萄白香檳（Blanc de Blancs）聞名，知名的村莊有：Cramant、Avize、Oger、Le Mesnil-sur-Oger 等	淺金色澤，帶有白花、奶油、堅果的香氣，細緻複雜的口感，入口優雅清爽，如絲般的氣泡質地。
西棧丘區（Côte de Sézanne）	70% Chardonnay、21% Pinot Noir、9% Pinot Meunier	並不如白丘區（Côte des Blancs）般的細緻優雅，風格與香氣與新世界葡萄酒較相似。

香檳的法定產區與生產規範

照片來源 CIVC

香檳是法國法定產區（AOC）規範最嚴格的幾區之一，法規甚至規定軟木塞的種類與大小。1927年，白紙黑字寫下香檳區的葡萄園規範，包含了如何管理園區、種植的高度、間距、密度、採收方式、產量等等，當然也包括了在酒窖中陳年的時間。最近香檳酒陳年的時間有做些許修正，無年份香檳最低的陳年規範為15個月，年份香檳（Vintage Champagne）則是3年。

以下是數世紀以來香檳區的種植規範的例子：

- 每個葡萄園依據其土壤特色而分割為數個小區塊。

- 香檳區只允許四種整枝方式，每一種都限定葡萄的產量，並讓葡萄串離地面越近越好。葡萄串離地面的高度依據整枝法而有所不同，居由式（Guyot）可離地0.6公尺，而高登式（Cordon de Royat）則是離地0.5公尺。此外，有部分整枝方法只能限定使用於特殊的葡萄品種及葡萄園。

- 在同一區域若有重新種植葡萄，則須將舊葡萄連根拔起。此外每排葡萄藤的距離不可超過1.5公尺。

- 同一排的葡萄藤間的距離必須介於0.9至1.5公尺之間，每行與每株葡萄間的距離總和必須小於2.5公尺。

- 為了能整串葡萄發酵，必須使用人工採收（機器採收是被禁止的）。

- 同一區塊的葡萄必須在同段時間內採收以確保品質一致。

- 榨汁機一次最多只能壓榨4000公斤的葡萄。只有一開始榨出的2,550公升的果汁可以用來釀造香檳。在這2550公升的葡萄汁中，初榨的2,050公升稱為Vin de Cuvée，擁有最高的糖分與酸度、與最低的單寧與色澤，用來釀造最佳的香檳。接下來500公升的果汁則稱「Première Taille」。

細探特級香檳(Crus)

　　如同布根地，香檳區的葡萄園也被分成不同的等級。共有312個村莊可生產香檳，最佳的香檳村莊與其周遭的葡萄園稱為特級葡萄園（Grand Cru），因此在本區可發現特級村莊、一級葡萄園與無等級葡萄園的香檳。

　　酒農在葡萄收成後有三個不同的選擇：他們可以將葡萄留下，釀造屬於「酒農香檳」，或者委託釀酒合作社協助他們釀酒，也可以將葡萄賣給香檳廠，這些香檳廠將其他酒農們的葡萄調配、釀造成符合該廠風格的香檳酒。

　　葡萄園的分級，讓葡萄銷售有個公平的價格，每年葡萄採收後，便會設定收購葡萄的基準價格，特級葡萄園（Grand Cru）的葡萄可獲得幾乎100%的基準價，一級葡萄園（Premier Cru）的價格約是90至99%的基準價，而無等級葡萄園的價格則約會80至89%的基準價。

等級	村莊／種植度區	名稱
特級葡萄園（Grand Cru）	17個村莊（占總村莊數5%），4,000公頃，占總種植面積的13%。	特級村莊包含：Ambonnay、Avize、Aÿ、Beaumont-sur-Vesle、Bouzy、Chouilly、Craman、Louvois、Mailly-Champgagne、Le Mesnil-sur-Oger、Oger、Oiry、Puisieulx、Sillery、Tours-sur-Marne。 大部分的酒農只有部分葡萄園位於特級葡萄園，只有全數葡萄園位於特級葡萄園範圍內的酒商可以在酒標上標示 Grand Cru Verzenay 及 Verzy。
一級葡萄園（Premier Cru）	44個村莊，占總村莊數13%。種植面積5000公頃，約占總面積17%。	一級葡萄園包含：Avenay、Bergères-les-Vertus、Bezannes、Billy le Grand、Bisseuil、Chamery、Champillon、Chigny les Roses、Chouilly（PN）、Coligny（CH）、Cormontreuil、Coulommes la Montagne、Cuis、Cumières、Dizy、Ecueil、Etrechy（CH）、Grauves、Hautvillers、Jouy les Reims、Les Mesneus、Ludes、Mareuil sur Aÿ、Montbré、Mutigny、Pargny les Reims、Pierry、Rilly la Montagne、Sacy、Sermiers、Taissy、Tauxières、Tours-sur-Marne（CH）、Trépail、Trois Puits、Vaudemanges、Vertus、Villedommange、Villeneuve Renneville、Villers Allerand、Villers aux Noeuds、Villers Marmery、Voipreux and Vrigny。
無等級葡萄園	255個村莊，約占312個村莊中的82%。種植面積為21,000公頃約占總面積的70%。	為最常見的等級，大多酒商在此都有葡萄園。

特級葡萄園(Grand Cru)與一級葡萄園(Premier Cru)

下圖顯示出香檳區列級村莊的位置，17個特級葡萄園與41個一級葡萄園都位於馬恩省(Marne)。

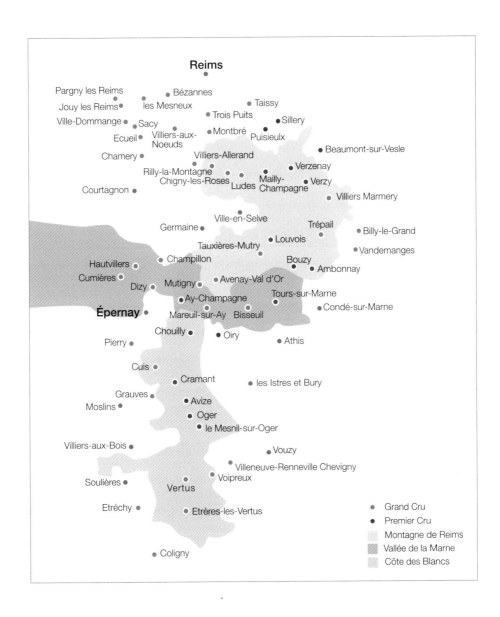

Reims

Pargny les Reims
Bézannes
Jouy les Reims
les Mesneux
Taissy
Ville-Dommange
Trois Puits
Sillery
Sacy
Ecueil
Villiers-aux-Noeuds
Montbré
Puisieulx
Chamery
Villiers-Allerand
Beaumont-sur-Vesle
Verzenay
Rilly-la-Montagne
Chigny-les-Roses
Ludes
Mailly-Champagne
Verzy
Courtagnon
Villiers Marmery
Ville-en-Selve
Germaine
Trépail
Billy-le-Grand
Tauxières-Mutry
Louvois
Vandemanges
Champillon
Bouzy
Hautvillers
Ambonnay
Cumières
Dizy
Mutigny
Avenay-Val d'Or
Tours-sur-Marne
Ay-Champagne
Épernay
Mareuil-sur-Ay
Bisseuil
Condé-sur-Marne
Chouilly
Oiry
Pierry
Athis
Cuis
Cramant
les Istres et Bury
Grauves
Avize
Moslins
Oger
le Mesnil-sur-Oger
Villiers-aux-Bois
Vouzy
Villeneuve-Renneville Chevigny
Soulières
Voipreux
Vertus
Etréchy
Etrères-les-Vertus
Coligny

- Grand Cru
- Premier Cru
- Montagne de Reims
- Vallée de la Marne
- Côte des Blancs

香檳的類型

香檳的高酸度，是能賦予它陳年實力的重要特色，並能發展出帶有複雜的香氣與天鵝絨般的口感。無論是何種香檳都有年份（Vintage）或無年份（Non-Vintage）香檳。

年份香檳（Vintage Champagne）

並不是每年都會生產年份香檳，酒廠僅在條件優異的年份才會釀造年份香檳。因此可能有某些酒廠在某些年份獲得較佳的酒液，而決定釀造年份香檳，或許其他酒廠並不如此認為，也就不生產。品酒行家常認為年份香檳需要至少10年的窖藏後，才能展現它的風貌。

無年份香檳（Non-Vintage，通常縮寫為NV）

則是極需優秀的釀造技巧，通常調和90%當年份的酒液與10%的其他數個年份的保留酒液，所追求的是維持該酒廠一致的風格。

這樣調和的技藝考驗著釀酒師與酒窖總管，大多數的無年份香檳會混釀30至40種不同的酒液，但最終卻仍要呈現酒款的一致性。無年份香檳必須陳年15個月才能上市販售，而知名酒廠的窖藏時間通常會更久。無年份香檳出廠後若放在保存良好的酒窖中，往往也能提高它的口感，變得更柔順、香氣更複雜豐富。

粉紅香檳（Champagne Rosé）

其色澤來自於添加少量約10%的紅葡萄酒液，除了色澤之外，往往也為酒款增添了紅色莓果的香氣。有時為了獲得粉紅色澤的葡萄汁，也可能延長紅葡萄的浸皮時間。不過這種方法的成本較高，且難以控制成果，但許多人認為這樣釀出的粉紅香檳（Champagne Rosé）品質更佳。粉紅香檳（Champagne Rosé）常散發紅色漿果與香料的氣味，酒體頗為豐厚飽滿。

白葡萄白香檳（Blanc de Blancs）與黑葡萄白香檳（Blanc de Noirs）

這兩個種類的香檳，使用了特殊的標準來調和香檳，使用下列允許的三種葡萄：Pinot Noir、Pinot Meunier與Chardonnay。

白葡萄白香檳是使用白葡萄Chardonnay釀造的氣泡酒，有著細膩的風格。它呈現出白色的花香以及清新活潑的細緻氣泡，隨著酒款的陳年，可能出現烤麵包、奶油、水果乾以及摩卡咖啡的氣味。

而黑葡萄白香檳是使用紅品種榨出的白色果汁所釀的酒，僅使用Pinot Noir與Pinot Meunier兩個品種。酒款展現出紫羅蘭、水果乾與菸草的香氣，口感清新宜人。這兩種類型的香檳在陳年4至10後將有更佳的表現。

其他的香檳類型

近期除渣（récemment dégorgé）

通常出現在年份香檳中，表示酵母殘渣在香檳中浸泡陳年的時間比法規設定的標準年限還長，這樣的陳放能給予酒體更複雜的口感。近期除渣的香檳通常會在酒標上標示何時除渣。

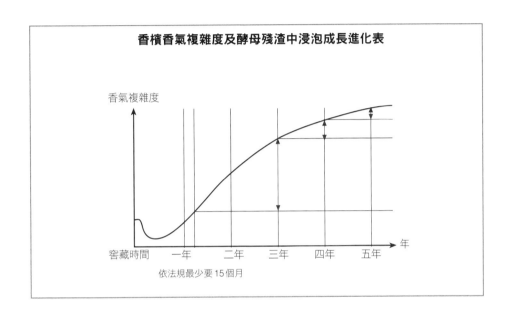

精選佳釀（cuvée prestige）

多數酒廠都會生產一款使用特製的酒瓶或用特殊調配比例的精選酒款，並且用偉大（Grande）、高貴（Noble）、稀世（Rare）等名稱，或者使用特殊的事件、物件與人物來命名，例如Celebris、Louis、Sir Winston Churchill等。

要界定精選佳釀型的香檳是有些困難的，一般而言，酒廠通常會選用來自特級葡萄園（Grand Cru）的葡萄來釀造精選佳釀，而使用一般等級的葡萄來釀造無年份香檳。由於沒有法律明確的設立規範，精選佳釀型的香檳可以是年份香檳（Vintage Champagne），或者是無年份香檳。但消費者可以認定精選佳釀香檳將會是該酒廠的巔峰之作，當然，它可能會是無年份的一般香檳的三倍，或年份香檳的兩倍價格。

價格如此昂貴的理由為何？酒廠會付出更多的心力來釀造這類香檳，葡萄來自於頂尖的特級葡萄園或一級葡萄園，並用人工做二次的篩選，榨汁時力道十分輕柔，通常只採用初榨的前30%的汁液釀酒，而這些被特別挑選出的葡萄汁液常稱為tête de cuvée。釀酒師巧妙的混合這些酒款、裝瓶並陳年5至7年，再進行人工搖瓶、除渣、補液。這些長時間的培養不但增添了香檳的風味與品質，也增加了它的生產成本。

解讀香檳標籤

每瓶香檳都必須貼上標籤才能出廠販售，而標籤上必須標示它的來源，通常是用兩個英文字母與一連串數字所組成。這兩個字母表示著不同的生產者，而數字則是其生產者實際的名稱與地址（可能與品牌名稱完全不同）。

了解香檳的來歷，能幫助你更深入的挑選合適的商品。這兩個英文字母通常可在標籤的角落發現：

N.M.（Négociant manipulant）

向酒農或釀酒合作社採購散裝葡萄為釀造香檳的原料，大部分知名的酒廠多屬於這個類型，一般而言，他們能每年生產品質一致的商品。

C.M.（Coopérative de Manipulation）

合作社酒廠，集結了葡萄農共同釀造屬於自己品牌的香檳。由於採合作社型式，收到的葡萄品種多樣化，而品質水準也參差不齊。

R.M.（Récoltant-Manipulant）

酒農香檳，葡萄農使用自家生產的葡萄來釀造屬於自己的香檳，酒農也可能銷售自家葡萄給其他生產者，在少數情況下允許酒農購買葡萄來增加自己的產量。通常被視為精品香檳，因此往往只透過郵購或在酒莊自售，無法在一般經銷管道購買得到。香檳的愛好者通常喜愛來自Bouzy、Ambonnay和Aube等村，採用Pinot Noir為主的R.M.香檳，或者是來自Vallée de la Marne種植Pinot Meunier與Chardonnay的Cramant、Avize、Le Mesnil-sur-Oger等村莊的產品。

R.C.（Récoltant-Coopérateur）

酒農合作社，這是合作社內的葡萄農將合作社所釀造的香檳掛在自己的品牌之下販售。

S.R.（Société de Récoltants）

一群酒農組織在一起集中資源來釀酒，但並非合作社的關係。

N.D.（Négociant-Distributeur）

酒商採購其他酒農釀造的香檳，而後用自己的品牌名稱販售。

M.A.（Marque Auxiliaire 或 Marque d'Acheteur）

採買者的自有品牌，這是超市或其他酒類量販通路委託生產者釀造客製化的商品，專屬於採購者其家所創品牌。

照片來源 CIVC

香檳瓶的容量

以下是各種香檳瓶的容量與名稱:

名稱	容量	瓶數
Quarter	187.5 毫升	1/4 瓶
Demi/ Half-Bottle	375 毫升	1/2 瓶
Bouteille/ Standard Bottle	750 毫升	1 瓶
Magnum	1.5 公升	2 瓶
Jeroboam	3 公升	4 瓶
Rehoboam	4.5 公升	6 瓶
Methuselah	6 公升	8 瓶
Salmanazar	9 公升	12 瓶
Balthazar	12 公升	16 瓶
Nebuchadnezzar	15 公升	20 瓶

香檳的儲存與侍酒

儲存

香檳對於溫度和光線非常敏感,因此香檳瓶身大多為耐光且暗綠色的玻璃瓶,此外,香檳的儲存溫度為5至15度,並保持直立或水平放置。

冷藏

香檳的適飲溫度為5℃,可事先放在冰箱約3小時的時間,也可以在冰塊與水比例各半的冰桶中冰鎮30分鐘。

侍酒

正確的香檳開瓶方式可參閱本書第15章:葡萄酒服務。

品味香檳

外觀

　　若是以Chardonnay為主的酒款，色澤會呈現淡黃色，並夾帶些許綠光的折射。若是以紅葡萄為主要的調配品種，色澤會呈現帶有些許粉色光澤的淺金色。隨著酒款的陳年，香檳會逐漸發展出金銅色澤，較老的香檳會有金黃琥珀的色澤。細密綿長的氣泡則可預測酒款的口感質地。

香氣

　　新鮮的水果如柑橘、杏桃、水蜜桃與梨子香氣，或帶有些許的草本氣味。香氣較複雜的酒款則有些蜂蜜、堅果、酵母、奶油及些許燻烤的香味。有些陳年的香檳會帶有大地土壤的氣味。

口感

　　從不甜到甜的風味都可能出現。細緻優雅的氣泡創造出悠長的尾韻，通常香檳的氣泡是判別品質的重點之一，氣泡的大小、綿密度與持久性，都是觀察的重點之一。一般認為氣泡越細膩綿長，酒款的品質越佳。而陳年的香檳酒在口感上會有更複雜的細膩變化。

照片來源 CIVC

閱讀香檳酒標

品牌名稱：Lanson
年份：1998
型態：Brut
酒款：Gold Label
酒精濃度：12.5%
香檳代碼：N.M.（Négociant manipulant）
酒瓶容量：75cl

型態：Brut
容量：75cl
酒款名稱：Extra Cuvée de Réserve
年份：1999
酒廠名稱：Pol Roger
酒精濃度：12.5%
香檳代碼：N.M.（Négociant manipulant）

你知道嗎？

香檳丘（AOC Coteaux Champenois）

在香檳區仍有生產靜態葡萄酒，白葡萄酒以 Chardonnay 為主，紅葡萄酒則是以 Pinot Noir 與 Pinot Meunier 為主，最知名的生產地區為布立（Bouzy）。

利榭粉紅酒（Rosé des Riceys）

在歐伯（Aube）的利榭區（Riceys）也有生產少量的粉紅葡萄酒。

雖然香檳屬於法定產區管制，但是大多數的酒廠卻懶得標示「Appellation d' Origine Champagne Contrôlée」全文。事實上，由於香檳的名氣太大了，而且只有生產在香檳區的氣泡酒才可以使用「Champagne」這個名稱，因此酒標上只要出現「Champagne」以及「France」就夠了。

香檳迷往往喜歡尋找一些高品質的小廠精品香檳，或者有特殊風土條件的酒款，在他們的心目中，這可比知名大廠有趣得多。

知名大廠 Les Grandes Marques

多數的香檳是由香檳廠或大型酒商來釀造與販售。這些香檳廠或酒商創立了許多知名的香檳品牌，但與法國其他產區不同，這些酒款並不會標示葡萄生長的產區或葡萄園。

即便酒廠們本身已種植了數千公頃的葡萄樹，他們仍將香檳區所有的葡萄採購一空，這些酒廠是香檳酒的行銷大使，每個香檳廠的酒款風格皆不相同。

1882年，三個主要的香檳廠成立了「名廠公會」（Syndicat des Grandes Marques），一年之內，另外19間酒廠也加入其中，並在當時便掌控了香檳區的葡萄買賣貿易。1993年，該組織重新命名為「Club des Grandes Marques」，並進行改組要求成員們固守一定的品質水準，目前該組織共有24名成員。

氣泡酒的不同名稱

Sparkling、Crémant、perlant、pétillant、mousseux 都是氣泡酒的意思，不同點在於瓶裡氣泡的壓力。

Sparkling wine 泛指酒體中含有二氧化碳的氣泡酒，適用於各式不同類型的氣泡酒。

Mousseaux 是法文氣泡酒的一種，意指酒瓶中的二氧化碳含量造成的氣壓與香檳酒相同，均為5至6大氣壓。

Crémant 與 mousseaux 相似，不過二氧化碳含量較低，只有2至4大氣壓，氣泡的強度與綿密度不如完全的氣泡酒。請注意，有時 Crémant 也會用來表示所有的氣泡酒（香檳地區以外生產的氣泡酒）。

Pétillant 是一種微氣泡酒款，二氧化碳壓力低於2大氣壓，在義大利則稱為 Frizzante。這些酒款的氣泡倒入杯中後很快就會消失，指在口中留下微微的刺激感。

Perlant 的酒款指含有微量的二氧化碳，幾乎感受不到它的氣泡。

Chapter 9

侏羅與薩瓦
Jura & Savoie

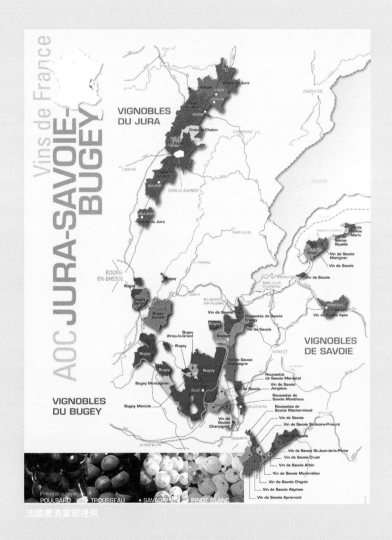

法國農漁業部提供

這兩個小區域座落在法國東部，近法國與瑞士的邊境處。侏羅（Jura）位於阿爾卑斯山的北端，擁有綿延的丘陵與林地，最知名的酒款稱為黃葡萄酒（Vin Jaune），是一種類似雪莉（Sherry）釀造手法的葡萄酒款。薩瓦（Savoie）則位於阿爾卑斯山較低的山坡處，來此度假旅遊的遊客們經常在滑雪之後，人手一杯！

侏羅概述

背景

侏羅（Jura）是一個非常小的村莊，曾經隸屬於布根地（Bourgogne），也曾被西班牙統治過，但在法國國王路易十四時代再次回到法國人的手裡。

最小的葡萄酒產區

侏羅座落在侏羅山脈西側的丘陵地帶，橫跨阿爾伯（Arbois）北部以及Lons-le-Saunier南部。位於布根地伯恩市（Beaune）東邊，開車約1小時左右的距離。侏羅是法國最小的葡萄酒產區，葡萄園面積約為2,000公頃。

氣候與土壤

本區的氣候為大陸型氣候，意味著天候條件相當嚴峻，偶有陽光明媚的時刻。土壤為石灰質黏土，內含些許泥灰與大量的化石。

法定產區（Les appellations）

除大區域的侏羅丘（AOC Côtes du Jura）法定產區外，這裡還有數個其他的產區：阿爾伯（AOC Arbois）、阿爾伯-普皮蘭（AOC Arbois-Pupillin）、夏隆堡（AOC Château Chalon）以及埃托勒（AOC L'Étoile）。

此外，侏羅還有另外兩種型態的法定產區：侏羅氣泡酒（AOC Crémant du Jura）和馬克凡香甜酒（AOC Macvin du Jura）。

5個葡萄品種

白葡萄品種有夏多內（Chardonnay）和莎瓦涅（Savagnin），後者在阿爾伯（Arbois）又稱為Naturé。紅葡萄品種則是普沙（Poulsard原名為Ploussard）、土梭（Trousseau）與黑皮諾（Pinot Noir）。

黃葡萄酒（Vin Jaune）

侏羅最出名的酒款當屬黃葡萄酒（Vin Jaune），使用非常成熟，產率低的Savagnin葡萄釀造，並在通風良好的閣樓、酒窖或倉庫中陳桶，此時酒款會受到溫度變動的影響而產生變化，會長出一層浮在酒液表面上的酵母，稱為voile，必須在桶中陳年6年才可裝瓶。

黃葡萄酒的香氣以辛香料如：薑黃、薑和咖哩粉等為主，有時也會產生堅果與蜂蜜的味道。黃葡萄酒通常作為開胃酒，並與奶油醬汁的魚類、乳酪、田螺、龍蝦和鵝肝極為搭配。

侏羅區的其他酒款

麥桿酒（Vin de Paille）是使用在麥桿上蔭乾的葡萄所釀的葡萄酒，酒精度大約15度。馬克凡香甜酒（Macvin du Jura）則是一種加烈酒（Vin Fortifié），酒精度大約16至22度之間，可以是白酒、紅酒或粉紅酒的類型，建議冰鎮至8度時飲用。侏羅區同時也生產氣泡酒。

侏羅區的多樣性

除了知名的黃葡萄酒（Vin Jaune）或麥桿酒（Vin de Paille）外，侏羅（Jura）區的酒標上通常不會標示葡萄品種與型態。AOC Arbois和AOC Côtes du Jura這兩個法定產區可生產各種類型的葡萄酒。AOC L'Etoile只生產白酒，包含黃葡萄酒和麥桿酒。由於AOC Château Chalon僅准生產黃葡萄酒，酒標上不會特別標示出「Vin Jaune」的字樣，因此當你看到一款AOC Château Chalon時，要知道這一定是黃葡萄酒。

SALINS-LES-BAINS

ARBOIS

SELLIÈRES

POLIGNY

POITEUR

Chateau-Chalon

L'ÉTOILE

Lons-le-Saunier

CONLIÈGE

BEAUFORT

ST-AMOUR

Château-Chalon
Côtes du jura
Arbois
L'Étoile

布杰（AOC Bugey）

布杰位於侏羅區南方，可生產紅酒、白酒、粉紅酒與氣泡酒等型態。侏羅、薩瓦與布根地三區交會，因此種植的葡萄品種充分反映出其地理位置。

Le Bugey

Geneva
Lyon
Chambery
Grenoble

照片來源 Philippe Bruniaux CIVJ

薩瓦概述

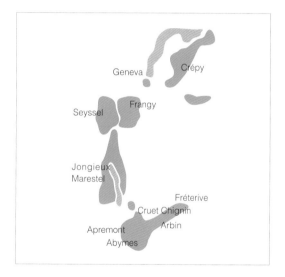

背景

薩瓦區在法瑞兩國邊界的日內瓦湖（Lac de Genève）與依瑟河（Isère）之間，葡萄園座落在阿爾卑斯山（Les Alpes）的低坡上，海拔約500公尺。

半大陸性氣候

充沛的陽光與湖水的調節，生產出新鮮清爽的白葡萄酒，與酒體輕盈、果味明顯的紅葡萄酒。日照充足的葡萄園，在大部分的年份都可讓葡萄充分成熟。

土壤類型

本區的土壤有石灰岩、泥灰岩、黏土與冰河時期留下的沖積土，皆有利於白葡萄的生長。

4個主要品種

紅葡萄品種為蒙得斯（Mondeuse），白葡萄品種有阿爾地斯（Altesse）、夏斯拉（Chasselas）與賈給爾（Jacquère）。

薩瓦區的法定產區

有涵蓋全產區的薩瓦葡萄酒（Vin de Savoie）是本區最知名的酒款，使用阿爾地斯（Altesse）、夏斯拉（Chasselas）與賈給爾（Jacquère）與胡榭特（Roussette）釀造而成。此外還有色澤較淺，使用蒙得斯（Mondeuse）、加美（Gamay）或黑皮諾（Pinot Noir）所釀的紅葡萄酒，以及薩瓦微泡酒（Pétillant de Savoie）與薩瓦氣泡酒（Mousseux de Savoie）。

其他法定產區

克雷皮（AOC Crépy）使用Chasselas葡萄，為酒體清淡的干白葡萄酒，適合年輕飲用。薩瓦-胡榭特（AOC Roussette de Savoie）只使用Altesse和Roussette葡萄釀造，可陳年。塞榭（AOC Seyssel）是另一個只使用Altesse和Molette品種的白酒小產區，最好年輕時飲用，同時也生產塞榭氣泡酒（AOC Seyssel Mousseux）。

特優村莊（Crus）

位於本地的特優村莊，分別為：Abymes、Apremont、Arbin、Ayze、Charpignat、Chautagne、Chignin、Chignin-Bergen、Cruet、Marignan、Montmélian、Ripaille、St-Jean-de-la-porte、Saint-jeoire-prieuré及Saint-Marie-d'Alloix。

其他品種

薩瓦區（Savoie）還可找到的阿里哥蝶（Aligoté）、Chardonnay、Molette和Gringet等品種。也可見Gamay、Persan、Joubertin與Pinot noir。

閱讀侏羅與薩瓦酒標

型態：黃葡萄酒（Vin Jaune）
產區：侏羅丘（AOC Côtes du Jura）
酒莊名稱：Château d'Arlay

產區：薩瓦葡萄酒（AOC Vin de Savoie）
村莊名：Apremont
酒款名稱：Apremont，是薩瓦特優村莊最大的一個，多使用 Jacquère 品種釀造

特優村莊：Arbin，薩瓦特優村莊之一
葡萄品種：蒙得斯（Mondeuse）

型態：黃葡萄酒（Vin Jaune）
產區：侏羅丘（Côtes du Jura）
酒莊：Frédéric Lornet

Chapter 10

隆格多克－胡西雍 與地區餐酒

Languedoc-Roussillon & Vin de Pays

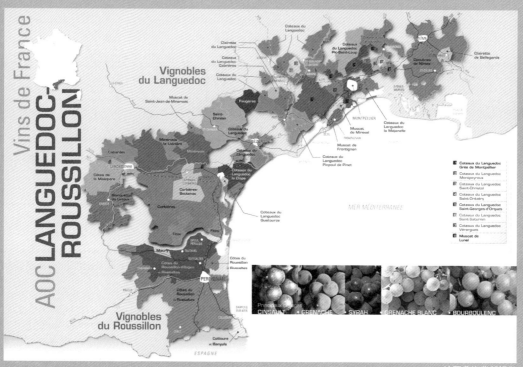

法國農漁業部提供

隆格多克-胡西雍（Languedoc-Roussillon）的釀酒歷史可追溯到西元前6世紀，本區擁有300天的日照量，是法國陽光最充足的地區，一直以來以生產大量多汁且可口的葡萄酒聞名於世。

雖然隆格多克-胡西雍只占法國面積的5%，但在這裡可發現多樣的景觀、土壤與微型氣候。

本區以生產地區餐酒（Vin de Pays）聞名於世，全世界都在這裡找尋物美價廉的葡萄酒。

隆格多克－胡西雍簡述

兩個產區的結合

事實上，隆格多克（Languedoc）與胡西雍（Roussillon）是兩個毗鄰的地區，通常被稱為密迪區（Midi），也就是指法國南部靠地中海一帶。隆格多克－胡西雍葡萄酒產區在法國省份規範上分別隸屬於隆河口省（Bouches du Rhône）、歐德省（Aude）、加爾省（Gard）、艾侯省（Hérault）以及東庇里牛斯省（Pyrénées-Orientales）。

12億公升的年產量

隆格多克－胡西雍包含37個法定產區，葡萄酒產量占全法國的25%。

陽光普照的產區

位於地中海沿岸，自隆河流域起，至西班牙邊界處的庇里牛斯山，占地約25萬6千公頃，這裡有起伏的丘陵與陽光明媚的平原，可說是世界最大的葡萄園區。因地形環境不同，各葡萄品種都可在多樣風土條件中找到適合的位置。

6大葡萄品種

紅葡萄品種：卡利濃（Carignan）、格那希（Grenache）、慕維得爾（Mourvèdre）、仙梭（Cinsault）和希哈（Syrah）。

白葡萄品種：蜜思嘉（Muscat）。

7種葡萄酒型態

酒體厚重的紅葡萄酒，例如高比耶（Corbières）。

酒體中等的紅葡萄酒，例如尼母丘（Costières de Nîmes）。

酒體輕盈的干粉紅葡萄酒，例如隆格多克（Languedoc）。

干白葡萄酒，例如密內瓦（Minervois）。

甜紅葡萄酒，例如班努斯（Banyuls）。

甜白葡萄酒，例如蜜思嘉（Muscat）。

氣泡酒，例如利慕－布隆給特（Blanquette de Limoux）。

此區其他的葡萄品種

基於隆格多克－胡西雍廣大的種植面積與多樣的土壤特色，這裡種植了多種釀酒葡萄：白葡萄品種有馬卡貝甌（Macabéo）、克雷耶特（Clairette）、皮朴爾（Picpoul）、馬瓦西（Malvoisie）、白鐵烈（Terret Blanc）、白于尼（Ugni Blanc）、馬姍（Marsanne）、白莫札克（Mauzac Blanc）、夏多內（Chardonnay）、白梢楠（Chenin Blanc）、布布蘭克（Bourboulenc）等；紅葡萄品種則有卡本內－蘇維濃（Cabernet Sauvignon）、卡本內－弗朗（Cabernet Franc）、鈎特（Côt）、黑鐵烈（Terret Noir）、Aubun、黑阿司畢宏（Aspiran Noir）、灰阿司畢宏（Aspiran Gris）、阿里崗特－布謝（Alicante Bouschet）。

隆格多克－胡西雍酒款的多樣性

要了解隆格多克－胡西雍的酒款並不難，只要熟知其次產區的名稱，及該地的酒款類型即可。不過要切記，本地有兩種不同等級的酒款：法定產區管制酒款（AOC/AOP）以及地區餐酒（Vin de Pays/IGP）。

法定產區管制酒款（AOC/AOP）：生產於隆格多克－胡西雍產區所產的傳統酒款。

地區餐酒（Vin de Pays/IGP）：較傾向於「新世界」葡萄酒型態，主要以品種為區隔。

一般來說，法定產區管制酒款（AOC/AOP）型態較接近傳統風格，近年來品質也日益提升。早期多使用當地的傳統葡萄品種，最近也開始使用「新進」葡萄品種混釀，例如希哈（Syrah）、慕維得爾（Mourvèdre）、卡本內－蘇維濃（Cabernet Sauvignon）以及夏多內（Chardonnay）。今日，法定產區管制酒款（AOC/AOP）的酒款展現出「進化後」的風格，品質更勝以往。

AOC 葡萄酒風格概述

胡西雍丘（Côtes du Roussillon）與胡西雍丘村莊（Côtes du Roussillon-Villages）

　　果香濃郁、色澤較深的紅葡萄酒，白葡萄酒則帶有清新的草本香氣。

高麗烏爾（Collioure）、菲杜（Fitou）、高比耶（Corbières）

　　酒體飽滿，帶有辛香料氣息的紅葡萄酒，可感受的豐沛的果香與香草氣味。

密內瓦（Minervois）

　　柔順可口的紅酒，以及帶有果香花香的干白葡萄酒。

利慕-布隆給特（Blanquette de Limoux）

　　清爽、果味豐富並帶有令人愉悅花香的氣泡酒。

隆格多克丘（Côteaux du Languedoc）

　　帶有豐富果味的清新型的干白葡萄酒，以及濃郁果香的紅葡萄酒。

聖西紐（Saint-Chinian）與佛傑爾（Faugères）

　　優雅緊緻，帶有清新香氣的酒款。

班努斯（Banyuls）、莫利（Maury）、風替紐-蜜思嘉（Muscat de Frontignan）、呂內爾-蜜思嘉（Muscat de Lunel）、米黑瓦-蜜思嘉（Muscat de Mireval）、麗維薩特-蜜思嘉（Muscat de Rivesaltes）、密內瓦-聖尚蜜思嘉（Muscat de Saint-Jean de Minervois）、麗維薩特（Rivesaltes）

　　這些產區均生產天然甜葡萄酒（Vin Doux Naturel簡稱VDN），這是一種加烈型的甜葡萄酒，口感大多濃郁、帶有些許木質的味道。班努斯（Banyuls）、麗維薩特（Rivesaltes）與莫利（Maury）多生產以格那希（Grenache）為主的甜紅酒，風替紐（Frontignan）、米黑瓦（Mireval）、呂內爾（Lunel）、密內瓦-聖尚蜜思嘉（Muscat de Saint-Jean de Minervois）則是使用蜜思嘉葡萄（Muscat），釀造出有迷人果香，適合年輕飲用的甜白酒。

南法探索 Sud de France

地區餐酒 Vin de Pays/IGP

　　隆格多克-胡西雍是知名的地區餐酒（Vin de pays/IGP）產區（請參閱第15章地區餐酒）。這裡的地區餐酒主要為歐克地區餐酒（Vin de Pays d' Oc/IGP Pays d' Oc）或者是d' Oc之外的其他名稱。

　　如同法國其他地區餐酒的產區一樣，地區餐酒的酒款常習慣使用新式的「單一葡萄品種」釀造，常見的品種包含：Chardonnay、Sauvignon、Syrah、Merlot、Cabernet Sauvignon等，有時也會使用當地的葡萄品種釀造。

　　要特別注意的是，地區餐酒常拿葡萄品種做為酒款的名稱。

歷史演進

時間	重要事項
西元前 6 世紀	希臘人引進葡萄，由羅馬人教導當地人民釀酒葡萄的種植技巧，並將所釀葡萄酒銷售到羅馬。
西元前 118 年	羅馬人建立那邦港（Narbonne），創造了貿易機會。
西元 79 年	維蘇威火山（Vesuvio）爆發，同時摧毀當時義大利的主要港口：龐貝（Pompei）。其周遭的農田改種植葡萄，進而影響隆格多克-胡西雍葡萄酒出口至義大利的銷量。
西元 92 年	羅馬皇帝 Domitia Longina 禁止外省釀造葡萄酒，並下令拔除各地葡萄藤，其中也包含了隆格多克-胡西雍產區。
西元 5 世紀	羅馬帝國毀滅。
中世紀	從西元 9 世紀開始，因羅馬天主教與修道院的需求，隆格多克-胡西雍重新開始釀造葡萄酒。部分葡萄酒是為了宗教上使用，其餘的葡萄酒則可讓修士們用來討好當權者。許多具身分地位的旅客，會下榻於修道院中，若修道院拿出美食好酒招待，讓這些貴客滿意，將讓修道院獲得較好的名聲，並擁有一些如豁免稅收等特權。 修士們可自行選擇葡萄種植的區域，通常他們喜歡較乾燥的地方，因此葡萄大多種植在山坡上，而平原則保留給穀類作物種植，這種方式一直到 19 世紀才開始有所改變。 而後，因鼠疫的蔓延，沒有足夠的人力可種植葡萄。
16 世紀中期	隆格多克（Languedoc）成為法國的一部分，再次恢復葡萄種植。

時間	重要事項
17、18 世紀	葡萄酒與紡織產業發展快速的一段時期。由於各貿易路線的拓展,讓經濟的快速發展,各地可見葡萄酒的小酒館。 因而提高了對隆格多克 - 胡西雍葡萄酒的需求。連結地中海與大西洋間的密迪運河(Canal du Midi)建成後,波爾多再也無法繼續壟斷葡萄酒出口市場。
19 世紀	工業革命帶動了葡萄酒的需求量,便宜又低酒精度的葡萄酒深受工人們的喜愛。慘遭葡萄根瘤蚜蟲的侵襲後,多數的葡萄藤被遷移到沿海平原的砂質土區,因為這裡較不易受感染。 隆格多克 - 胡西雍成為法國最大的葡萄種植區域,占了 44% 的法國葡萄酒產量。而 19 世紀起建立的鐵路系統幫助隆格多克 - 胡西雍打開了法國北部市場。
20 世紀	隆格多克 - 胡西雍成為重要的葡萄者供應區,而過多的生產者讓本區的葡萄酒產量過剩,反而獲得便宜、無味的評價。 1900 年代開始成立釀酒合作社,協助酒農銷售葡萄酒,甚至在戰爭中提供葡萄酒給軍隊。 法國政府創立了 AOC 法規:限制產量與種植方式,以獲得更佳的酒款品質。 戰後有許多來自阿爾及利亞移民來到本區,並進行他們最熟悉的產業:釀酒。
1960 年代	1960 年代末期,部分的生產者開始釀造類似「新世界」風格的葡萄酒。因其廣大的種植面積、多樣的葡萄品種以及溫暖晴朗的氣候,普遍相信隆格多克 - 胡西雍有極大潛力可生產風格相似的酒款。
1980 年代	80 年代,製造商仍舊生產過量,使隆格多克 - 胡西雍蒙上了「酒湖」(wine lake)的惡名,認定是味道平庸、酒體輕薄、風格平淡的葡萄酒。
1990 年代	法國現代葡萄酒之父 Emile Peynaud 教授發現部分產自法國南部的葡萄酒有著不同的新鮮風味。 部分釀酒商因而依循這樣的新風格,釀造有較高品質的「優質村莊」(Cru)葡萄酒。有些酒商甚至因這些新風格酒款而贏得獎項。 舊有的釀酒方式從此被推翻,釀造清淡無味或者高酒精度、濃郁並過度氧化的酒款都即將改變。法國政府鼓勵酒們去降低產量、提高品質。給予優渥的貸款匯率,讓酒商們可以去採購更新的器材,來釀造更好的產品。「飛行釀酒師」,特別是新世界那些釀酒師常來拜訪法國,除了獲取法國的釀酒經驗外,同時貢獻了新世界的釀酒技術。 為一般等級葡萄酒所設計的新分級系統被導入,就是大家熟知的「地區餐酒」(Vin de Pays)。這類酒款無論是在味道、品質與價格上,都能與新世界葡萄酒匹敵。今日有不少製造商在釀造地區餐酒中嘗試、累積經驗後,再致力於改造傳統的 AOC 葡萄酒。現今,新種植的葡萄品種將依據它們的特性來選擇種植區域,降低產量、採用更熟成的葡萄、運用橡木桶⋯⋯,目的在於提升整體品質。

照片來源 Sud de France

隆格多克區

　　越來越多的酒商使用希哈（Syrah）及慕維得爾（Mourvèdre）來取代卡利濃（Carignan）與仙梭（Cinsault），因此法規也跟著調整，提高新品種酒液在酒款中的可使用量，讓釀酒師可以多使用它們來調配各款葡萄酒。

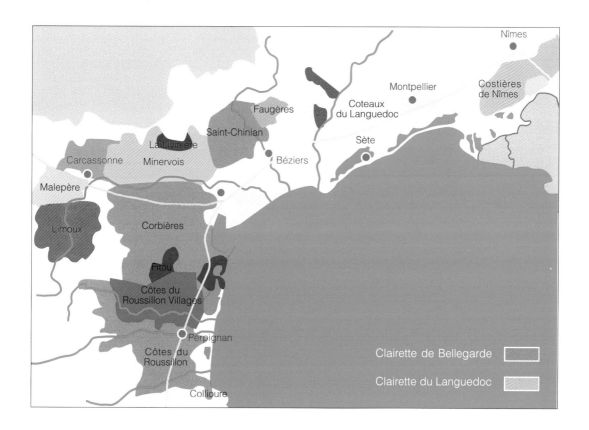

Nîmes

Montpellier

Costières
de Nîmes

Faugères

Coteaux
du Languedoc

Saint-Chinian

Sète

La Livinière

Carcassonne

Béziers

Minervois

Malepère

Corbières

Limoux

Fitou

Côtes du
Roussillon Villages

Perpignan

Côtes du
Roussillon

Collioure

Clairette de Bellegarde

Clairette du Languedoc

隆格多克（AOC Languedoc）紅、白及粉紅酒

這是個知名的紅葡萄酒產區，但也有生產白與粉紅葡萄酒。1985年成立，包含了丘陵區與其他次產區，本地的法定產區可分為AOC Languedoc、次產區以及村莊級產區。

紅葡萄酒主要混合兩種以上的葡萄品種，包括：Syrah、Grenache、Mourvèdre、Carignan與Cinsault。有著黑醋栗與覆盆子的香氣，結構良好。粉紅酒則擁有花卉或者櫻桃般的香氣，以及天鵝絨般細緻的質地。白葡萄酒主要混和兩種以上的葡萄品種釀造，如Bourboulenc、Grenache Blanc、Clairette、Marsanne、Roussanne及Picpoul等，常帶有杏桃、香料與蜂蜜的香氣。紅酒的適飲溫度為16度，白酒與粉紅酒則為11度。

紅酒與粉紅酒的次產區有：克拉普（La Clape）、瓜杜日（Quatorze）、卡巴得思（Cabrière）、梅加內爾丘（Coteaux de la Mejanelle）、蒙貝胡（Montpeyrox）、聖路峰（Pic Saint Loup）、聖克里斯多丘（Saint-Christol）、聖德雷哲利（Saint Drezeru）、聖喬治－歐克（Saint Georges d'Orques）、聖莎圖南（Saint Satumin）及維哈格丘（Coteaux de Vergues）等。在這些次產區之下，尚有Terre de Sommieres、Pezenal、Terrasses de Beziere及Terasses de Larzac。克拉普（La Clape）生產不錯的白酒與粉紅酒；蒙貝胡（Montpeyrox）是以Syrah為主的酒款；聖路峰（Pic Saint Loup）則因其品質優異的紅酒逐漸聞名於世；Picpoul de Pinet則是使用Picpoul品種，生產果味清新的干白酒產區。

聖西紐（AOC Saint Chinian）紅與粉紅酒

聖西紐的地質是北邊多頁岩土壤、南邊多黏土砂石，因此北部的葡萄酒酒體較輕。而南部的酒款則單寧較明顯。北部的葡萄酒也擁有較多咖啡、可可的香氣，而南部的酒則以水果、紫羅蘭、果醬及香草香料味為主。粉紅酒擁有糖果般甜美的香氣，在口中清新滑順。Carignan與Cinsault已逐漸被Syrah、Grenache與Mourvèdre等品種取代。

佛傑爾（AOC Faugères）紅與粉紅酒

位於聖西紐（Saint Chinian）的東側，紅酒帶有紅色水果以及煙燻的香氣，單寧柔順。粉紅酒則擁有水蜜桃與花香。無論是紅酒或粉紅酒都多柔順圓潤的口感。Syrah、Grenache與Mourvèdre的種植比例越來越重。

密內瓦（AOC Minervois）紅、白及粉紅酒

密內瓦的紅酒主要以卡利濃（Carignan）為主，再調配生長在該區的其餘紅葡萄品種。可釀成兩種不同的風格，一種是擁有濃郁的黑醋栗香氣與細緻的單寧，另一種則是利用二氧化碳浸泡法釀造出帶有新鮮櫻桃果味的輕盈酒款。（參閱第4章釀造）

密內瓦地區也可生產白酒與粉紅酒。密內瓦-麗維矗（Minervois-La-Livinière）區有5個村莊，使用較多的Syrah、Mourvèdre及Grenache葡萄來混釀。一般等級的Minervois大約只使用10%及Grenache葡萄，因此這裡的酒款風格較為雄壯，並擁有更多的果味及更複雜的口感。

菲杜（AOC Fitou）的紅葡萄酒

菲杜是隆格多克區的第一個法定產區（1948年成立），以Carignan與Grenache為主要使用葡萄品種，各占至少30%，另再加入以Syrah、Mourvèdre的酒液調配而成。大多生產紅酒，酒款具有豐富果味，如櫻桃、覆盆莓等，年輕時可發現丁香、月桂葉等香氣，陳年後發展出烤麵包、李子甚至皮革的香氣。

高比耶（AOC Corbières）的紅、白及粉紅酒

高比耶的面積廣大，可再細分為12個區，土壤由沿海地區的黏土到紅色石灰時都有。一般來說，紅酒大多擁有黑色水果以及香料氣息，單寧結構堅實，尾韻豐厚綿長。白酒則多果香花香，優雅不外顯的酸度以及細緻的尾韻。高比耶（Corbières）也釀造少許的粉紅酒。紅酒以Carignan為主，另再加入Syrah和Mourvèdre。白酒則可使用將近10種不同的品種混釀。Corbières Boutenac是2005年新成立的法定產區，面積不大，其最佳的酒款強勁的Carignan紅酒。

卡巴得斯（AOC Cabardès）的紅與粉紅酒

在卡巴得斯可使用Cabernet Sauvignon、Merlot、鉤特（Côt）等葡萄品種與地中海區葡萄品種混釀，生產豐富果味的紅酒與粉紅酒。

馬勒佩爾丘（AOC Côtes de la Malepère）的紅與粉紅酒

本區使用的葡萄品種為Merlot、Cabernet Sauvignon、Côt、Grenache以及用來釀造粉紅酒的Cinsault。紅酒的特色為成熟的紅色水果及香料氣味，單寧結構完整，粉紅酒則是擁有活潑的柑橘風味。

尼母丘（AOC Costières de Nîmes）的紅、白及粉紅酒

尼母丘（Costières de Nîmes）位於隆格多克的最東側，其行政地區隸屬於隆河區，有時可找到如隆河丘般多石的土壤環境。然而本區的酒款為中等酒體的紅酒、粉紅酒與干白酒卻是當成隆格多克區的酒款在市場上銷售。紅酒主要以Grenache與Syrah為主，近年來越來越少使用Carignan。白酒則是以白格那希（Grenache Blanc）為主、加上少許的Clairette、Bourboulenc與Ugni Blanc。

隆格多克-克雷賀特（AOC Clairette du Languedoc）的白葡萄酒

傳統上，本法定產區可釀造四種不同類型的酒款：干白酒、甜白酒、陳年加烈葡萄酒（Rancio VDN）以及香甜酒（Vin de liqueur），不過近年來干白酒及甜白酒的比例日漸增高，干白酒帶有蘋果、百香果與熱帶水果的風味，甜白酒則帶有蜂蜜與水蜜桃的香氣。

貝勒加德-克雷賀特（AOC Clairette de Bellegarde）的白葡萄酒

使用Clairette葡萄釀造白酒的小型法定產區。

利慕（AOC Limoux）的白葡萄酒與氣泡酒

坐落在庇里牛斯山腳下，具有涼爽的微氣候，以釀造氣泡酒聞名。本區的氣泡酒會在酒標上加上「Crémant」或「Blanquette」做為區隔，如利慕-布隆給特（AOC Blanquette de Limoux）或利慕氣泡酒（AOC Crémant de Limoux）。

本區常見的葡萄品種有Chardonnay、Chenin Blanc與Mauzac，釀造出的白酒與氣泡酒帶有杏桃、金盞花與蘋果的香氣。釀造Blanquette de Limoux的氣泡酒需使用傳統氣泡酒釀造法釀造，並使用較高比例的莫札克（Mauzac），而利慕氣泡酒（AOC Crémant de Limoux）則最高可使用30%的Chardonnay與Chenin Blanc，釀造更符合時代風格的氣泡酒。

以蜜思嘉（Muscat）為主的甜白酒

隆格多克其餘的法定產區還有：風替紐-蜜思嘉（AOC Muscat de Frontignan）、呂內爾-蜜思嘉（AOC Muscat de Lunel）、米黑瓦-蜜思嘉（AOC Muscat de Mireval）、密內瓦-聖尚蜜思嘉（AOC Muscat de Saint-Jean de Minervois）等。這裡釀成的酒款稱為天然甜葡萄酒（詳情請看第四章），Muscat是最主要的品種。葡萄酒的甜度不同，可能會出現杏桃、葡萄乾、柑桔、荔枝或無花果的香氣。

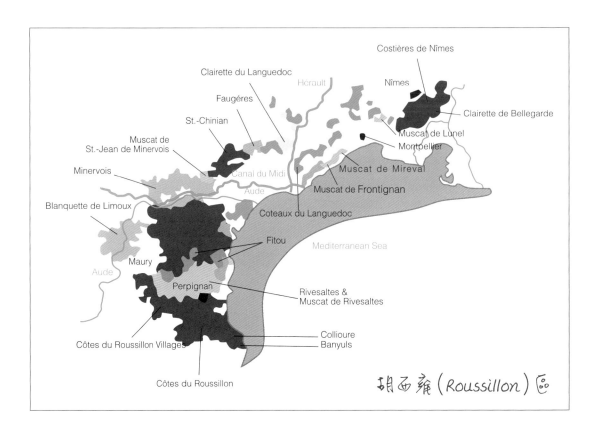

胡西雍（Roussillon）區

胡西雍區

　　雖然胡西雍（Roussillon）的產區名稱總是放在之後，但這裡仍有其獨特的風格類型。這裡乾燥炎熱的氣候能確保生產高甜度、成熟且健康的葡萄，因此胡西雍專注於生產大量風格華麗的甜葡萄酒；事實上90%的法國天然甜葡萄酒皆產自於本區。

胡西雍丘（AOC Côtes du Roussillon）與胡西雍丘村莊（AOC Côtes du Roussillon-Villages）的紅、白及粉紅酒

　　本區生產紅、白與粉紅酒。這兩個法定產區的酒款特色是擁有濃郁複雜的香氣，單寧結構緊緻、尾韻優長。AOC Côtes du Roussillon-Villages酒款品質較為優異，包含不同的土壤：從大、圓鵝卵石與片岩的梯田，到露天劇場式的花崗岩土壤皆有。AOC Côtes du Roussillon-Villages可分為四個區：卡哈馬尼（Caramany）、法蘭西拉圖爾（Latour de France）、雷給德（Lesquerde）與多塔維勒（Tautavel），生產較優

質的酒款。整體來說，AOC Côtes du Roussillon-Villages的酒款色澤濃郁，帶有黑莓、香料與肉的氣味，單寧咬口。

　　此區紅酒與粉紅酒最少需要混釀三種下列的葡萄品種：Carignan、Grenache、Ladoner Pelut、Syrah、Mourvèdre與Cinsault；白酒則必須使用下列兩種以上的葡萄釀造：Macabéo、Tourbat、Roussanne、Marsanne、Rolle與Grenache Blanc。

高麗烏爾（AOC Collioure）的紅與粉紅酒

本區位於班努斯（Banyuls）附近，鄰近高麗烏爾港，可生產紅酒與粉紅酒。通常粉紅酒擁有優雅的紅色水果的香氣，以及柔順的尾韻。紅酒則帶有香料、皮革、成熟水果的香味，強勁卻細膩的單寧。酒款特色由Mourvèdre主導，Grenache為輔，法律規範Mourvèdre、Syrah或Grenache Noir三個品種需混和使用60%以上，有時也會添加Carignan與Cinsault。

班努斯（AOC Banyuls）與特級班努斯（AOC Banyuls Grand Cru）的天然甜葡萄酒

班努斯（AOC Banyuls）是一個以Grenache品種為主的天然甜葡萄酒產區，偶爾也能找到白酒或粉紅酒。一般的AOC Banyuls酒款約在酒窖中陳年1年後上市販售，而特級班努斯（AOC Banyuls Grand Cru）則必須陳年30個月（請參閱第4章）。

傳統釀造法是在大型橡木桶中成熟多年後再裝瓶，酒款經過長時間的氧化，色澤偏向琥珀與磚紅色，香氣則帶有煮過的水果、李子、柑橘、香料甚至咖啡與可可的味道。

「Rimage」一字來自加泰隆尼亞語，意思是「年份」，一款Rimage的Banyuls酒款必須使用來自特定年份的葡萄來釀造，由於釀造後立即裝瓶，因此葡萄酒將會在瓶中持續熟成、發展。通常會呈現深沉的紅寶石顏色，幾近黑色，香氣則帶有櫻桃、莓果、葡萄乾與皮革的味道，口感濃甜，有著覆盆子果醬、可可與菸草的風味，以及細緻優長的尾韻。

麗維薩特（AOC Rivesaltes）的甜葡萄酒

與Banyuls相似，酒款的顏色與風格因葡萄品種與釀造、陳年方式而有所不同。AOC Rivesaltes可自由使用Grenache Blanc、Grenache Noir、Grenache Gris、Macabéo、Torbato、Muscat d'Alexandrie、Muscat Blanc à petits Grains等品種釀造。可使用的釀造方式五花八門，從完全沒有浸皮到長時間浸皮，甚至在浸皮期間加烈等都被允許。有些酒款在不鏽鋼桶中發酵，並在年輕時便裝瓶；有些則在木桶中發酵，並經過長時間氧化並發展出堅果風格才裝瓶。Rivesaltes的酒款呈現複雜多變的果乾、香草、咖啡與蜂蜜的香味。

麗維薩特-蜜思嘉（AOC Muscat de Rivesaltes）甜葡萄酒

麗維薩特-蜜思嘉（AOC Muscat de Rivesaltes）採用Muscat d'Alexandrie與Muscat Blanc à Petits Grains葡萄，在不鏽鋼槽中發酵，釀造出新鮮芬芳、風味極佳的甜點酒。

莫利（AOC Maury）的甜葡萄酒

莫利（AOC Maury）的酒款風格也類似AOC Banyuls，以Grenache為主要的釀酒品種。通常本區的浸皮時間較長，創造出色澤較深、單寧較強的酒款，並需要較長的陳年時間。和AOC Rivesaltes相同，這裡也有單一年份與陳年風格的Maury酒款。

隆格多克-胡西雍的地區餐酒

在隆格多克-胡西雍，常可發現酒商們除了生產法定產區（AOC）等級的酒款之外，也生產地區餐酒（Vin de Pays），許多AOC區域內的葡萄酒會以Vin de Pays的等級銷售。但即使是地區餐酒，這裡仍分成不同的產區與區塊，詳情請看附錄D。

歐克地區餐酒（Vin de Pays d'Oc）

總體來說，歐克地區餐酒（Vin de Pays d'Oc）是隆格多克-胡西雍最知名的地方級餐酒。標上歐克地區餐酒酒標的產品可來自區內各地，有時甚至可混和區內兩個以上不同的省或區塊的酒。此外本區也有生產類似薄酒來新酒風格的年度新酒。

省級地區餐酒（Départemental Vin de Pays）

酒款來自四個產區中四個不同的省分（Département）：加爾省地區餐酒（Vin de Pays du Gard）、艾侯省地區餐酒（Vin de Pays de l'Hérault）、歐德省地區餐酒（Vin de Pays de l'Aude）、東庇里牛斯省地區餐酒（Vin de Pays de Pyrénées-Orientales）。

地區級地區餐酒（Vin de Pays de Zone）

在四個省級地區餐酒中又可分為地區級地區餐酒（Vin de Pays de Zone），數量龐大，下面列出大多數的歐克地區餐酒的明細，以供查詢。

歐克地區餐酒（地方級地區餐酒）

加爾省地區餐酒（Vin de Pays du Gard）	艾侯省地區餐酒（Vin de Pays de l'Hérault）	歐德省地區餐酒（Vin de Pays de l'Aude）	牛斯省地區餐酒（Vin de Pays de Pyrénées-Orientales）
地區級地區餐酒	地區級地區餐酒	區級地區餐酒	地區級地區餐酒

加爾省地區餐酒（Vin de Pays du Gard）

地區級地區餐酒

- Vaunage
- Vistrenque
- Cévennes
- Coteaux de Cèze
- Coteaux du pont du Gard
- Coteaux Flaviens
- Côtes du Vidourle
- Sables du Golfe du Lion
- Duché d'Uzès

艾侯省地區餐酒（Vin de Pays de l'Hérault）

地區級地區餐酒

- Bessan
- Cassan
- Caux
- Cessenon
- Bénovie
- Haute Vallée de l'Orb
- Vicomté d'Aumelas
- l'Ardailhou
- Saint-Guilhem-le-Désert
- Collines de la Moure
- Coteaux de Bessilles
- Coteaux de Fontcaude
- Coteaux de Laurens
- Coteaux de Murviel
- Coteaux d'Enserune
- Coteaux du Libron
- Coteaux du Salagou
- Côtes de Thau
- Côtes de Thongue
- Côtes du Brian
- Côtes du Ceressou
- Monts de la Grage
- Bérange
- Mont Baudile
- Val de Montferrand

歐德省地區餐酒（Vin de Pays de l'Aude）

區級地區餐酒

- Cathare
- Cucugnan
- la Cité de Carcassonne
- la Haute Vallée de l'Aude
- la Vallée du Paradis
- Coteaux de la Cabrerisse
- Coteaux de Miramont
- Coteaux de Narbonne
- Coteaux de Peyriac
- Coteaux du Littoral Audois
- Côtes de Lastours
- Côtes de Pérignan
- Côtes de Prouilhe
- Hauts de Badens
- d'Hauterive
- Torgan
- Val de Cesse
- Val de Dagne

牛斯省地區餐酒（Vin de Pays de Pyrénées-Orientales）

地區級地區餐酒

- Catalan
- Cote Vermeille
- Coteaux de Fenouillèdes
- Côtes Catalanes
- Vals d'Agly

166

歐克地區餐酒可使用30種不同的葡萄品種釀酒，然而80%的酒款都選擇使用單一葡萄品種釀酒，酒標上通常會標示該品種，若使用了兩個品種釀造，也會標示在酒標上。

紅酒釀酒品種	白酒釀酒品種	粉紅酒釀酒品種
阿里岡特 - 布謝（Alicante Bouschet）	白布布蘭克（Bourboulenc Blanc）	仙梭（Cinsault）
卡本內 - 弗朗（Cabernet Franc）	馬瓦西（Malvoisie）	格那希（Grenache）
卡本內 - 蘇維濃（Cabernet Sauvignon）	夏多內（Chardonnay）	希哈（Syrah）
黑卡利濃（Carignan noir）	白梢楠（Chenin Blanc）	
仙梭（Cinsault）	白克雷耶特（Clairette Blanche）	
費爾 - 塞瓦都（Fer Servadou）	白格那希（Grenache Blanc）	
灰格那希（Grenache Gris）	白馬卡貝甌（Macabeu Blanc）	
黑格那希（Grenache Noir）	白馬姍（Marsanne Blanche）	
央多內 - 伯律（Lledoner Pelut）	白莫札克（Mauzac Blanc）	
馬爾貝克（Malbec）	蜜思卡得（Muscadet）	
梅洛（Merlot）	蜜思嘉（Muscat）	
慕維得爾（Mourvèdre）	白色小粒種蜜思嘉（Muscat à Petits Grains Blancs）	
紅色小粒種蜜思嘉（Muscat à Petits Grains Rouges）	白皮朴爾（Picpoul Blanc）	
希哈（Syrah）	胡姍（Roussanne）	
黑鐵烈（Terret Noir）	蘇維濃（Sauvignon）	
黑皮諾（Pinot noir）	白于尼（Ugni Blanc）	
Marselan	白維門替諾（Vermentino Blanc）或侯爾（Rolle）	
	維歐尼耶（Viognier）	

你知道嗎？

- 大胡西雍（AOC Grand Roussillon）是一個較少使用的法定產區，大多使用在 AOC Rivesaltes 降級的酒款上。
- 隆格多克-胡西雍區也有生產香甜酒（Liqueur）與蒸餾酒（Eaux-de-Vie），例如 Cartagène 與 Marc de Muscat。
- 「Rancio」一詞是指釀造自然甜葡萄酒（VDN）的一種陳年的方法，葡萄酒會陳放於木桶中，與空氣接觸數年，最後創造出琥珀色澤，有著醃漬水果乾與堅果的特殊 Rancio 香氣。

Chapter 11

羅亞爾河流域

Val de Loire

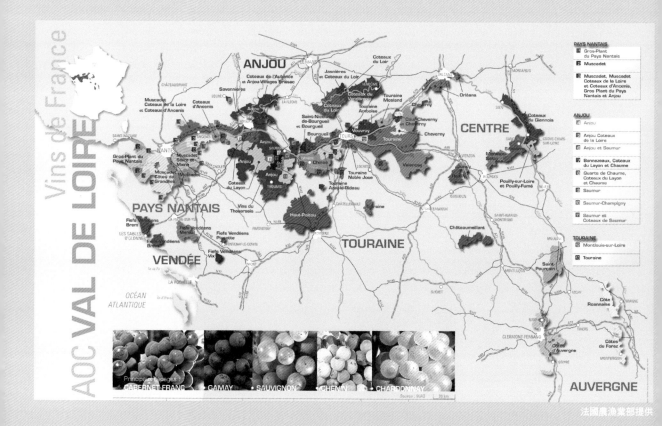

法國農漁業部提供

羅亞爾河（Loire）是法國最長的河流，上游源自於中央高地（Massif Central），河水往西流，出海口是位於布列塔尼半島（Bretagne）南方的南特市（Nantes）。羅亞爾河流域的葡萄酒產區從法國的中央地區綿延至西，相當廣大。在這裡，你可找到各種酒款類型，從紅、白葡萄酒、粉紅酒、氣泡酒到甜酒，應有盡有。

本區多樣性的酒款擄獲了不少愛酒人士的心，從清爽帶礦物氣息的蜜思卡得（AOC Muscadet）、梧雷（AOC Vouvray）的氣泡酒、松塞爾（AOC Sancerre）的紅、白葡萄酒、布戈憶（AOC Bourgueil）生產的紅酒、休姆-卡德（AOC Quarts de Chaume）的甜酒，以及安茹（AOC Anjou）粉紅酒，都有各自的支持者。

羅亞爾河簡述

5個產區

綿延1,000公里的羅亞爾河,從西到東可分為:南特區(Pays Nantais)、安茹(Anjou)、梭密爾(Saumur)、都漢(Touraine)與羅亞爾河上游等五大產區。

86個法定產區,提供54種不同型態的葡萄酒

包含了19種白酒、9種粉紅酒、15種紅酒、6種氣泡酒以及5種甜酒,可想而知,種類十分多元。有時候同一法定產區可同時出現干型、甜型或氣泡酒等不同葡萄酒款。

法國第3大葡萄酒產區

羅亞爾河流域共有5萬2千公頃的葡萄園,生產290億公升的法定產區等級葡萄酒。

一種氣候與多樣土壤

受到大西洋洋流影響,內陸地區較為乾燥,越靠近大西洋氣候就越潮濕。土壤的類型從石灰石、凝灰岩、砂地、礫石地。由於多樣化的土壤環境,讓多種葡萄品種能在羅亞爾河成長茁壯。

5款主要葡萄品種

布根地香瓜種(Melon de Bourgogne):

為一種白葡萄品種。可釀造清脆爽口的蜜思卡得(Muscadet)干白酒。

白梢楠(Chenin Blanc):

可釀造成甜味、不甜或氣泡式的AOC Vouvray酒款、干型的AOC Savennières白酒與氣泡酒,微甜的AOC Anjou、AOC Coteaux du Layon與AOC Quarts de Chaume的甜酒,以及羅亞爾河氣泡酒(AOC Crémant de Loire)。

白蘇維濃(Sauvignon Blanc):

帶有草本香氣的細緻白酒,如松塞爾(AOC Sancerre)、普依-芙美(AOC Pouilly-Fumé)、甘希(AOC Quincy)等,及其他產自上羅亞爾河流域的白酒。

卡本內-弗朗(Cabernet Franc):

常與其他品種混釀,主要產自希濃(AOC Chinon)、布戈億(AOC Bourgueil)、布戈億-聖尼古拉(AOC Saint-Nicolas de Bourgueil)、梭密爾-香比尼(AOC Saumur-Champigny)。

黑皮諾(Pinot Noir):

產自AOC Sancerre的紅酒便是使用該品種。

其他的葡萄品種:

在本區還可以看到以下葡萄品種:歐尼彼諾(Pineau d'Aunis)、果若(Grolleau)、加美(Gamay)、鉤特(Côt)及夏多內(Chardonnay)。

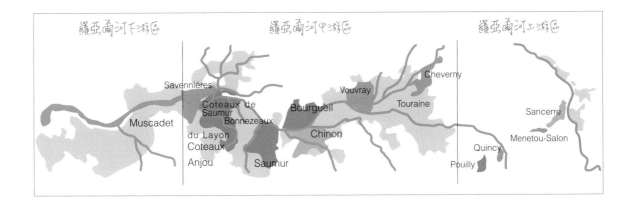

歷史背景

　　若說巴黎是法國的城市代表，香檳區的漢斯（Reims）是法國國王加冕之地，那羅亞爾河就是法國皇室成員的遊樂場，也是重大史實的見證者。聖女貞德（Jeanne d'Arc）是在希濃（Chinon）與尚未登基的查理七世進行歷史性會議。

　　早期羅亞爾河是法國王朝與阿基坦公國（L'Aquitaine）的分界線，西元732年，人們在羅亞爾河流域將侵略歐洲的撒拉森人（Les Sarrasins）驅離；現代法國則是在西元1429年時於羅亞爾河一帶逐漸成型。

　　而在葡萄酒發展的歷史中，羅馬的退伍軍人最先開始在羅亞爾河流域種植、釀造葡萄酒。西元4世紀時，都漢（Touraine）的聖馬爾定主教（Saint Martin de Tours）積極推廣葡萄藤的種植，並應用在宗教與醫學上。到了6世紀時，聖格列高列主教（Grégoire de Tours）更進一步發展葡萄酒產業。至12世紀時，由教會下令，葡萄園開始往內陸發展，Sancerre的奧古斯丁會（L'Ordre des Augustins Recollects）及本篤教會（L'ordre de Saint-Benoît）的修士們進一步將葡萄園的面積擴充到上羅亞爾河流域。

　　Sancerre從此成為羅亞爾河最出名的葡萄酒產區，當時甚至還出口到荷蘭，並經由安茹（Anjou）運送到英國。事實上，在波爾多隸屬於英國之前，英國最主要的法國葡萄酒來源就產自於羅亞爾河。在英國透過聯姻獲得「波爾多」之後，羅亞爾河流域的酒款便失去這個出口市場，而荷蘭變成他們最主要的客戶，這對羅亞爾河酒款的風格產生很大的影響：因為荷蘭人喜歡白葡萄酒，因此羅亞爾河開始種植白葡萄品種。

　　12到15世紀期間，羅亞爾河的葡萄酒常出現在法國宮廷內。西元15世紀，萊陽丘（Coteaux du Layon）的甜葡萄酒聲名鵲起。然在拿破崙時代，各類葡萄酒湧入巴黎市場，羅亞爾河的酒款逐漸被人忽略。直到20世紀的60年代，松塞爾（Sancerre）、蜜思卡得（Muscadet）和梧雷（Vouvray）的出口量遽增，羅亞爾河重返鎂光燈的焦點。

　　今日，羅亞爾河除了擁有優美的自然風光、壯麗的城堡與風景如畫的小鎮外，它的葡萄酒也以優異的品質與合理的價格深受世人喜愛。

地理環境、氣候與種植

羅亞爾河涼爽的氣候對本區葡萄酒風格影響甚大，不論葡萄成熟度為何，此區優質的葡萄酒都會有著清爽的酸度，以及均衡的酒精度。大西洋吹來的風會帶來水氣，多數的葡萄園都位於面東的山丘，可擁有充沛的雨水及足夠的陽光。葡萄園越接近海岸，受墨西哥暖流的影響越大。內陸地區有時會面臨降雨量較低或霜凍的問題。羅亞爾河全區的葡萄農都特別重視真菌的病害，種植技巧上著重整枝方法以控制產量，採收可使用人工或機器方式。

產區風土條件

在羅亞爾河地區，即使在同一個法定產區使用同一種葡萄品種，所產的葡萄酒可能有截然不同的風貌。這是由於每個產區的土壤特色大不相同。一般來說有三種主要的土壤類型：適合白葡萄品種，礦物質含量高稱為Perruches的硬質黏土、適合紅葡萄品種的石灰質黏土、以及與布根地的夏布利區土壤相似的啟莫里階（Kimméridgien）地質。

土壤的特色影響了酒款的風格。舉例來說，在Pouilly-Fumé的白色啟莫里階土壤，能賦予此區酒款有獨特的風格，使用Sauvignon Blanc所產的葡萄酒，除了新鮮的水果香氣味，還常帶有礦物質的燻烤味，這也是芙美（Fumé，意指冒煙）一字的由來。

同樣的白色啟莫里階土壤在Sancerre也能找到，然而本區的土壤受到風化作用，因可分為含有硬卵石的「Caillottes」或軟卵石的「Griottes」。

葡萄生長在含有硬卵石的Caillottes土壤上會釀成酒體濃郁強壯的酒款，而生長在含有軟卵石的Griottes的葡萄則果味更加細膩。因此創造出不同於Pouilly-Fumé的葡萄酒，更具明亮爽口的口感與清新花香的Sancerre葡萄酒。此外，土壤也賦予Sancerre與Pouilly-Fumé的葡萄酒具陳年的潛力。

品嚐一款Savennières的葡萄酒，你可以感受到由片岩帶給Chenin Blanc品種明顯的礦石風味，但在較內陸的Vouvray產區，黏土質的石灰岩土壤創造出Chenin Blanc則有較圓潤的酒體。

複雜多樣的羅亞爾河酒款

造成羅亞爾河酒款的多種風格不單是土質多樣的關係，梧雷（Vouvray）區有將近1,000名的酒農，每人分配到的葡萄園區平均為1.5公頃。酒農們依不同的風土條件來決定自己酒款的風格，因此創造出多種不同的葡萄酒。

有人會認為Chinon區的18個村莊是根據其土壤類型與微氣候來區分的，那就大錯特錯了。

在Chinon，葡萄酒常混釀來自不同區塊的葡萄以增添其複雜性。有些羅亞爾河的酒款會混釀不同的品種，風格類型往往取決於這些使用的品種。

因此了解羅亞爾河的葡萄酒的簡單方法，就是將它們分為下列幾個類型：白葡萄酒、紅葡萄酒、粉紅葡萄酒、氣泡酒與甜葡萄酒。

葡萄酒類型

白葡萄酒	粉紅葡萄酒	紅葡萄酒	氣泡酒	甜葡萄酒
白安茹（Anjou Blanc）	布戈憶粉紅酒（Bourgueil Rosé）	安茹（Anjou）	羅亞爾河氣泡酒（Crémant de Loire）	邦若（Bonnezeaux）
修維尼（Cherverny）	安茹-卡本內（Cabernet d'Anjou）	安茹-布里薩克（Anjou-Brissac）	安茹氣泡酒（Anjou Mousseux）	安謝尼丘（Coteaux de l'Aubance）
白希濃（Chinon Blanc）	梭密爾-卡本內（Cabernet de Saumur）	安茹-加美（Anjou-Gamay）	安茹微泡酒（Anjou Pétillant）	萊陽丘（Coteaux du Layon）
杰諾瓦丘（Coteaux du Giennois）	希濃粉紅酒（Chinon Rosé）	安茹-村莊（Anjou-Villages）	安茹粉紅微泡酒（Rosé d'Anjou Pétillant）	休姆-卡德（Quarts de Chaume）
古爾-修維尼（Cour-Cheverny）	安茹粉紅酒（Rosé d'Anjou）	布戈憶（Bourgueil）	梭密爾氣泡酒（Saumur Mousseux）	甜型梧雷（Vouvray Moelleux）
大普隆（Gros Plant）	羅亞爾河粉紅酒（Rosé de Loire）	夏托美雍（Châteaumeillant）	梭密爾微泡酒（Saumur Pétillant）	
賈斯尼耶（Jasnières）	布戈憶-聖尼古拉粉紅酒（St Nicolas de Bourgueil Rosé）	希濃（Chinon）	梭密爾干氣泡酒（Saumur Brut）	
蒙內都-沙隆（Menetou-Salon）	都漢粉紅酒（Tourine Rosé）	杰諾瓦丘（Coteaux du Giennois）	都漢氣泡酒（Touraine Mousseux）	
蒙路易（Montlouis）		羅瓦丘（Coteaux du Loir）	都漢微泡酒（Touraine Pétillant）	
未去酒渣蜜思卡得（Muscadet sur lie）		馮多馬丘（Coteaux du Vendômois）	蒙路易-羅亞爾（Montlouis sur Loire）	
普依-芙美（Pouilly-Fumé）		荷依（Reuilly）	梧雷氣泡酒（Vourvray Mousseux）	
甘希（Quincy）		布戈憶-聖尼古拉（St Nicolas de Bourgueil）	梧雷微泡酒（Vouvray Pétillant）	
荷依（Reuilly）		梭密爾-香比尼（Saumur-Champigny）		
白梭密爾（Saumur Blanc）		紅松塞爾（Sancerre Rouge）		
莎弗尼耶（Savennières）		都漢（Touraine）		
白都漢（Touraine Blanc）				
瓦隆榭（Valençay）				
梧雷（Vouvray）				

　　由於酒標並沒有標準範本，因此羅亞爾河的酒標常讓人產生誤解。一般情況下，可在酒標上看到在法定產區之前或之後標上葡萄品種名稱，例如Anjou-Gamay或Gamay Vinifera。這種標示方法有利也有弊，好處是對於不熟悉羅亞爾河產品的消費者來說，會很容易在酒標上看到品種訊息，但羅亞爾河多樣的微氣候卻造就了酒款風格與口味極大的差異。同樣是生長在上羅亞河流域的白蘇維濃（Sauvignon Blanc）葡萄，在蒙內都-沙隆（Menetou Salon）可釀造出輕盈芬芳的酒款，但在松塞爾（Sancerre）地區則是帶有良好酸度，富有成熟果味的酒款，而普依-芙美（Pouilly-Fumé）則有更濃郁的酒體及些許燻烤香味。

　　但當你試圖要為羅亞爾河的各個法定產區分門別類，卻又會備感挫折。因為羅亞爾河地區有許多的法定產區是互相覆蓋、重疊，讓葡萄酒愛好者更加困惑。

　　另外，羅亞爾河也像法國其他產區一樣，葡萄園也分成更細小的地塊（lieux dits），酒款有時也會強調這些細分出來的名稱，如Clos du……，有時這些地塊成為該酒款的品牌。當然，酒廠也可能會將一些酒款命名，如Cuvée Prestige、Cuvée Constance，也有很炫麗的名字，如白鷹Aigle Blanc、汗血馬Pur Sang、燧石Silex等。

　　因此當你想品飲一款羅亞爾河的葡萄酒，必須先做一個決定：喜愛紅酒、白酒或粉紅酒。接著檢查酒標，確認他們為不甜或甜酒（特別是白酒），有時酒標上會用小字註明：干（sec）、半干（demi-sec）、甜型（moelleux）以及超甜型（liquoreux）。如酒標上寫著「mousseux」則代表著氣泡酒。

羅亞爾河知名產區

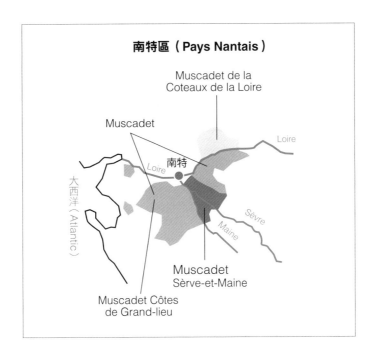

南特區（Pays Nantais）

Muscadet de la
Coteaux de la Loire

Muscadet

南特

Loire

Loire

大西洋（Atlantic）

Sèvre

Maine

Muscadet
Sèrve-et-Maine

Muscadet Côtes
de Grand-lieu

南特區（Le Pays Nantais）：羅亞爾河下游區

南特區（**Nantes**）	土壤、品種與釀造	酒款
蜜思卡得（Muscadet）簡述	品種：布根地香瓜種（Melon de Bourgogne）。 部分酒款會在發酵後，讓酒液持續跟酵母殘渣接觸，來增加酒體的複雜度，這種方法稱為未去酒渣培養法（sur lie），會帶給酒體細膩的花香以及輕微的氣泡感。	僅生產白酒。陳年一年後會發展出一些礦物質的風味。經sur lie過程的酒款則會產生白色花朵與柑橘類水果的香氣。 蜜思卡得（Muscadet）的酒款最佳適飲期為2至5年，適飲溫度為8至12度。
蜜思卡得（Muscadet） （白葡萄酒）	砂土與礫石的土壤，也有一些包覆在花崗岩外的棕土，以及些許片麻岩與雲母片岩。	淡綠色，酒精濃度低，帶有些許鹹味。
蜜思卡得-塞爾曼尼（Muscadet-Sèvre-et-Maine） （白葡萄酒）		堅果與胡椒的香氣，以及檸檬般清新的酸度，經未去酒渣培養法（sur lie）過的酒款則多了奶油的風味。
蜜思卡得-羅亞爾丘（Muscadet-Coteaux de la Loire） （白葡萄酒）		淡金色，帶有紫羅蘭與異國水果的香氣。
蜜思卡得-格蘭里奧丘（Muscadet-Côtes de Grandlieu） （白葡萄酒）		帶有金銅色澤，帶有優雅的花香、果香與些許礦物質香味。

南特（Nantes）周圍

安謝尼丘（Coteaux d'Ancenis）位於蜜思卡得（Muscadet）與安茹（Anjou）之間，包含了南特（Nantes）東邊的27個村莊。可生產紅酒、甜白酒與粉紅酒，最受矚目的葡萄品種為加美（Gamay），釀造出帶有燉煮水果香味的芬芳酒款。

另一個不可忽略的次產區是南特地區大普隆（Gros Plant du Pays Nantais），已經升等為AOC法定產區，其酒款因適合搭配海鮮而頗有名氣。主要使用白芙爾（Folle Blanche）品種，酒款色澤透明帶有亮綠色，香氣以礦石、葡萄柚、柑橘類為主，清爽宜人，適合年輕時飲用，適飲溫度為8度。

羅亞爾河中游的安茹（Anjou）區

安茹（Anjou）地區生產白酒、紅酒、粉紅酒，口感從濃郁到清瘦，從不甜到甜型葡萄酒，還生產氣泡酒。

安茹區	土壤、品種與釀造	酒款
安茹干型白葡萄酒 安茹卡本內型紅葡萄酒 安茹-加美（Anjou-Gamay AOC）紅葡萄酒 安茹粉紅（Rosé d'Anjou）葡萄酒	大多數的干白酒使用白梢楠（Chenin Blanc）釀造，但也允許使用少數的夏多內（Chardonnay）與白蘇維濃（Sauvignon Blanc）來混釀。 安茹卡本內型紅葡萄酒主要使用卡本內-弗朗（Cabernet Franc）和卡本內-蘇維濃（Cabernet Sauvignon）。 粉紅酒主要使用果若（Grolleau），也可添加加美（Gamay）、卡本內-弗朗、卡本內-蘇維濃與歐尼彼諾（Pineau d'Aunis）。	紅酒若以卡本內為主，常帶有香料氣味。 以加美（Gamay）為主的紅酒則帶有水果、動物的香氣。 粉紅酒的色澤有可能較淺但也有濃郁的酒款，香氣帶有櫻桃、水蜜桃與番石榴的果味，口感均衡。
安茹-村莊（Anjou-Villages）紅葡萄酒	來自安茹（Anjou）區46個村莊，土壤多為片岩。使用卡本內-弗朗（Cabernet Franc）和卡本內-蘇維濃（Cabernet Sauvignon）釀造。 安茹-村莊-布里薩克（Anjou-Villages Brissac）則是另一個由7個村莊組合而成的法定產區，口感更複雜多變。	濃郁的深紅色水果香氣。 布里薩克（Brissac）的酒款會帶有更複雜的森林與香料氣味。 這兩種酒款都是中等酒體，單寧結構良好。適飲期為2至10年，適飲溫度為15至17度。

羅亞爾河中游的安茹（Anjou）區

安茹區	土壤、品種與釀造	酒款
莎弗尼耶（Savennières）白葡萄酒 莎弗尼耶-古列-歐歇（Savennières-Coulée-de-Serrant） 莎弗尼耶-侯須-莫萬（Savennières Roche aux Moines）	白梢楠（Chenin Blanc）品種，東南向葡萄園區，土壤為片岩與火山岩。 莎弗尼耶-古列-歐歇（Savennières-Coulée-de-Serrant）、莎弗尼耶-侯須-莫萬（Savennières Roche aux Moines）受世人所重視。 莎弗尼耶-古列-歐歇一共包含了3個地塊：Grand Clos de la Coulée、les Plantes以及Clos du Château。	白色洋甘菊的花香，水果乾的香氣，良好的酒體結構。 淺黃色澤，成熟水果與礦石般的香氣，細緻的尾韻。 能陳年10至20年。
歐班斯丘（Coteaux de l'Aubance）甜葡萄酒	較成熟才採收的白梢楠（Chenin Blanc）葡萄多用來釀造半甜型的酒款，濃郁或清爽的風格都有。	若酒色帶金，則受到貴腐菌影響，淡黃色的酒色帶有一些青綠色，則是使用風乾後的葡萄釀造。有著精緻的花香、杏桃、水蜜桃與礦物質的風味，尾韻清爽。 適飲溫度為7至9度。
萊陽丘（Coteaux du Layon）甜葡萄酒	使用白梢楠（Chenin Blanc）釀造，土壤為片岩、炭化土，及些許火山岩。葡萄園面東南向，並深受到大西洋洋流的影響。 共有6個村莊隸屬於這個法定產區（可在Coteaue du Layon後加上村莊名），其中Coteaux du Layon Chaume 1er Cru最為知名。	透白的酒液中帶有一些綠色調，隨著酒液的陳年，慢慢轉為琥珀或金銅色。年輕時帶有玫瑰、水蜜桃、洋梨的氣味，而後發展出葡萄柚、芒果甚至無花果的氣息，酒體濃郁均衡豐富。
休姆-卡德（Quarts de Chaume）甜葡萄酒	使用沾染貴腐黴的白梢楠（Chenin Blanc）葡萄釀造。	豐富的果香，有水蜜桃與櫻桃的香氣。可釀成甜型（moelleux）與超甜型（liquoreux）的葡萄酒。
邦若（Bonnezeaux）甜葡萄酒	種植在片岩土壤上的白梢楠（Chenin Blanc）	杏桃、無花果、葡萄乾、成熟的梨、李子與白色的花香，在口中層次複雜多變。

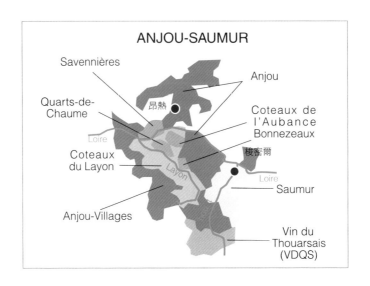

ANJOU-SAUMUR

Savennières
Anjou
Quarts-de-Chaume
Coteaux de l'Aubance
Bonnezeaux
Coteaux du Layon
昂熱
梭密爾
Saumur
Anjou-Villages
Vin du Thouarsais (VDQS)
Loire
Layon
Loire

羅亞爾河中游的梭密爾（Saumur）區

梭密爾（**Saumur**）區	土壤、品種與釀造	葡萄酒風格
梭密爾（Saumur）白葡萄酒、紅葡萄酒 梭密爾氣泡酒（Saumur Mousseux）	白葡萄酒：白梢楠（Chenin Blanc）、夏多內（Chardonnay）、白蘇維濃（Sauvignon Blanc）。 紅葡萄酒：卡本內-蘇維濃（Cabernet Sauvignon）、卡本內-弗朗（Cabernet Franc）。 氣泡酒：白梢楠（Chenin Blanc）、夏多內（Chardonnay）、白蘇維濃（Sauvignon Blanc）、卡本內、鉤特（Côt）、加美（Gamay）、果若（Grolleau）、黑皮諾（Pinot Noir）等。 土壤從黏土、石灰石、沙土到鈣華（Tuffeau）。	主要以干型白葡萄酒為主，有時也會釀造甜葡萄酒與氣泡酒。 香氣以白花、萊姆為主，有時也有水蜜桃、洋梨與李子的香氣。酒體輕盈清爽。 紅葡萄酒的色澤偏紅寶石顏色，帶有覆盆子與紫羅蘭的香氣，有時也會發展出紅椒與香料的氣息。單寧結構簡單，酒體細緻，口感圓潤均衡。 可陳年7年左右，適飲溫度為14至16度，氣泡酒則為12度。
梭蜜爾-香比尼（Saumur-Champigny）紅葡萄酒	紅葡萄酒：卡本內-弗朗（Cabernet Franc）與卡本內-蘇維濃（Cabernet Sauvignon）。 主要的土壤為帶有礫石的黏土以及少許鈣華（Tuffeau）。	鮮明的紅寶石色澤，紅色水果香氣，及菸草、青椒的氣味，陳年後也會發展出皮革的氣息。 天鵝絨般細緻的單寧。 可陳年10年以上，適飲溫度為13度。
梭密爾丘（Coteaux de Saumur）甜葡萄酒	品種為白梢楠（Chenin Blanc）。 土壤為鈣華（Tuffeau）與白堊土。	類似萊陽丘（Coteaux du Layon）的風格，可陳年30年以上。

羅亞爾河中游的都漢（Touraine）區

都漢區	土壤、品種與釀造	葡萄酒風格
都漢（Touraine）白葡萄酒、紅葡萄酒與粉紅葡萄酒	白葡萄酒：白蘇維濃（Sauvignon Blanc）、白梢楠（Chenin Blanc）。 紅葡萄酒：加美（Gamay）、卡本內-弗朗（Cabernet Franc）、卡本內-蘇維濃（Cabernet Sauvignon）、鉤特（Côt）。 粉紅葡萄酒：加美（Gamay）調配少許的卡本內與鉤特（Côt）及歐尼皮耶（Pineau d'Aunis）。 土壤為白堊土、石灰質黏土與砂質土壤。	以白蘇維濃（Sauvignon Blanc）為主的酒款帶有花香與辛香料氣息。 以白梢楠（Chenin Blanc）為主的酒款帶有洋槐、水果乾、烤麵包的香氣。 以加美（Gamay）為主的紅酒帶有草莓的香氣，以及細膩的單寧，而卡本內與鉤特（Côt）釀出的紅酒單寧構架較緊實。 都漢新酒則主要以加美釀造，酒體輕盈，帶有糖果與香蕉的香氣。 粉紅酒則會帶有些許新鮮香料風味，多為干型酒款。
修維尼（Cheverny）白葡萄酒、紅葡萄酒與粉紅葡萄酒	紅葡萄酒與粉紅葡萄酒：加美（Gamay）、黑皮諾（Pinot Noir）、卡本內-弗朗（Cabernet Franc）、鉤特（Côt）。 白葡萄酒：白蘇維濃（Sauvignon Blanc）、夏多內（Chardonnay）。	若使用黑皮諾（Pinot Noir）混釀的酒款，會有些許動物、香料與紅色水果的香氣，單寧柔順尾韻柔和。 粉紅酒的色澤為鮭魚紅，香味以紅色水果與辛香料為主。 白酒則混釀兩個品種，帶有花香。 紅酒有8年左右陳年潛力，其他酒款則約可陳放4年。
希濃（Chinon）白葡萄酒、紅葡萄酒與粉紅葡萄酒	多數的紅酒都是以卡本內-弗朗（Cabernet Franc）為主，添加少量的卡本內-蘇維濃（Cabernet Sauvignon）。	清亮的紅寶石色澤，充滿紅色水果如黑醋栗、草莓、李子及橡木桶的氣味，優雅細緻的單寧。 適飲期為5至10年，適飲溫度為13度。

都漢區	土壤、品種與釀造	葡萄酒風格
布戈憶（Bourgueil）紅葡萄酒與粉紅葡萄酒	主要以卡本內-弗朗（Cabernet Franc）為主，添加少量（最多10%）卡本內-蘇維濃（Cabernet Sauvignon）。 葡萄園位於梯田，土壤為石灰質黏土或礫石。	年輕時呈現明亮的櫻桃紫，陳年後則轉為琥珀色。帶有紅色水果、青椒、熬煮水果及辛香料的香氣，隨著時間的成熟，也會逐漸發展出動物皮毛的味道。 礫石土壤讓酒體較輕盈，而黏土質則讓酒體單寧較豐富。
布戈憶-聖尼古拉（Saint-Nicolas de Bourgueil）紅葡萄酒與粉紅葡萄酒	與布戈憶（Bourgueil）相似。	與布戈憶的酒款相比，香氣與口感更複雜。 可陳放5至10年，適飲溫度為15度。
梧雷（Vouvray）白葡萄酒與氣泡酒	白梢楠（Chenin Blanc）。 氣泡酒採用香檳傳統發酵法釀造，並陳放9個月後才可上市銷售。 在較寒冷的年份，多使用尚未完全熟成的葡萄釀製氣泡酒與干白酒。 甜酒的品質最佳。	干白酒：蘋果、水蜜桃的香氣，成熟後會發展出杏仁、堅果的風味。 氣泡酒：燻烤麵包、青蘋果香氣。優雅清新。 甜白酒：玫瑰、金盞花等花香，並帶有活潑清爽的口感。 可陳放50年之久。
蒙路易（Montlouis）白葡萄酒與氣泡酒	白梢楠（Chenin Blanc），土壤為砂質黏土。	近乎透明無色，佛手柑、芒果、荔枝的香氣，而後發展成糖漬水果的氣味。有干型、半干型、甜型與氣泡酒等類型。氣泡酒會帶有些許的烤麵包與蘋果香氣。 口感均為清新活潑。

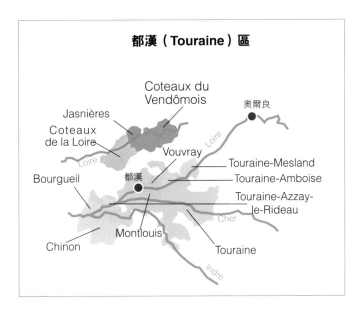

都漢（Touraine）區

Coteaux du Vendômois
Jasnières
Coteaux de la Loire
奧爾良
Loire
Vouvray
Bourgueil
Touraine-Mesland
Touraine-Amboise
都漢
Touraine-Azzay-le-Rideau
Cher
Chinon
Montlouis
Touraine
Indre

都漢（Touraine）區周圍

　　都漢-阿列-麗多（Touraine Azay-le-Ridea）、都漢-安伯日（Touraine-Amboise）與都漢-梅思隆（Touraine-Mesland）也隸屬於都漢的法定產區中。前者只允許釀造白酒，而後兩者則可釀造白酒、紅酒與粉紅酒。而另一個法定產區：都漢-諾伯勒-茱耶（Touraine Noble Joué），是使用皮諾莫尼耶（Pinot Meunier）、灰皮諾（Pinot Gris）或馬瓦西（Malvoisie）、黑皮諾（Pinot Noir）所混釀而成的粉紅酒。

　　古爾-修維尼（Cour-Cheverny）是一個使用侯莫宏丹（Romorantin）葡萄釀造白酒的小產區，而羅瓦丘（Coteaux du Loir）則是生產白酒、紅酒、粉紅酒的法定產區。在賈斯尼耶（Jasnières）產區生產的白梢楠（Chenin Blanc）有著良好的陳年潛力，可到10年。

羅亞爾河上游的中央地區

羅亞爾河中央山地區	土壤、品種與釀造	葡萄酒風格
松塞爾（Sancerre）白葡萄酒、紅葡萄酒與粉紅葡萄酒	分成許多葡萄園小地塊（lieux-dits），如Chêne Marchand、Grand Chermrin、Du Roy、Mont Damnes、Beaujeu du Pardis等。 紅葡萄酒：黑皮諾（Pinot Noir）。	白酒帶有橙皮、柚子、薄荷、蘋果、蜂蜜與香料的氣味。石灰質黏土土壤讓酒體結構更明顯，而多石的葡萄園則讓酒款更細膩優雅，硝石土壤則賦予酒款獨特的風味。 紅酒則有櫻桃的香氣與柔順的單寧。 粉紅酒通常新鮮多果味。
杰諾瓦丘（Coteaux du Giennois）白葡萄酒、紅葡萄酒與粉紅葡萄酒	白蘇維濃（Sauvignon Blanc）、黑皮諾（Pinot Noir）、加美（Gamay）。土壤為石灰石、泥灰土、矽質黏土與帶有貝類化石的鈣質土。	櫻桃紅的色澤，帶有水蜜桃、玫瑰的香氣，白酒則有洋梨與杏桃的氣息。

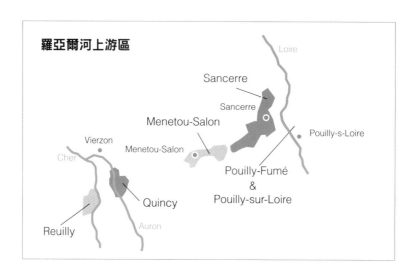

羅亞爾河上游區

羅亞爾河上游區

羅亞爾河上游區	土壤、品種與釀造	葡萄酒風格
荷依（Reuilly）白葡萄酒、紅葡萄酒與粉紅葡萄酒	主要生產以白蘇維濃（Sauvignon Blanc）為主的白葡萄酒。 土壤為石灰石與泥灰土。	草本植物、藥草的香味，口感比松塞爾（Sancerre）輕盈一些。 紅葡萄酒與粉紅酒則與松塞爾（Sancerre）相似。
甘希（Quincy）白葡萄酒	白蘇維濃（Sauvignon Blanc）。 礫石地。	成熟的蘋果、蜂蜜、白花的香氣，尾韻清脆爽口。
普依-芙美（Pouilly-Fumé）白葡萄酒	白蘇維濃（Sauvignon Blanc）葡萄，種植在泥灰土、石灰石、黏土與硝石上。 與松塞爾（Sancerre）隔河相對。	與松塞爾（Sancerre）相比，更具礦石風味，口感也更複雜，可陳放5至10年。
普依-羅亞爾（Pouilly-sur-Loire）白葡萄酒	夏斯拉葡萄種植在泥灰土、石灰石、黏土與硝石的葡萄園中。	礦石風味，並帶有一些青蘋果與水果乾的香氣。

註：不要與布根地區使用夏多內（Chardonnay）葡萄釀造的普依-富塞（Pouilly-Fuissé）搞混了。

羅亞爾河其他酒款

羅亞爾河氣泡酒（Crémant de Loire）是一款輕鬆易飲的氣泡酒，通常可使用多數羅亞爾河品種調配混釀，大多生產在安茹（Anjou）與都漢（Touraine）一帶，是羅亞爾河流域生產的氣泡酒的通稱。

其餘在羅亞爾河的酒款包含：夏托美雍（Châteaumeillant）的粉紅酒、使用加美（Gamay）釀造而成的淡粉紅酒（Vin gris）、以加美與黑皮諾混釀的歐維涅丘（Côtes d'Auvergne）粉紅酒，以及在靠近薄酒來與布根地區以加美為主的侯安丘（Côtes Roannaises）紅酒。

最後，在上布阿圖（Haut Poitou）生產出簡單易飲的酒款，由夏多內（Chardonnay）與白蘇維濃（Sauvignon Blanc）釀造的白酒，紅酒則是由加美（Gamay）釀造。

閱讀羅亞爾河酒標

酒莊名稱：Clos de la Coulée de Serrant

法定產區：莎弗尼耶（Savennières）

法定產區之後特別加註的區域名：Coulée de Serrant

酒標上特別註明採用自然動力法（Biodynamique）

釀造者：Nicolas Joly

法定產區：梧雷（Vouvray）

酒款型態：甜型葡萄酒 Moelleux

釀酒商：Domaine Huet

葡萄園名稱：Le Haut-Lieu

酒款名稱：Première Trie

氣泡酒型態：羅亞爾河氣泡酒（Crémant de Loire），但未說明是干型、半干型或甜型氣泡酒

法定產區：羅亞爾河氣泡酒（Crémant de Loire）

釀酒商：Domaine de Banlut

你知道嗎？

　　白梢楠（Chenin Blanc）在羅亞爾河又被稱為Pineau de la Loire羅亞爾彼諾。

　　當在酒標上看到Mousseux這個字，表示這是款氣泡酒。Pétillant與Mousseux的不同之處在於前者的氣泡較少，而後者與香檳相似，擁有更綿密的氣泡。有關於氣泡酒的名稱，請參閱第8章香檳。

　　羅亞爾河的氣泡酒可能會標示Brut，但往往喝起來比香檳區的酒款來要甜。

　　羅亞爾河流域也生產地區餐酒，通常都可輕鬆飲用。法國庭園地區餐酒（Vin de Pays du Jardin de la France）生產以白蘇維濃（Sauvignon Blanc）與夏多內（Chardonnay）為主的白酒，而布列塔尼地區餐酒（Vin de Pays des Marches de Bretagne）則生產酒體清淡的紅白酒。

Chapter 12

普羅旺斯與科西嘉
Provence and Corsica

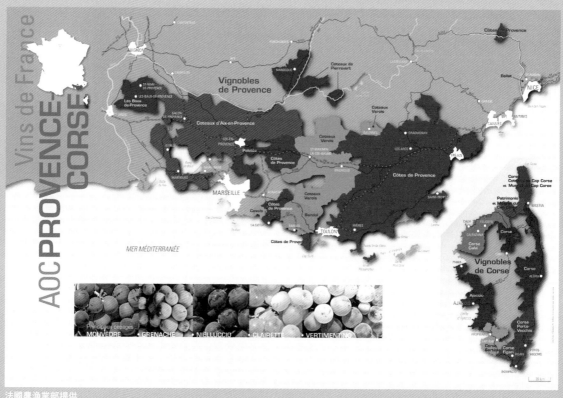

法國農漁業部提供

對於法國人來說，普羅旺斯與科西嘉島一帶是理想的夏日度假勝地。因此在普羅旺斯最出名的酒款既不是紅葡萄酒也不是白葡萄酒，而是能同時與海鮮與燒烤搭配，並且適合在炎熱夏天中飲用的清爽粉紅葡萄酒（Rosé）。

普羅旺斯與科西嘉島的氣候條件是一致的：陽光充足且乾燥。這裡土壤條件複雜，使得很多種葡萄品種可在此種植。因此可在各次產區中可找到白酒、紅酒、粉紅酒等多種類型的葡萄酒款。

普羅旺斯與科西嘉概述

地理環境

普羅旺斯位於擁有豐沛陽光的地中海沿岸，而科西嘉島則是地中海上的小島。

土壤與微氣候

由於多樣化的土壤結構與各種微氣候，創造出不同風格特性的酒款。請注意，本區的酒款大多混釀2種以上的葡萄品種。

普羅旺斯的8大類型酒款

邦斗爾（AOC Bandol）：堅硬的紅葡萄酒。
卡西斯（AOC Cassis）：芬芳又柔順的白葡萄酒。
普羅旺斯丘（AOC Côtes de Provence）：清爽的粉紅酒。
玻-普羅旺斯（AOC Les Baux-de-Provence）：有機或自然動力法（Biodynamic）生產的紅酒與粉紅酒。
瓦華丘（AOC Coteaux Varois）：清淡風格的紅酒、白酒與粉紅酒。
巴雷特（AOC Palette）：紅酒與粉紅酒。
伯雷（AOC Bellet）：生產紅酒、白酒與粉紅酒。

科西嘉葡萄酒

生產蜜思嘉（Muscat）甜酒、用Aleatico葡萄釀成的紅酒、蜜思嘉（Muscat）所釀的加烈酒、干白酒、紅酒與粉紅酒。

酒款風格

紅酒與粉紅酒

可生產普羅旺斯紅酒與粉紅酒的產區包含：普羅旺斯丘（Côtes de Provence）、邦斗爾（Bandol）、伯雷（Bellet）、卡西斯（Cassis）、巴雷特（Palette）、瓦華丘（Coteaux Varois）、艾克斯-普羅旺斯丘（Coteaux d'Aix-en-Provence）及玻-普羅旺斯（Les Baux-de-Provence）。

科西嘉島生產的紅酒與粉紅酒產區則有：科西嘉葡萄酒（Vin de Corse）、卡勒維（Calvi）、撒甸內（Sartène）、菲加利（Figari）、波特維其歐（Porto Vecchio）、科西嘉角（Cap Corse）、阿加修（Ajaccio）及巴替摩尼爾（Patrimonio）。

白酒：

能生產普羅旺斯白葡萄酒的產區包含：普羅旺斯丘（Côtes de Provence）、邦斗爾（Bandol）、伯雷（Bellet）、卡西斯（Cassis）、巴雷特（Palette）、瓦華丘（Coteaux Varois）、艾克斯-普羅旺斯丘（Coteaux d'Aix-en-Provence）及玻-普羅旺斯（Les Baux-de-Provence）。

科西嘉的白酒產區則有科西嘉葡萄酒（Vin de Corse）以及科西嘉角-蜜思嘉（Muscat du Cap Corse）甜酒。

葡萄品種

紅葡萄品種：

有辛香料氣息的慕維得爾（Mourvèdre）、豐富飽滿的格那希（Grenache）、輕盈芬芳的仙梭（Cinsaut 或Cinsault）、清新的提布宏（Tibouren）、色澤豐富口感細緻的卡利濃（Carignan）、卡本內-蘇維濃（Cabernet Sauvignon）、希哈（Syrah）、科西嘉品種的西亞卡列羅（Sciacarello）與尼陸修（Nielluccio）。

白葡萄品種：

優雅的克雷耶特（Clairette）、銳利的白于尼（Ugni Blanc）、有鄉野氣息的布布蘭克（Bourboulenc）、Rolle（在科西嘉又稱Vermentino）、榭密雍（Sémillon）和夏多內（Chardonnay）。

歷史

普羅旺斯

西元前600年希臘人就將葡萄帶來本地，但西元前125年後，羅馬人才開始發展了系統性的葡萄種植與整枝。

之後，來自普羅旺斯的埃莉諾（Éléonore de Provence）成為亨利三世（Henri III）的妻子，如同她的婆婆阿基坦女爵（Aliénor d'Aquitaine），她也將普羅旺斯葡萄酒推廣至國際。埃莉諾皇后將普羅旺斯葡萄酒帶到倫敦的上流社會，不久後英國便開始欣賞來自普羅旺斯的葡萄酒。

1879年，與其他法國產區一樣，普羅旺斯的葡萄園受葡萄根瘤蚜蟲肆虐。直至今日其葡萄酒才又被世人重視。

與法國其他產區相比，普羅旺斯的葡萄酒更難運送到其他地區。事實上，在20世紀前，本地都還是呈現小規模的農村式種植，酒農們在自有的小葡萄園中種植、釀造，自給自足，少有大型的葡萄酒廠。

1931年，普羅旺斯的種植者決定要提升酒款品質。他們與主管法國國家法定產區管制局（INAO）合作，舉辦試飲與分析來改善酒質。最後在1953年普羅旺斯丘（Côtes de Provence）升等為VDQS等級，並於1977年獲得了法定產區AOC的等級。

科西嘉島

從希臘、伊特魯里亞（Etruscans）、迦太基（Carthaginians）和羅馬的歷史來看，科西嘉島的戰略位置是十分重要的。但直至18世紀末期時，義大利人抵達法國後才開始在本地釀酒，因而科西嘉的葡萄酒風格深受義大利影響。此外法國人也將普羅旺斯的葡萄品種帶至科西嘉，所以今日的科西嘉葡萄酒是混合了兩地不同的風格。

在20世紀初期，多數的柯西嘉葡萄酒都是產地自銷，酒農為自家人種植、釀造。60年代，阿爾及利亞的獨立帶來了阿爾及利亞與摩洛哥的移民，他們在法國種植格那希（Grenache）、仙梭（Cinsaut 或Cinsault）、卡利濃（Carignan）與阿里崗特-布謝（Alicante Bouschet），這些品種都曾在北非種植過，並釀成一般餐酒等級。

普羅旺斯與科西嘉葡萄酒的多樣性

南歐或地中海的氣候溫暖且乾燥。

溫暖乾燥的地中海型氣候,根據產區的不同,氣溫會有所差異。冬天時,內陸與山丘地區的溫度可能到0度、平原地區則可能為4度,而沿海地區則約6至7度。但在夏季,沿海地區的溫度大約為23度,而內陸地區則有可能高於35度。

春冬兩季會從北方吹來冷冽的強大海風,在內陸地區,風速甚至會超過時速100公里,使葡萄藤乾燥,並將溫度降為10度左右。

但儘管有巨大的溫差與強風侵襲,普羅旺斯科西嘉與法國其他溫帶或寒冷氣候的葡萄園相比,仍享有良好的地中海型生長氣候條件。

事實上,溫暖乾燥的氣候意味著酒商們可用有機的方式來種植葡萄,由於生長季節十分炎熱,葡萄藤的根會更深入土壤來尋求水源,可釀造出酒體豐滿且酒精度高的葡萄酒。

最出名的產區是普羅旺斯丘(Côtes de Provence)。由於多樣化的土壤與微氣候的變化,讓葡萄酒風格有很大的不同,慕維得爾(Mourvèdre)主要種植在沿海地區,而希哈(Syrah)則種植在其他地區。依據來自於南北不同產區,白葡萄酒的調配也有所不同。本產區也有自己的列級酒莊(Cru Classé)名單,納入將近20個酒莊。AOC Côtes de Provence的產量為一億一千萬瓶,其中80%為粉紅酒。

科西嘉葡萄酒與法國其他產區所使用的品種與風格都不相同。腓尼基人除了將葡萄藤帶至義大利外,也帶到了科西嘉島。因此科西嘉的葡萄與義大利葡萄有許多相似之處:科西嘉島的尼陸修(Nielluccio)品種與托斯卡尼(Tuscany)的山吉歐維列(Sangiovese)可能有親屬關係,而科西嘉的白葡萄品種維門替諾(Vermentino)則與義大利的葡萄品種有相同的名字。直到19世紀才開始種植如格那希(Grenache)、仙梭(Cinsaut或Cinsault)、卡利濃(Carignan)等法國品種。今日科西嘉生產的葡萄酒有37.7%為紅酒、42.5%為粉紅酒,19.8%為白酒。

氣候與獨特的釀酒技術

科西嘉島與普羅旺斯有著獨特自有的釀酒方法。粉紅酒採用放血法(Saignée)(詳情請見第四章),收集在發酵過程中被染成粉紅色澤的葡萄汁液來釀酒。有些使用放血法取得的葡萄汁液也會經過4至5天的5至8度的冷浸泡過程,讓酒款擁有明顯的水果特色。

普羅旺斯有時又被稱為「南方綠地」,其部分法定產區如玻-普羅旺斯(Les Baux-de-Provence)與瓦華丘(Coteaux Varois),常見有機或自然動力方式種植。

葡萄品種

釀造紅酒或粉紅酒的品種	特色
慕維得爾（Mourvèdre）	邦斗爾（Bandol）最主要的葡萄品種，有著濃郁的黑醋栗、麝香、香草等香料氣味，酒體渾厚，適合長時間陳年。
格那希（Grenache）	是普羅旺斯非常重要的一個葡萄品種，有著樸實的大地氣息，酒精濃度較高，口感滑潤，無論是紅酒或粉紅酒都有濃郁的水果香氣。
仙梭（Cinsaut 或 Cinsault）	酸度明顯，口感清新，帶有紅色果香，酒體柔軟順口，常釀造酒體較輕盈的紅酒或粉紅酒。
提布宏（Tibouren）	地中海地區的葡萄品種，帶有水果與大地的氣息，大多用來釀造輕盈優雅，新鮮多果味，酒精含量較高的粉紅酒。
卡利濃（Carignan）	在調配酒款中，是提供酒體結構、風格、酒精與色澤的角色，高單寧與高酸度，帶有莓果的氣息。
卡本內 - 蘇維濃（Cabernet Sauvignon）	有著青椒、黑莓、甘草、巧克力的香氣，單寧結構明顯。在普羅旺斯丘（AOC Côtes de Provence）的產區規範中可混入高達 40% 的卡本內 - 蘇維濃。
希哈（Syrah）	多於混釀時使用，帶有紫羅蘭、紅色水果的香氣，結構明顯，深具陳年潛力。
科西嘉品種—西亞卡列羅（Sciacarello）	帶有胡椒等辛香料氣息的優雅酒款。
科西嘉品種—尼陸修（Nielluccio）	酒色濃郁，帶有優雅的水果香氣，可釀成紅酒與粉紅酒。

釀造白酒的葡萄品種	特色
克雷耶特（Clairette）	古老的葡萄品種，帶有蘋果、蜂蜜與花香。
白于尼（Ugni Blanc）	有著清爽的果香，酒精濃度低，風味較不明顯，因產量過多而評價較低。
侯爾（Rolle）在科西嘉又稱維門替諾（Vermentino）	伯雷（Bellet）地區使用的白葡萄品種，香氣芬芳，有著鳳梨、杏仁、梨以及柑橘類香氣。
榭密雍（Sémillon）	有著絲緞般的質地，常混釀於普羅旺斯白酒當中。
夏多內（Chardonnay）	在溫暖氣候生長的夏多內有著桃子、香瓜、榛果與香草的香氣，主要在伯雷（Bellet）與侯爾（Rolle）一起混釀。

產區與葡萄酒

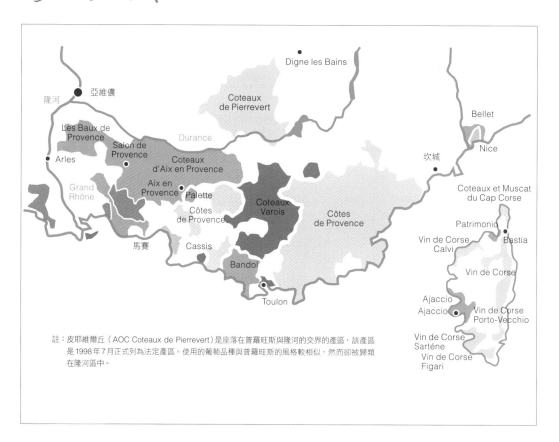

Digne les Bains

隆河
亞維儂

Coteaux
de Pierrevert

Bellet

Les Baux de
Provence

Durance

Nice

Salon de
Provence

Coteaux
d'Aix en Provence

坎城

Arles

Aix en
Provence

Palette

Coteaux
Varois

Côtes
de Provence

Coteaux et Muscat
du Cap Corse

Grand
Rhône

Côtes
de Provence

Patrimonio

Vin de Corse
Calvi

Bastia

Vin de Corse

馬賽

Cassis

Ajaccio
Ajaccio

Vin de Corse
Porto-Vecchio

Bandol

Vin de Corse
Sarténe

Toulon

Vin de Corse
Figari

註：皮耶維爾丘（AOC Coteaux de Pierrevert）是座落在普羅旺斯與隆河的交界的產區，該產區
是 1998 年 7 月正式列為法定產區。使用的葡萄品種與普羅旺斯的風格較相似，然而卻被歸類
在隆河區中。

普羅旺斯

普羅旺斯是由不同的小型葡萄園所拼湊而成的法定產區，釀酒合作社生產了本區一半以上的葡萄酒。目前普羅旺斯丘（AOC Côtes de Provence）擁有超過20,000公頃的葡萄園；其餘還有艾克斯-普羅旺斯丘（AOC Coteaux d'Aix-en-Provence）4,000公頃、瓦華丘（AOC Coteaux Varois）2,500公頃、邦斗爾（AOC Bandol）1,600公頃、卡西斯（AOC Cassis）190公頃，而伯雷（Bellet）面積少於60公頃。

普羅旺斯	風土條件、品種與釀造	葡萄酒風格
邦斗爾（AOC Bandol）	白酒：克雷耶特（Clairette）、白于尼（Ugni Blanc）、布布蘭克（Bourboulenc）及部分白蘇維濃（Sauvignon Blanc）。 紅酒：慕維得爾（Mourvèdre）混釀部分格那希（Grenache）與仙梭（Cinsaut）或者慕維得爾（Mourvèdre）混釀部分希哈（Syrah）與卡利濃（Carignan）。 粉紅酒：與紅酒使用的品種相似。 產區的地形類似一個露天的圓形劇場，可阻擋寒冷的北風。氣候受到海洋影響而較為炎熱，石灰石土壤。向南的山丘有較多的陽光照射，土質則是偏含礫石的石灰石土壤。 AOC Bandol 由8個村莊所組成：Bandol、Le Beausset、La Cadiere-d'Azur、Le Castellet、Evenos、Ollioules、St. Cyr sur Mer 及 Sanary。 不同於其他產區，本區的粉紅酒須在橡木桶中至少陳年8個月，因此色澤會呈現如鮭魚般的粉橘色澤。	其粉紅葡萄酒大多數酒款呈現鮭魚橘的色澤，帶有紅色水果的香氣，有時還有鳳梨與薄荷的氣味。 具陳年潛力的紅酒色澤偏深紫色，有著堅硬的單寧，帶有黑醋栗、草莓、肉桂的香氣，隨著酒款熟成，慢慢轉為松露等風味，單寧口感也會更細膩。 本區也有生產少量的白酒，帶有葡萄柚與清新的花香。 紅酒有10年以上的陳年實力，粉紅酒也可陳放1至3年。
艾克斯-普羅旺斯丘（AOC Coteaux d'Aix-en-Provence）	所有的普羅旺斯葡萄品種幾乎都可在這裡使用。 本區的土壤為黏土質石灰石，含有黃色、紅色與棕色的礫石。 紅酒：格那希（Grenache）、卡本內-蘇維濃（Cabernet Sauvignon）、慕維得爾（Mourvèdre）與希哈（Syrah）。 白酒：白于尼（Ugni Blanc）、克雷耶特（Clairette）與白蘇維濃（Sauvignon Blanc）。	紅酒的色澤偏紫，帶有花卉與香草的氣味，陳年後香料味將更明顯，紅酒有15年以上的陳年潛力。 粉紅酒有草莓、桃子與花香。 白酒則帶有金盞花與清爽的柑橘類香氣。
玻-普羅旺斯（AOC Les Baux-de-Provence）	葡萄品種包含格那希（Grenache）、希哈（Syrah）、慕維得爾（Mourvèdre）、仙梭（Cinsaut 或 Cinsault）、古諾日（Counoise）、卡利濃（Carignan）與卡本內-蘇維濃（Cabernet Sauvignon）。 土質多樣，有含黃、紅、棕不同色澤的礫石，黏土與砂土。在亞爾與 Cavaillon 間以及阿爾卑斯山腳下的地區，土壤是含有豐富鋁質的白堊土色石灰石，通常不使用人工肥料，多為有機葡萄園。	紅酒有著草本植物與香草（如迷迭香、百里香與菸草）的香氣，還帶有些許水果、香料與動物毛皮的氣味。 單寧強硬又細緻的酒款。本區也有生產酒體較淡的紅酒。 粉紅酒的結構也十分完整，帶有紅色水果、花卉甚至水果乾的香氣。

普羅旺斯	風土條件、品種與釀造	葡萄酒風格
巴雷特（AOC Palette）與聖 - 維多利亞（AOC Sainte-Victoire）	紅酒：主要使用梟維得爾（Mourvèdre）與仙梭（Cinsaut 或 Cinsault）。 白酒：白于尼（Ugni Blanc）、克雷耶特（Clairette）、蜜思嘉（Muscat）與白格那希（Grenache Blanc）。 座落在 Coteaux d'Aix-en-Provence 東側，有著含鈣土壤的小產區。	AOC Palette 著重在釀造帶有紫羅蘭與松脂香氣的紅酒，而 AOC Sainte-Victoire 則是以粉紅酒聞名。
卡西斯（AOC Cassis）	紅酒：格那希（Grenache）、仙梭（Cinsaut 或 Cinsault）、巴巴羅莎（Barbarossa）、卡利濃（Carignan）與慕維得爾（Mourvèdre）。 白酒：白于尼（Ugni Blanc）、克雷耶特（Clairette）、馬姍（Marsanne）與布布蘭克（Bourboulenc）。 卡西斯（Cassis）是地中海沿岸多石的漁港，位於馬賽的東側，葡萄多種植在含鈣土壤上。	AOC Cassis 多生產淡金色澤、明亮清爽的白酒，有著獨特的水果香氣及柑橘、松脂、堅果等香氣，口感柔順圓潤。 紅酒的單寧樸質，有著香草、花香與辛香料氣息。 本區也生產少量的粉紅酒，帶有蜜桃與香草的香味。
瓦華丘（AOC Coteaux Varois）	瓦華丘（AOC Coteaux Varois）是 1993 年才成立的新法定產區，酒款主要是由位於 Brignoles 鎮周遭的釀酒合作社來生產。 土壤多為含鋁的砂地，海拔高度為 300 公尺，因此氣候型態更偏向大陸型氣候而非地中海型氣候。 葡萄品種包含多數的普羅旺斯品種外，也有如希哈（Syrah）、卡本內 - 蘇維濃（Cabernet Sauvignon）等品種。 粉紅酒多使用格那希（Grenache）、仙梭（Cinsaut 或 Cinsault）、希哈（Syrah）、慕維得爾（Mourvèdre）、卡利濃（Carignan）與提布宏（Tibouren）。	紅酒帶有紫羅蘭、薄荷等香氣，熟成後會發展出皮革的氣味。 粉紅酒則有水蜜桃、草莓與紅色莓果的香氣。 白酒有著新鮮花香，此外還帶有鳳梨與檸檬皮的味道。多數酒款在年輕時便可輕鬆飲用。
普羅旺斯丘（AOC Côtes de Provence）	普羅旺斯最大的法定產區，面積從馬賽附近，穿過隆河，南至瓦爾（Var）及阿爾卑斯濱海省（Alpes-Maritimes）。 從土倫（Toulon）到弗雷瑞（Fréjus）區主要為紅色黏土地，中央葡萄園則為石灰石土壤，向北的阿爾卑斯丘陵與高原區則是白堊質土壤。 大多種植普羅旺斯的葡萄品種。	以粉紅酒聞名於世，但有兩種不同的類型：一種是酒體強壯濃重，另一種則是輕巧細緻。 常見的香氣包含紅色水果、花卉、薄荷、菸草、茶為主，有時也會出現硝石的氣味，有良好的結構與平衡。 紅酒則帶有現代風格，多以紅色漿果、香草與香料的香氣為主。白酒則帶有柑橘類香氣，清新宜人。

普羅旺斯	風土條件、品種與釀造	葡萄酒風格
伯雷（AOC Bellet）	紅酒：勃拉給（Braque）、黑芙爾（Folle Noire）、仙梭（Cinsaut 或 Cinsault）、格那希（Grenache）。勃拉給（Braque）有特殊的玫瑰水香氣，有時也會混入帶有糖果與胡椒香氣的黑芙爾（Folle Noire）。 白酒：侯爾（Rolle）、胡姍（Roussan）、白于尼（Ugni Blanc）與夏多內（Chardonnay）。 伯雷（AOC Bellet）是一個座落在靠近尼斯的梯田的小法定產區，土壤多為大鵝卵石，葡萄園多在海拔 200 至 400 公尺之間。	紅酒色澤較深，帶有李子與櫻桃的香氣，單寧結構明顯。粉紅酒有著新鮮的水果香氣，白酒則有花香以及水果乾的氣味。 紅酒擁有 15 年的陳年潛力，白酒的陳放時間也高達 10 年。

在本地還有許多小巧的小產區生產的酒款。主要圍繞在Roquebrune-sur-Argens、Saint Tropez、Gassin、Villars-sur-Var、Pierrefeu、 Pignans、Taradeau、Flassans及Lorgues一代。在坎城（Cannes）附近的小島如Îles de Lerins與Îles de Porquerolles也有生產葡萄酒。

科西嘉

　　位於法國南部海岸的柯西嘉島，有著「美麗之島」（L'île de Beauté）的稱號。除了田園詩歌般的風景與葡萄酒之外，這裡也是拿破崙（Napoléon Bonaparte）的出生之地。

　　16世紀時，熱那亞人（Genoesse）將葡萄帶來這個小島，自此釀酒業在這裡生根。儘管規模不大，但當地釀酒合作社生產的酒款已可滿足國內市場需求。

　　科西嘉島是一個山陵起伏較多的島嶼，科西嘉島比普羅旺斯擁有更多的陽光照射。沿著海岸線可看到整片的葡萄園，多為花崗岩與頁岩組成，西北邊的巴替摩尼歐（AOC Patrimonio）與西邊的阿加修（AOC Ajaccio）的葡萄園有著石灰岩土壤，東邊的地勢較為平坦。海拔高度從水平面自500公尺不等，與海岸距離的遠近也影響了葡萄酒的風味與結構。

　　科西嘉島生產的葡萄酒大多為地區餐酒（Vin de Pays）等級，本地最大的法定產區稱為科西嘉葡萄酒（Vin de Corse），位於Bastia與Porto Vecchio間，90%的酒款由本區的釀酒合作社生產。本地也有產科西嘉角-蜜思嘉（AOC Muscat du Cap Corse）加烈酒。1968年，巴替摩尼歐（AOC Patrimonio）成為本地第一個葡萄酒的法定產區。

　　早期的科西嘉葡萄酒有著純樸的風格，然而近期已有所改變。掛著科西嘉葡萄酒（AOC Vin de Corse）酒標的產品代表著產品的品質與產地，此外科西嘉島擁有9個不同的法定產區，分別為：科西嘉（AOC Corse）、科西嘉角丘（AOC Corse Coteaux Cap Corse）、卡勒維（AOC Corse Calvi）、撒甸內（AOC Corse Sartène）、菲加利（AOC Corse Figari）、波特維其歐（AOC Corse Porto Vecchio）等小產區。島上最大的兩個產區則位於西海岸一代，較比的產區為巴替摩尼歐（AOC Patrimonio），而較南的產區則是阿加修（AOC Ajaccio）。

科西嘉	風土條件、品種與釀造	葡萄酒風格
阿加修（AOC Ajaccio）	花崗岩土壤。 紅酒與粉紅酒使用西亞卡列羅（Sciacarello）品種。 白酒則使用維門替諾（Vermentino）與白于尼（Ugni Blanc）。	西亞卡列羅（Sciacarello）釀造出果味豐富的紅酒與粉紅酒，白酒則清爽可口。
巴替摩尼歐（AOC Patrimonio）	紅酒使用尼陸修（Nielluccio）品種釀造，白酒則使用維門替諾（Vermentino）或馬瓦西（Malvoisie）釀造。	紅酒帶有紅色水果與辛香料風味，白酒則是帶有清新的白色花香，粉紅酒清新但酒精度較高。
科西嘉（AOC Corse）、 卡勒維（AOC Corse Calvi）、 撒甸內（AOC Corse Sartène）、 菲加利（AOC Corse Figari）、 波特維其歐（AOC Corse Porto Vecchio）	土壤為花崗岩或片岩。 白葡萄品種是維門替諾（Vermentino）。 紅葡萄品種則是西亞卡列羅（Sciacarello）與格那希（Grenache）。 卡勒維（Calvi）主要使用當地品種調配其他品種。 位於東南方的撒甸內（Sartène）與位於南方的菲加利（Figari），生產以西亞卡列羅（Sciacarello）、格那希（Grenache）與仙梭（Cinsaut 或 Cinsault）調配而成的紅酒與粉紅酒。	帶有香草、嫩薑氣味的干白酒，有時也會出現一些花香與柑橘香氣。紅酒則是帶有皮革與果味的氣息。粉紅酒常有胡椒香氣。
科西嘉角 - 蜜思嘉（AOC Muscat du Cap Corse）	科西嘉角 - 蜜思嘉生產天然甜葡萄酒（VDN），酒精濃度約 14 至 19 度，多使用已熟成為葡萄乾的小粒種蜜思嘉來釀造。	帶有水果乾、奶油、芒果、荔枝、柑橘類的香氣，也有酒精濃度較低的酒款。

在波特維其歐（Porto Vecchio）北邊的地區餐酒多為釀酒合作社所生產，多以 Plaine Orientale 販售，其餘的地區餐酒則標示為 Vins de l'Île de Beauté。

閱讀普羅旺斯與科西嘉酒標

葡萄酒品牌：Domaine Tempier
法定產區：邦斗爾（AOC Bandol）

葡萄酒品牌：Domaine Saparale
法定產區：撒甸內（AOC Corse Sartène）

你知道嗎？

　　普羅旺斯是法國最大的粉紅酒產區，緊接在後的產區有羅亞爾河（Loire）、波爾多（Bordeaux）與隆河地區（Rhône）。此外，法國也是全世界最大的粉紅酒產國，次為義大利，西班牙與美國並列第三名。

Chapter 13

隆河谷地

Rhône

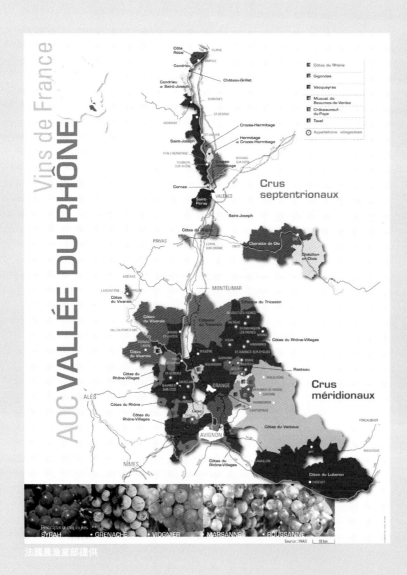

法國農漁業部提供

隆河谷地（Vallée du Rhône）以生產紅酒聞名，有著不同的氣候、地塊、土壤與葡萄品種，無論是複雜多層次的獨立村莊級（Cru）酒款，或果味明亮、可日常飲用的隆河丘（AOC Côtes du Rhône）酒款，應有盡有。本區也有生產香氣迷人的干白葡萄酒與甜白葡萄酒，另外，氣泡酒、粉紅酒與加烈酒也能在此找到。隆河區酒款因其多樣的品種類型，很容易能滿足消費者各種口味與預算的需求。

隆河概述

隆河谷地（Vallée du Rhône）的法定產區綿延200公里，北起由高盧人建立的Vienne市，南至普羅旺斯的心臟地區亞維儂市（Avignon），橫跨6個省份，共計171個村莊。

年產量超過308萬公升

法定產區葡萄園將近7萬公頃，1萬名投入釀酒相關產業，隆河谷地是法國第二大的葡萄酒產區。

2個主要區域

可分為兩個最知名的區域：北隆河區（Rhône Septentrional）以及包含隆河丘（AOC Côtes du Rhône）與隆河丘村莊（AOC Côtes du Rhône-Villages）的南隆河區（Rhône Méridional）。

在南隆河區周遭還可分出兩個不甚出名的地區，分別是生產氣泡酒、非隆河區品種的迪瓦區（Diois），以及南部產區：AOC Grignan-les-Adhémar（前提卡斯丹丘AOC Coteaux du Tricastin改名）、呂貝宏（AOC Luberon，前Côtes du Lubéron改名）、馮度（AOC

Ventoux，前Côtes du Ventoux 改名）、維瓦瑞丘（AOC Côtes du Vivarais）及皮耶維爾丘（AOC Coteaux de Pierrevert，又稱綠石丘）。

2種主要土壤

南北隆河的葡萄園區有著截然不同的土壤類型、氣候環境與酒款風格。北隆河位於Vienne與Valence兩城市間，是狹窄的山谷地形與花崗岩土壤。

南隆河產區則位於Montélimar與亞維儂之間，為丘陵與平原的地形，一般來説，土壤是白堊沖積土，但也有少數例外，如塔維勒（AOC Tavel）區的砂質土、教皇新堡（AOC Châteauneuf-du-Pape）的大型鵝卵石（Galets）。

2種氣候

北隆河區（Rhône Septentrional）的氣候為大陸型氣候，而在南隆河區（Rhône Méridional）則是地中海型氣候。

南北隆河產區主要紅葡萄品種

北部地區最主要的葡萄品種為希哈（Syrah），無論是酒體強大堅韌的傳統風格，或者酒體中等的現代風格，皆有以此品種釀造。白酒使用的品種為維歐尼耶（Viognier）、胡姍（Roussanne）與馬姍（Marsanne）。

南部地區大多生產紅酒，以格那希（Grenache）為主，再調配其他品種如仙梭（Cinsault）、慕維得爾（Mourvèdre）、希哈（Syrah）及卡利濃（Carignan），這裡也少量生產以白格那希（Grenache Blanc）、克雷耶特（Clairette）與布布蘭克（Bourboulenc）所釀造而成的白酒。

北部酒款

北隆河知名的紅酒產區包括：羅第丘（AOC Côte Rôtie）、聖喬瑟夫（AOC Saint-Joseph）、艾米達吉（AOC Hermitage）、克羅茲-艾米達吉（AOC Crozes-Hermitage）與高納斯（AOC Cornas）。

北隆河的白酒產區為：恭得里奧（AOC Condrieu）、格里業堡（AOC Château Grillet）、聖喬瑟夫（AOC Saint-Joseph）、艾米達吉（AOC Hermitage）、克羅茲-艾米達吉（AOC Crozes-Hermitage）與聖佩雷（AOC Saint-Péray）。

南部多樣的紅酒

南隆河生產多種不同類型與等級的紅葡萄酒，從基本的隆河丘（AOC Côtes du Rhône）紅酒，到優質的隆河丘村莊（AOC Côtes du Rhône-Villages）紅酒，其中品質最佳的17個村莊，可將名稱加在酒標上。其餘還有吉恭達斯（AOC Gigondas）、瓦給雅斯（AOC Vacqueyras）、里哈克（AOC Lirac）、教皇新堡（AOC Châteauneuf-du-Pape），新加入的AOC Beaumes-de-Venise、AOC Vinsobres和AOC Rasteau，以及隆河丘外圍的法定產區如AOC Grignan-les-Adhémar、馮度（AOC Ventoux）、呂貝宏丘（AOC Luberon）與皮耶維爾丘（AOC Coteaux de Pierrevert，又稱綠石丘）。

其他風格

隆河區也有生產粉紅葡萄酒（rosé），塔維勒（Tavel）產區頗具名氣。此外本區也可找到紅與白哈斯多（Rasteau）加烈酒，迪-克雷賀特（AOC Clairette de Die）與迪城氣泡酒（AOC Crémant de Die）兩種氣泡酒。威尼斯-彭姆（AOC Muscat de Beaumes-de-Venise）生產的天然甜葡萄酒（Vin Doux Naturel）也是一大亮點。

16個獨立村莊級法定產區（Cru）

隆河區最優質的紅白酒產自這些獨立村莊級的法定產區，稱之為Cru。除了前面提到北隆河的那些AOC之外，南隆河的Cru有吉恭達斯（AOC Gigondas）、瓦給雅斯（AOC Vacqueyras）、里哈克（AOC Lirac）、凡索伯（AOC Vinsobres）與教皇新堡（AOC Châteauneuf-du-Pape），以及新進的AOC Rasteau與AOC Beaumes-de-Venise，生產粉紅酒的塔維勒（AOC Tavel）也是一個Cru。

比Cru再低一個等級的酒款為隆河丘村莊（AOC Côtes du Rhône-Villages）酒款，接著則是最基本的隆河丘（AOC Côtes du Rhône）葡萄酒。

多樣的隆河酒款

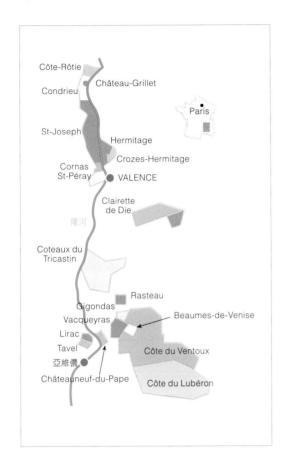

歷史簡述

腓尼基人（Phoenicians）、希臘人（Greeks）與羅馬人（Romans）皆從隆河與普羅旺斯（Provence）進入法國，並在葡萄酒的引進與推廣上扮演著不同的角色。希臘人設立了貿易中心並讓當地人了解品飲葡萄酒的樂趣；羅馬人則傳授種植葡萄的方法。在中世紀黑暗時代期間，葡萄酒由教會生產、掌控與銷售。

克萊門五世（Clément V）被選為教皇後，他將教皇寶座從羅馬搬到法國的亞維儂（Avignon）鎮，在此建造了一個夏日行宮：新堡，也是大家所熟知的教皇新堡（Châteauneuf-du-Pape），同時也在此地種植葡萄，讓此地成為一個知名的葡萄酒產區。

拿破崙（Napoléon Bonaparte）時期，隆河沿岸的各個城鎮發展蓬勃，因而帶動了葡萄酒產業的發展。隆河葡萄酒因其優越的品質與優惠的價格而獲得好評，部分產區如艾米達吉（Hermitage）還生產具有藥用功效的葡萄酒。然而隆河區質高價廉的酒款，反而造成它在當時不具知名度。以隆河葡萄酒的結構、色澤與強度品質而言，其價格是相對便宜的。在較平庸的年份，許多波爾多地區的釀酒師，會混釀隆河區的酒款以加強波爾多葡萄酒的架構。某些布根地的酒商也因同樣的原因會採用產自教皇新堡（Châteauneuf-du-Pape）的格那希（Grenache）。

隨著全法國貿易航線的開通，隆河區的酒款才開始被人熟知，並在酒桶上標示隆河丘（Côtes du Rhône）與年份。有別於巴黎及英國市場專注在布根地及波爾多產區，隆河區的葡萄酒在17世紀葡萄酒稅被廢除後，才開始發展。新興的貿易路線，如密迪運河（Canal du Midi）的開通也有助於隆河葡萄酒的運輸，甚至開始出口到英國。

與法國的其他產區一樣，隆河產區在19世紀也慘遭葡萄根瘤蚜病的侵襲。兩次世界大戰也影響了隆河葡萄酒的銷售。但到了20世紀50年代，一瓶高品質的隆河葡萄酒已過於昂貴了。

但是值得慶幸的是，1970年後，隆河谷地（Vallée du Rhône）開始採用現代化的葡萄酒種植與釀酒方法，不論是一般等級或高級隆河葡萄酒，都開始擴充它的生產，進行大規模的出口貿易。

今天，葡萄酒愛好者們可以欣賞隆河葡萄酒的真正價值。

多種葡萄品種

隆河地區可使用的葡萄品種多達21種。

常見的白葡萄品種有馬姍（Marsanne）、胡姍（Roussanne）與維歐尼耶（Viognier）。紅葡萄品種則有希哈（Syrah）、格那希（Grenache）、卡利濃（Carignan）、仙梭（Cinsault）、古諾日（Counoise）與慕維得爾（Mourvèdre）。

2個不同的產區

北隆河葡萄酒的風格與南隆河截然不同。他們使用不同的葡萄品種、擁有不同的風土條件，甚至釀酒哲學與想法都不同。

產權

北隆河的酒款大多為家族酒莊所釀，南隆河地區則有四分之三的葡萄酒產自於釀酒合作社。

地理環境

北隆河的葡萄生長在陡峭的河岸邊，斜坡可使葡萄獲得最大量的陽光曝曬，尤其在寒冷的冬天，能給予葡萄足夠的陽光照射。斜坡上的梯田也可防止水土流失。

在南邊，葡萄則多生長於平坦的平原地，並使用非藤架支撐，葡萄藤類似灌木叢方式生長的杯型引枝法（Gobelet）種植，其莖與葉較短少以降低活力，因葡萄藤須適應多天寒冷的北風以及炎熱的地中海盛夏。

多樣化的釀酒方式

考慮到北隆河的釀酒規範，新式學院派對於酒款風格有重大的影響。傳統的釀酒方法有一定的釀酒程序。在高溫的情況中進行不去梗葡萄的發酵，葡萄酒必須在大型橡木桶中陳放兩年以上，以生產出酒體厚重、強勁的酒款。瓶中陳年數年後將發展出更豐富的香氣與柔順的口感。

採用新式釀酒方法的酒廠則利用溫度來掌控葡萄發酵狀況，使用小型橡木桶陳年，並添加非橡木桶陳年的酒款來混調。最後獲得中等酒體，比傳統酒款更優雅，且更符合國際釀酒風格的葡萄酒。

南隆河產區則選擇另一種不同的釀酒方式，創造出隆河酒愛好者所欣賞的複雜性。在這裡，葡萄可選擇去梗或不去梗，放置在古老的無頂木造發酵槽中發酵，並在大型橡木桶中陳年。

調配

多數人認為北隆河的葡萄酒為單一品種：希哈（Syrah）所釀造，但事實上傳統的酒款會使用一些白葡萄品種來混釀。

高納斯（AOC Cornas）使用100%的希哈（Syrah）釀造，但傳統上的羅第丘（AOC Côte Rôtie）則可添加最多20%的維歐尼耶（Viognier）白葡萄。艾米達吉（AOC Hermitage）與克羅茲-艾米達吉（AOC Crozes-Hermitage）是由85%的希哈（Syrah）與15%的馬姍（Marsanne）與胡姍（Roussanne）調配，但聖喬瑟夫（AOC Saint-Joseph）最多只允許添加10%的馬姍（Marsanne）。

由於希哈（Syrah）的酒體太過強壯濃郁，必須使用白葡萄來柔化它的酒體。但隨著新式橡木桶與二氧化碳浸泡法（詳見第四章）的廣泛運用，北隆河紅酒中添加白葡萄的做法已不常見。

在南隆河區（Rhône Méridional），教皇新堡（AOC Châteauneuf-du-Pape）因使用13種不同的紅白葡萄品種而聞名於世，主要釀造品種為格那希（Grenache），佐以仙梭（Cinsault）、希哈（Syrah）與慕維得爾（Mourvèdre）等，由於其他9個品種已經越來越少見，通常只使用少量比例，有時甚至不添加。一般來說，格那希（Grenache）主導南隆河的酒款，而希哈（Syrah）、慕維得爾（Mourvèdre）、古諾日（Counoise）與仙梭（Cinsault）則是扮演調配的角色。

酒款命名

一些酒農會將特定的葡萄園名稱標示出來，如Le Méal、La Viaillère或La Turque。而有些則強調同法定產區、不同的風土條件，如Côte Brune與Blonde。

生產者也可為他們的酒款註冊一個特別的名稱，不涉及任何園區但呈現某一種特定的酒款，如La Chapelle。這樣的酒款與Les Jumelles或La Mordorée這些混調羅第丘（AOC Côte Rôtie）產區內不同區塊的葡萄酒不同。

葡萄品種與風格特色

白葡萄品種

本區重要的白葡萄品種包含：白格那希（Grenache Blanc）、白克雷耶特（Clairette Blanc）、馬姍（Marsanne）、胡姍（Roussanne）、布布蘭克（Bourboulenc）與維歐尼耶（Viognier）。

品種名稱	風格特色
白格那希（Grenache Blanc）	高糖分、高酸度與高酒精濃度。 酒款帶有青蘋果與白色花香，在教皇新堡（Châteauneuf-du-Pape）產區中，通常是用來均衡豐厚的胡姍（Roussanne）品種。白格那希（Grenache Blanc）清脆的酸度平衡了許多隆河區低酸度的酒款。
白克雷耶特（Clairette Blanc）	低酸度、酒精濃度高，有著豐富花香，是個良好的調配用品種。 經常與小粒種蜜思嘉（Muscat à Petits Grains）混釀出迪 - 克雷賀特（AOC Clairette de Die）氣泡酒。
馬姍（Marsanne）	良好的調配品種，可提供豐富的酒體，並從土壤中擷取礦物的風味。
胡姍（Roussanne）	有著金紅色澤的表皮。高酸度並帶有強烈的香氣，適合用來調配使用，並賦予酒款陳年的潛力。
布布蘭克（Bourboulenc）	提供新鮮的花香與酸度的調配品種。
維歐尼耶（Viognier）	酸度較低，但帶有奇特異國情調的香氣如杏桃、梨、桃子、紫羅蘭與熱帶水果等。維歐尼耶（Viognier）葡萄主要產自恭得里奧（AOC Condrieu）與 格里業堡（AOC Château Grillet）。若在紅酒中添加一些維歐尼耶（Viognier）品種可讓酒款層次更複雜。

其餘白葡萄品種

小粒種蜜思嘉（Muscat à Petits Grains）常與白克雷耶特（Clairette Blanc）混釀成迪-克雷賀特（AOC Clairette de Die）氣泡酒。小粒種蜜思嘉（Muscat à Petits Grains）也可單獨釀成威尼斯 - 彭姆 - 蜜思嘉（AOC Muscat de Beaumes-de-Venise）酒款。皮卡東（Picardan）的色澤較淡，帶有麝香香氣，現在較少見。皮朴爾（Picpoul）有著高酸度與豐富花香的特徵，可用來釀造教皇新堡（AOC Châteauneuf-du-Pape）葡萄酒。白于尼（Ugni Blanc）與 Trebbiano 相似，有著令人愉快的果香與花香。

紅葡萄品種

常見的紅葡萄品種為：希哈（Syrah）、格那希（Grenache）與慕維得爾（Mourvèdre）。

葡萄品種	風格特色
希哈 （Syrah）	在北隆河地區可單獨釀造，在南隆河區域則常用來混釀，可為酒款帶來特色與陳年潛力。
格那希 （Grenache）	隆河地區種植面積最廣的葡萄品種，又被稱為黑格那希（Grenache Noir），是釀造教皇新堡（AOC Châteauneuf-du-Pape）酒款最重要的品種。使用格那希（Grenache）釀造的酒款有著難以置信的深度與陳年的潛力，帶有堅果、黑莓、香料與些許大地的香氣。
慕維得爾 （Mourvèdre）	又稱為Mataro，為酒款帶來骨架結構以及陳年潛力。酒體堅固並有著良好的酸度與澀度，帶有成熟李子、草莓、紅肉與菌菇的香氣，成熟後會發展出皮革與松露的香氣。

其餘紅葡萄品種

卡利濃（Carignan）用來增加酒款的色澤、單寧與香氣；仙梭（Cinsault）則是單寧口感較低，帶有香料氣味。古諾日（Counoise）是釀造教皇新堡（AOC Châteauneuf-du-Pape）酒款的重要一員，呈深紫色澤，帶有香料、八角或小漿果與青椒、麝香的氣味，中等的酒精濃度與單寧口感，常用來柔和希哈（Syrah）的高酒精濃度與強勁單寧。

蜜思卡丹（Muscardin）的顏色清淡，帶有獨特的花香，但種植面積日漸減少，僅有部分酒廠仍在使用。

黑皮朴爾（Picpoul Noir）生產幾乎無色，但高酒精度的酒款。黑鐵烈（Terret Noir）擁有明亮的酸度，可平衡南隆河低酸度酒款。瓦卡黑斯（Vaccarèse）可釀造教皇新堡（AOC Châteauneuf-du-Pape），提供獨特的花香與單寧結構。

粉紅葡萄酒

隆河區的粉紅酒採用灰格那希（Grenache Gris）與粉紅克雷耶特（Clairette rosé）品種，帶有櫻桃與覆盆子的香氣，中等的酒體結構。

北隆河特級葡萄園法定產區

法定產區	風土條件	釀造方法與其他資訊	酒款風格
羅第丘 （AOC Côte Rôtie） 紅葡萄酒	羅第丘的原意為「被烤的坡地」，因向南的陡峭斜坡，會受到大量陽光曝曬而得名。 部分區域的土壤為花崗岩梯田，上面覆蓋著石灰岩砂土，稱為白丘（Côte Blonde），其餘地區則鋪有氧化鐵土壤，稱為棕丘（Côte Brune）。 本區有69個Lieux-dits，從白丘（Côte Blonde）的La Chatillonne、棕丘（Côte Brune）的La Landonne到Verenay附近的小村莊。	傳統上混和了 80% 的希哈（Syrah）與 20% 的維歐尼耶（Viognier）。但維歐尼耶的使用量已日漸減少，僅約 5%。葡萄園位於隆河流域右岸，約 202 公頃。周遭有石牆環繞。 棕丘酒款比白丘酒款有著較明顯的酒體架構及堅硬的單寧口感。 知名的園區包含：La Turque、La Mouline、La Chatillonne、La Côte Boudin、Le Chevaliere與Fontgent。	深紅的酒色，帶有覆盆子、香料、紫羅蘭與淡淡的碘味。此外還有松露、水果乾、皮革、摩卡可可與肉桂的風味。陳年後單寧口感更趨圓潤。 適飲溫度為 16 至 18 度，可陳放 5 至 15 年。
恭得里奧 （AOC Condrieu） 白葡萄酒	位於河邊陡峭的山坡地，土壤為砂質黏土與黏土岩塊。 釀造出芬芳早飲的酒款風格。 若園區內有風化的花崗岩與雲母片則會產生有力而經典的恭得里奧（Condrieu）葡萄酒。 大陸型氣候，夏季乾熱。	只使用維歐尼耶（Viognier）釀造，可在橡木桶或不鏽鋼桶中陳年。 種植面積約為 206 公頃。 大多為干白酒但也有釀造少量半干（Demi Sec）與超甜型（Liquoreux）白酒。	淡金色澤，帶有杏桃、蜜桃、熱帶水果與花朵如紫羅蘭、鳶尾花的香氣，有時也會有一些礦物、蜂蜜與洋槐的氣味。柔順細膩的口感。 適飲溫度為 12 至 14 度，可陳放 1 至 5 年。
格里業堡 （AOC Château Grillet） 白葡萄酒	土壤為花崗岩砂石，位於陡峭梯田上，座北朝南，類似天然的圓形劇場，阻擋風的侵襲。夏季炎熱，冬季溫和。	僅使用維歐尼耶（Viognier）。 土壤面積 35 公頃，是十分罕見的酒款。	明亮的金黃色澤，有著新鮮水果如杏桃、水蜜桃與荔枝等氣味。此外也有果醬、洋甘菊與紫羅蘭的香味。高酒精度及低酸度，圓潤油滑的口感。 適飲溫度為 12 至 14 度，可陳放 10 年以上。

法定產區	風土條件	釀造方法與其他資訊	酒款風格
艾米達吉 （AOC Hermitage） 紅與白葡萄酒	花崗岩礫石，夾有一些石灰石。座北朝南，不但阻擋了北風，也獲得大量的日照。 分割為許多的小地塊，如 Les Beaumes 的黏土、砂石地質、Les Dernières 的砂地、L'Ermite 的石灰質黏土、Peleat 的黏土、Les Rocoules、Les Bessards 的花崗岩與 Le Méal 的黏土、白堊土與小石塊。	佔地 140 公頃，紅白酒皆有生產。紅酒主要使用希哈（Syrah）釀造，可添加 15% 的馬姍（Marsanne）與胡姍（Roussanne）。 白酒則是使用馬姍與胡姍調配而成。	紅葡萄酒帶有深紫色澤，香氣以紅色水果、野花、紫羅蘭、黑醋栗與草莓為主，成熟的酒款則會擁有李子、香料與醃製水果的風味。艾米達吉（Hermitage）紅酒有著細緻優雅的單寧，隨著時間陳年更加柔和。適飲溫度為 16 至 18 度，可陳放 5 至 10 年。 白酒帶有花卉香氣，成熟後則擁有些許蜂蜜與蜂蠟的氣味。酒體飽滿帶有微微的酸度，適飲溫度為 12 至 14 度。
克羅茲-艾米達吉 （AOC Crozes-Hermitage） 紅與白葡萄酒	花崗岩與礫石土壤，還有一些黃土與圓石。坡度較艾米達吉（Hermitage）平緩。 坡面向南，山谷受到強烈的密斯特風（Mistral）吹襲，這是是法國南部與北部間大氣差異所造成的強風。密斯特風十分乾冷，但卻可以讓葡萄風味集中，並將葡萄降溫。	北隆河最大的法定產區，環繞在艾米達吉（Hermitage）周遭，佔地 1,200 公頃。	紅酒風格與艾米達吉（Hermitage）相似，但色澤與酒體更加輕盈。 帶有煙燻、香料、紅色水果與花香，可陳放 2 至 5 年。 白酒建議年輕時享用，可聞到百香果、杏仁與白花的香味。
聖喬瑟夫 （AOC Saint-Joseph） 白與紅葡萄酒	土壤混有砂石與花崗岩，是年輕時就可享用的輕鬆希哈（Syrah）酒款。	佔地 946 公頃，與艾米達吉（AOC Hermitage）隔河對望，紅酒的主要品種為希哈（Syrah），最高可混釀 10% 的馬姍（Marsanne）與胡姍（Roussanne）。 白酒使用馬姍與胡姍釀造。	紅酒有著紅色水果與黑醋栗的香氣，並逐漸發展成香料與胡椒的香氣，優雅細緻的單寧，可陳放 4 至 5 年。 白酒花香濃郁且圓潤活潑。
高納斯 （AOC Cornas） 紅葡萄酒	花崗岩梯田與泥土，朝南與東南面可受到大量日照。	採用 100% 希哈（Syrah）釀造，佔地 90 公頃。	濃郁的深紅色澤，單寧結構強勁，帶有森林水果、黑醋栗、香料、巧克力與咖啡的香氣。
聖佩雷 （Saint-Péray） 白葡萄酒與氣泡葡萄酒	花崗岩、壤土、石灰質頁岩陡坡與深谷地形，氣候涼爽。	55 公頃的葡萄園，使用馬姍（Marsanne）與胡姍（Roussanne）釀造白酒與氣泡酒。	淡綠色澤，酸度清爽明亮，帶有些許花香、柑橘類水果、山楂與礦石香氣。 可陳放 10 年。 氣泡酒的適飲溫度為 8 度。

南隆河產區

法定產區	風土條件	釀造方法與其他資訊	酒款風格
威尼斯-彭姆 （AOC Beaumes-de-Venise） 紅葡萄酒	位於 Dentelles de Montmirail 的東南側，海拔高地為 100 至 600 公尺間，土壤為三疊紀留下的泥灰土、白堊土。	佔地 600 公頃，釀造比例為最少 50% 的格那希（Grenache）、25% 的希哈（Syrah）、20% 慕維得爾（Mourvèdre）與其他品種。	紅酒酒體均衡，帶有水果與杏仁香氣。 註：威尼斯-彭姆-蜜思嘉（Muscat de Beaumes-de-Venise）是生產天然甜葡萄酒的產區，請見本章節稍後的加烈酒敘述，本處只說明 AOC Beaumes-de-Venise。
教皇新堡 （AOC Châteauneuf-du-Pape） 紅與白葡萄酒	大而圓的鵝卵石混合砂質紅黏土，氣候乾燥，陽光豐沛，稱為 Galets 的大鵝卵石在白天吸收熱能，並在晚上釋放出來。	佔地 3,200 公頃，以格那希（Grenache）為主要的調配品種，最多可高達 13 個品種，但大多只調和 3 至 4 個品種。	葡萄酒的風格多樣，但最佳酒款有著豐富、細緻的質地、高酒精度並有良好的陳年潛力。 紅酒的香氣範圍從松露、成熟水果到菌菇與香料。紅酒可有 5 至 20 年的陳年潛力。 白酒帶有杏桃、梨與熱帶水果的香氣。年輕的白酒最佳的適飲溫度為 8 度，成熟的白酒則為 12 度。
吉恭達斯 （AOC Gigondas） 紅與粉紅葡萄酒	位於廣大的梯田區，氣候乾燥炎熱，土壤是石灰石土壤上覆蓋著黏土，靠近石灰岩山坡地之處稱為「Dentelles de Montmirail」。	葡萄園面積 1,300 公頃，混和 80% 的格那希（Grenache）與 15% 的希哈（Syrah），禁止使用慕維得爾（Mourvèdre）與卡利濃（Carignan）品種。	明亮富果味的酒款，帶有黑醋栗、櫻桃酒、紅色水果、咖啡、麝香的氣味。尤其高溫的氣候，酒精濃度較高，可陳放 8 至 10 年。

法定產區	風土條件	釀造方法與其他資訊	酒款風格
瓦給雅斯 （AOC Vacquey-ras） 紅、粉紅與白葡萄酒	沖積土，氣候乾燥炎熱。	佔地1300公頃，紅酒最少需使用50%的格那希（Grenache）、20%的希哈（Syrah）與慕維得爾（Mourvèdre）釀造，其餘品種最高可到10%，但不可使用卡利濃（Carignan）。 粉紅酒的葡萄品種為：格那希（Grenache）、慕維得爾（Mourvèdre）與仙梭（Cinsault）。 白酒則由克雷耶特（Clairette）、白格那希（Grenache Blanc）、布布蘭克（Bourboulenc）（Bourboulenc）、胡姍（Roussanne）、馬姍（Marsanne）與維歐尼耶（Viognier）釀造。	黑醋栗、櫻桃、燉煮水果與無花果的香味，還有一些香料、燻烤與皮革的香氣，豐富且細緻的單寧。 可陳放1至5年。粉紅酒帶有葡萄柚的香味，白酒清新迷人。
里哈克 （AOC Lirac） 紅、粉紅與白葡萄酒	圓石、黃土與砂地組合而成的梯田地。 氣候溫暖，降雨量低。	700公頃葡萄園，紅酒與粉紅酒皆以格那希（Grenache）、仙梭（Cinsault）、希哈（Syrah）與慕維得爾（Mourvèdre）混釀。 白葡萄品種則為克雷耶特（Clairette）、布布蘭克（Bourboulenc）與白格那希（Grenache Blanc）。	紅酒單寧柔和，果香豐富，成熟後則發展出堅果的香氣。 粉紅酒擁有花香、紅漿果香及些許杏仁香味。白酒的花香濃郁。 所有的酒款都可在年輕時享用，或成熟2至8年。
塔維勒 （AOC Tavel） 粉紅葡萄酒	受貝加爾省（Gard）的森林所環繞，氣候溫暖，降雨量低。 土壤多變，有砂石或砂地；砂礫或者白堊礫石；帶有砂礫的黏土。	950公頃，酒款為格那希（Grenache）為主，混釀最高15%的仙梭（Cinsault）、克雷耶特（Clairette）以及最高10%的皮朴爾（Picpoul）、蓋利多（Calitor）、布布蘭克（Bourboulenc）、慕維得爾（Mourvèdre）、希哈（Syrah）與卡利濃（Carignan）。	明亮的粉紅色，成熟後轉為古銅色。 有著複雜的香氣，可聞到紅色水果、核果與杏仁香味。 陳年後有著香料的氣味。口感圓潤順口，有著綿長的尾韻。
凡索伯 （AOC Vinsobres） 紅與白葡萄酒	位於山坡上，為多石多砂的土壤，梯田則多為岩石沖積土。	750公頃，混釀格那希（Grenache）、希哈（Syrah）以及／或慕維得爾（Mourvèdre）。	果味豐富結構明顯的紅酒，以及花香奔放的白酒。

南隆河產地受到地中海型影響較大，有著溫和的冬天及炎熱的夏天。本區其他的葡萄酒產區包含：AOC Grignan-les-Adhémar、馮度（AOC Ventoux）及維瓦瑞（AOC Vivarais）。

加標村莊名或非具名的隆河丘村莊葡萄酒

　　隆河丘村莊（AOC Côtes du Rhône-Villages）這些可加上標示的村莊被認為是下一個可升等為Cru等級的產區。無論是否有特別標示出村莊名，和廣域的隆河丘（AOC Côtes du Rhône）葡萄酒相比，它們的酒體更穩重且複雜。

　　隆河丘村莊可分成兩種：不具村莊名的隆河丘村莊（Côtes du Rhône-Villages）約佔4,550公頃，以及可具村莊名的隆河丘村莊（Côtes du Rhône-Villages Communal）約佔5,000公頃。後者可在酒標上加上所屬的村莊名稱。

　　隆河丘村莊可生產紅酒、白酒與粉紅酒，並依照酒款品質可升等為具村莊名的隆河丘村莊（Côtes du Rhône-Villages Communal） 酒款。舉例來說，產自榭居黑（Séguret）與沙布列（Sablet）村莊的酒款，可與其他村莊的酒款混釀成AOC Côtes du Rhône-Villages葡萄酒。但當他們分開裝瓶時，則分別為AOC Côtes du Rhône-Villages Séguret與AOC Côtes du Rhône-Villages Sablet。

　　共有18個村莊隸屬於可具村莊名的隆河丘村莊產區，請參閱下方圖表。

　　虛斯克隆（Chusclan）只能生產紅酒與粉紅酒，其餘產區則可生產紅酒、白酒與粉紅酒。

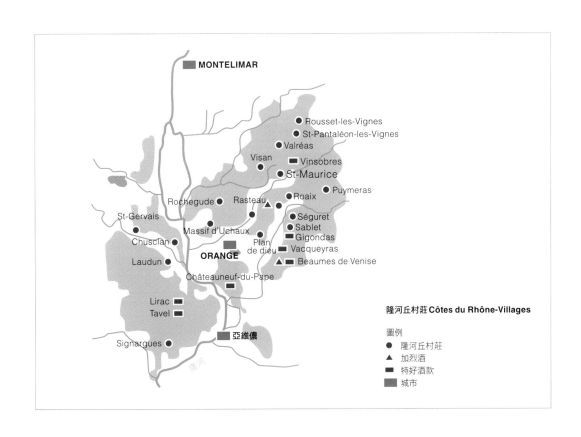

MONTELIMAR

Rousset-les-Vignes
St-Pantaléon-les-Vignes
Valréas
Visan　　Vinsobres
St-Maurice
Puymeras
Rochegude　Rasteau　Roaix
St-Gervais
Séguret
Massif d'Uchaux　　Sablet
Chusclan　　Gigondas
Plan de dieu　Vacqueyras
ORANGE
Laudun　　Beaumes de Venise
Châteauneuf-du-Pape
Lirac
Tavel
Signargues
亞維儂

隆河

隆河丘村莊 **Côtes du Rhône-Villages**

圖例
● 隆河丘村莊
▲ 加烈酒
■ 特好酒款
■ 城市

具村莊名的隆河丘村莊（Côtes du Rhône-Villages Communal）	
Cairanne	強勁有力的紅酒，帶有微微的皮革氣味。清爽的粉紅酒。
Chusclan	果味豐富的紅酒。
Laudun	白酒花香明顯，紅酒柔和順口。
Massif d'Uchaux	中等酒體的紅酒。
Plan de Dieu	中等酒體的紅酒。
Puymeras	酒體濃重的紅酒。
Roaix	果味柔和的紅酒；清爽的粉紅酒。
Rochegude	豐富果味的清爽紅酒。
Rousset-les-Vignes	帶有紅色水果香氣的紅酒。
Sablet	帶有豐富水果香氣的紅酒；強勁有力的粉紅酒。
St. Gervais	紅色水果與香料氣味，單寧明顯的紅酒；具花香的白酒。
St. Maurice-sur-Eygues	具單寧的優雅紅酒，具陳年潛力，清新的粉紅酒。
St. Pantaleon-les-Vignes	具單寧適合陳年的紅酒。
Seguret	帶有堅果氣味的紅酒，清新、香氣多變的粉紅酒。
Sinargues	中等酒體的紅酒。
Valreas	帶有八角香氣、單寧明顯的紅酒，細緻優雅且平衡的白酒與粉紅酒。
Visan	帶有礦物、皮革香氣，口感豐富的紅酒。

常見的隆河丘村莊（Côtes du Rhône-Villages）葡萄酒描述：

紅酒　　　酒體飽滿，充滿水果與香料氣味。
白酒　　　帶有花香，酒體圓潤平衡。
粉紅酒　　有著糖果、紅色水果及豐富花香。

常見的隆河丘村莊葡萄酒描述

隆河丘（AOC Côtes du Rhône）葡萄酒屬於隆河法定產區最基礎的一層。這個產區包含了南、北隆河谷地的葡萄園。一般來說，不符合較高品質規範的酒款都被歸類到此類。

在這裡可以發現一些價格合理、經濟實惠的葡萄酒。

土壤類型主要分成五種：黏土鵝卵石、多石型石灰岩塊、層理明顯石塊、黃土與砂地。創造出風格多變的葡萄酒。

本區的葡萄園佔地45,000公頃，超過6,000名酒農將葡萄釀成紅酒、白酒、粉紅酒與淡紅酒。最知名的淡紅酒被稱為「新酒（nouveau）」，是當年度最早販售的酒款，通常在11月上市，適飲溫度為13度。

隆河丘（AOC Côtes du Rhône）的紅酒有著柔順圓潤的口感，並帶有紅色水果及胡椒的香氣，建議在三年內享受。

隆河丘白酒有著清爽新鮮的口感。

隆河丘的粉紅酒則果香豐裕。

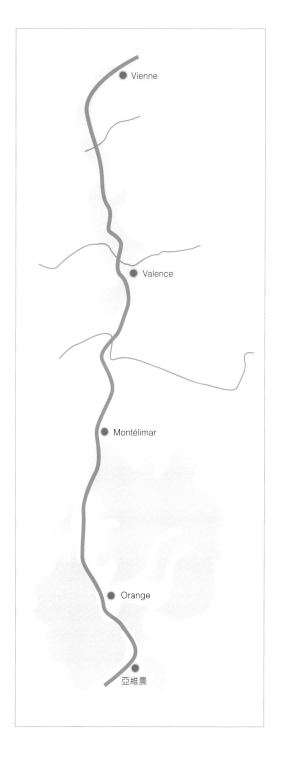

加烈酒——天然甜葡萄酒 (Vin Doux Naturel，簡稱VDN)

威尼斯-彭姆-蜜思嘉（Muscat de Beaumes-de-Venise）

威尼斯-彭姆（Beaumes-de-Venise）的葡萄園位於吉恭達斯（AOC Gigondas）與瓦給雅斯（AOC Vacqueyras）間，在Dentelles de Montmirail的山腳下，是一片美麗的石灰岩山脊的斜坡。

威尼斯-彭姆-蜜思嘉（Muscat de Beaumes-de-Venise）有460公頃的葡萄園，土壤為砂質壤土與石灰石黏土，種植小粒種蜜思嘉（Muscat à Petits Grains）。葡萄的含糖量高，經過加烈釀造後酒精濃度約為15度。呈現金黃的色澤，芬芳的香氣可聞到柑橘與荔枝的果味，有著糖漿般的口感，尾韻綿長，適合年輕時享用，適飲溫度為9度。

哈斯多（AOC Rasteau）

隆河地區的另一個加烈酒產區為哈斯多（AOC Rasteau），可同時生產紅與白兩種顏色型態，葡萄園面積僅33公頃，大多使用格那希（Grenache），有時也使用少量的其他葡萄品種，酒款風格複雜，可熟成10年以上的時間。

紅VDN擁有一定的單寧口感，可聞到櫻桃與紅色水果的香氣。白VDN則呈現果醬、焦糖、香草與葡萄乾的香氣。此外也有釀造類似雪莉酒風格的陳年哈斯多（Rasteau Rancio），與一般哈斯多相比，單寧口感更細緻，香氣更豐富多變，有可可、胡椒、甘草等香氣，並有著鮮明的堅果風味。

註：威尼斯-彭姆-蜜思嘉（AOC Beaumes-de-Venise）與哈斯多（AOC Rasteau）的非加烈一般紅葡萄酒都從Côtes du Rhône-Villages可具名的村莊晉身為獨立村莊級AOC（Cru）。

其餘酒款

迪-克雷賀特（AOC Clairette de Die）

主要生產氣泡酒，但也有生產少量的靜態酒。最大的釀酒合作社生產以胡姍（Roussanne）為主的Cuvée Prestige以及蜜思嘉（Muscat）為主的Cuvée Cybele。

夏替雍-迪瓦（Châtillon-en-Diois）

生產紅酒、粉紅酒，及使用夏多內（Chardonnay）與阿里哥蝶（Aligoté）所釀成的白酒。

維瓦瑞丘（AOC Vivarais）

鮮為人知的葡萄酒產區。

閱讀隆河各地酒標

教皇新堡（AOC Châteauneuf-du-Pape）

生產者：Château de Beaucastel

隆河丘村莊（AOC Côtes du Rhône-Villages）

生產者：André BRUNEL

隆河丘（AOC Côtes du Rhône）

生產者：M. CHAPOUTIER

你知道嗎？

　　隆河丘（AOC Côtes du Rhône）的葡萄酒主要產自南隆河地區，但也有少部分來自北隆河地區。因此在北隆河酒商的隆河丘（AOC Côtes du Rhône）酒款中也可發現希哈（Syrah）的特色。

　　格那希（Grenache）這個字可同時代表紅葡萄與白葡萄品種。黑格那希（Grenache Noir）是較廣為種植的品種，但你在隆河地區也可找到白格那希（Grenache Blanc）。

　　皮朴爾（Picpoul）的名稱狀況與格那希（Grenache）一樣。黑皮朴爾（Picpoul Noir）主要用來釀造教皇新堡（AOC Châteauneuf-du-Pape）的酒款，而白皮朴爾（Picpoul Blanc）則多使用於隆格多克（Languedoc）區，釀造 Picpoul de Pinet 酒款。

　　釀造教皇新堡（AOC Châteauneuf-du-Pape）的13個葡萄品種為：希哈（Syrah）、慕維得爾（Mourvèdre）、黑鐵烈（Terret Noir）、古諾日（Counoise）、蜜思卡丹（Muscardin）、瓦卡黑斯（Vaccarèse）、仙梭（Cinsault）、格那希（Grenache）、皮朴爾（Picpoul）、皮卡東（Picardan）、克雷賀特（Clairette）、胡姍（Roussanne）、布布蘭克（Bourboulenc），但只有少數酒廠使用全部的品種來釀酒。

Chapter 14

西南產區
Sud-Ouest

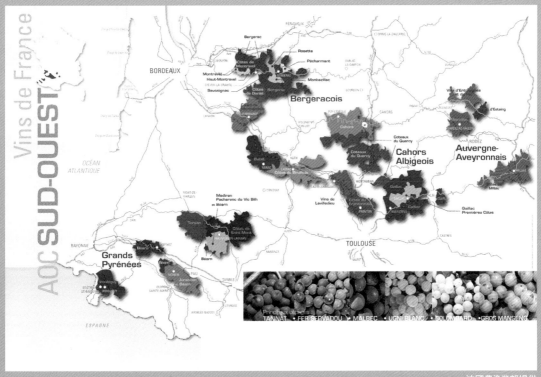

法國農漁業部提供

座落於法國西南部，是一個常被人們忽略的產區。本產區以生產松露、牛肝菌、鵝肝聞名。對於葡萄酒愛好者來說，西南產區則是一個生產清爽的貝傑哈克（AOC Bergerac）粉紅酒、擁有陳年潛力的馬第宏（AOC Madiran）紅酒、強勁的卡歐（AOC Cahors）、香氣奔放的居宏頌（AOC Jurançon）干白酒、甜美的蒙巴季亞克（AOC Monbazillac）甜酒等，從豐厚濃郁到花香輕盈的酒款，應有盡有。

西南產區概述

4個產區

西南產區的地理位置自西班牙邊境起延伸到法國內陸，橫跨加隆河（Garonne）、多爾多涅河（Dordogne）及庇里牛斯山（Pyrénées），由許多大小的產區拼湊而成。大致可分為四個產區：貝傑哈克區（Bergerac）、高地區（Haut-Pays）、庇里牛斯山區（Pyrénées）以及位於波爾多邊境的卡斯康區（Gascogne）。

8款知名酒

- 貝傑哈克（**AOC Bergerac**）：紅酒以梅洛（Merlot）為主，其餘還有白酒與粉紅酒。
- 布杰（**AOC Buzet**）：豐腴細膩的紅酒。
- 卡歐（**AOC Cahors**）：色澤濃郁，口感強勁的馬爾貝克（Malbec）品種紅酒。
- 風東內丘（**AOC Côtes du Frontonnais**）：以卡本內-蘇維濃（Cabernet Sauvignon）與希哈（Syrah）釀造成的紅酒與粉紅酒。
- 加雅克（**AOC Gaillac**）：新鮮芬芳的白酒與輕鬆易飲的粉紅酒。
- 居宏頌（**AOC Jurançon**）：帶有蜂蜜香氣的干白酒，以及帶有熱帶水果香味的甜白酒。
- 馬第宏（**AOC Madiran**）：平易近人的年輕紅酒，深具陳年潛力。
- 蒙巴季亞克（**AOC Monbazillac**）：豐富濃郁，如糖漿般的甜白酒。

多樣化的葡萄品種

西南產區的酒農十分熱愛當地的葡萄品種，除了種植法國常見品種外，也有許多罕見的西南產區品種。西南產區常見的品種有：馬爾貝克（Malbec）或稱鉤特（Côt）、蒙仙（Manseng）、卡本內-蘇維濃（Cabernet Sauvignon）、梅洛（Merlot）、白蘇維濃（Sauvignon Blanc）、蜜思卡岱勒（Muscadelle）、榭密雍（Sémillon）、白于尼（Ugni Blanc）等。

歷史簡述

19世紀前，鐵路運輸尚未開始發展，西南產區葡萄酒只能透過鄰近的波爾多港，將產品銷售到各地，但波爾多卻採取嚴格的保護主義，並且試圖阻止西南產區葡萄酒（又被稱為高地酒）的貿易。因此西南產區葡萄酒往往得等到波爾多酒銷售完畢後，才能開始販賣。

1880年代，葡萄根瘤蚜蟲（Phylloxera）同樣也重創了西南產區。鄰近的波爾多已浴火重生，然而本地的葡萄園卻沒有完全復原，導致許多葡萄酒農須離開家園，前往城市找尋新的工作，或者移民海外。

1950至1960年代，法國的消費者不願意花高價購買頂級的波爾多酒款，開始找尋其他的替代品，西南產區的葡萄酒因而被發掘。

因其突出的風土條件及獨特的葡萄品種，西南產區的酒款再次受到葡萄酒愛好者的矚目，進而登上葡萄酒舞台。

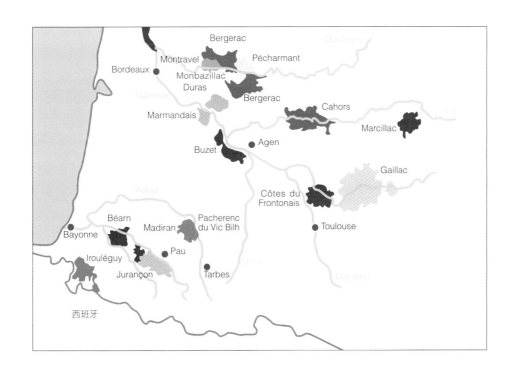

西南產區的多樣性

產區中的產區

　　西南產區的葡萄園從西班牙邊境開始延展，穿過加隆河（Garonne）進入到法國內陸。這裡比較像是各個小型葡萄種植區塊的集合區，並沒有一個擁有完整界線的區域。事實上，分散在此產區內的酒商及酒農們，為能更有效的推廣酒款，反應市場策略而同意組合成一個大產區。

另一個波爾多

　　由於產地十分接近，西南產區的葡萄酒與波爾多酒款經常被人混淆誤認，事實上，多爾多涅河（Dordogne）旁的葡萄園區便是連接著波爾多。

　　許多西南產區的葡萄酒使用與波爾多相同的葡萄品種，如：卡本內-蘇維濃（Cabernet Sauvignon）、梅洛（Merlot）、榭密雍（Sémillon）與白蘇維濃（Sauvignon Blanc）。卡歐（AOC Cahors）等高地酒的品質甚至曾優於波爾多葡萄酒。卡歐（AOC Cahors）紅酒在中世紀與文藝復興時期（The Renaissance）十分出名，羅馬皇帝也曾讚賞它，本區葡萄酒也曾在金雀花（The House of Plantagenet）時期經由波爾多運送到倫敦，並被稱為「黑酒（Black Wines）」。

　　卡歐（AOC Cahors）使用不同於波爾多的品種，如馬爾貝克（Malbec）、梅洛（Merlot）以及塔那（Tannat），有時波爾多也會調配部分卡歐（AOC Cahors），以給予葡萄酒更多的酒體與個性。

　　由於風土條件的不同，依蘆雷姬（AOC Irouléguy）使用塔那（Tannat）、卡本內-弗朗（Cabernet Franc）、卡本內-蘇維濃（Cabernet Sauvignon）釀造。

　　蒙巴季亞克（AOC Monbazillac）所生產的甜酒則使用榭密雍（Sémillon）、白蘇維濃（Sauvignon Blanc）與蜜思卡岱勒（Muscadelle）葡萄釀造，比知名的波爾多索甸（AOC Sauternes）甜酒更平易近人。而居宏頌（AOC Jurançon）區的甜酒，則是以蒙仙（Manseng）葡萄釀造。

　　由此可知，西南產區的紅酒、粉紅酒、白酒與甜白酒都有著不同的風格。也許，他們唯一的共同點就是都享有大西洋的氣候環境。

釀酒風格

　　西南產區的釀酒師十分保守，像是仍在桶中發酵，有時卻又不畏懼新技術，比方在釀造紅酒時使用微氧技術（micro oxygenation），將葡萄放置在有著穩定細膩的氧氣氣泡的槽中浸泡。對於此技術有各種爭論：有人認為可以柔化單寧，但其他人則相信有助於提升年輕紅酒在槽中成熟其酒體結構。無論是哪種說法，它都會加速酒體陳年，而這種方式在西南產區被廣泛使用，讓馬第宏（AOC Madiran）這類年輕時難以飲用的酒款，可盡快增加成熟口感。事實上，微氧化並不會讓酒體過早成熟，相反的，它有效的改善了單寧口感與穩定色澤。而這項技術是在馬第宏（AOC Madiran）開始發展的。

葡萄品種

白葡萄品種	酒款風格
小蒙仙 （Petit Manseng）	本地釀造甜酒的葡萄品種，給予酒款熱帶水果如鳳梨、葡萄柚等香氣，還有蜂蜜、辛香料與薄荷香氣。酒精濃度可達 18 至 19 度，酸度約為 6 克，酒體豐滿甜蜜。
大蒙仙 （Gros Manseng）	強勁有力、氣息芬芳的酒款，有著鳳梨、葡萄柚、花朵與香料的味道，大多釀成維克 - 畢勒 - 巴歇漢克干白酒（AOC Pacherenc du Vic-Bilh Sec）
莫札克 （Mauzac）	加雅克（Gaillac）的傳統品種，可釀造成干白酒、甜酒與氣泡酒等種類。帶有蘋果與梨的香氣，有著良好的酸度平衡。
連得勒依 （Len de L'el）	因有著長梗而獲得此名，充滿花香的品種，當與莫札克（Mauzac）品種混釀時，會顯得新鮮柔順。
榭密雍 （Sémillon）	與波爾多品種特色相似。
白蘇維濃 （Sauvignon Blanc）	與波爾多及羅亞爾河（Loire）品種特色相似。
古爾布 （Courbu）	用來釀造干白酒與甜酒，花香豐沛，口感圓潤油滑，尾韻悠長。
蜜思卡岱勒 （Muscadelle）	有著成熟葡萄、熱帶水果的香氣，通常與白蘇維濃（Sauvignon Blanc）及榭密雍（Sémillon）混釀。

其他的白葡萄品種還有：白于尼（Ugni Blanc）、白梢楠（Chenin Blanc）、翁東克（Ondenc）、Raffiat de Moncade、Aruffiac、Camaralet、白古爾布（Courbu Blanc）、Lauzet 及巴洛克（Baroque）。

紅葡萄品種	酒款風格
塔那（Tannat）	酒精濃度高，良好的酸度與單寧，可長時間陳放，主要釀造馬第宏（AOC Madiran）紅酒，年輕時有黑醋栗與紅色水果的香氣，陳年後則出現香料、可可與香草的氣味。
費爾-塞瓦都（Fer -Servadou）或皮濃克（Pinenc）或 Brauod	馬第宏（AOC Madiran）區最古老的傳統品種，有著草莓與辣椒的香氣。多用來調和酒體結構，使其圓潤柔滑，單寧油滑細緻，成熟後會有桔皮、薄荷與黑醋栗的香氣。
都哈斯（Duras）	帶有胡椒與香料氣味的古老品種，可釀造出美味可口的加雅克（AOC Gaillac）粉紅酒。
聶格列特（Négrette）	隸屬於鉤特（Côt）／馬爾貝克（Malbec）家族，有著紫羅蘭與紅色水果香氣，給予風東內（Frontonnaise）酒款特色與魅力。
鉤特（Côt）或馬爾貝克（Malbec）或在卡歐（Cahors）稱為 Auxemas	有著深黑色澤，加入梅洛（Merlot）或塔那（Tannat）可柔化口感。給予卡歐（Cahors）酒款純樸的特色，帶有黑醋栗、櫻桃與李子的香氣，陳年後則會發展出皮革與香料氣味。
卡本內-蘇維濃（Cabernet Sauvignon）	果香濃郁，可平衡馬第宏（AOC Madiran）酒款。
卡本內-弗朗（Cabernet Franc）與梅洛（Merlot）	因其香氣與單寧結構，常用來調配混釀。

其他紅葡萄品種包含：黑蒙仙（Manseng Noir）、少量的古爾布（Courbu）以及用來調配的阿布麗由（Abouriou）與希哈（Syrah）。

法定產區與葡萄酒

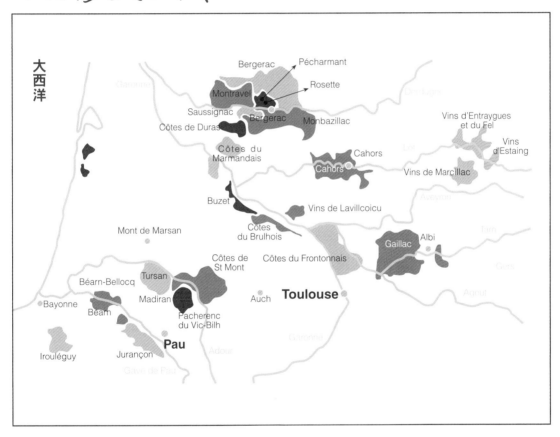

可分成四個主要的法定區域：

貝傑哈克（**Bergerac**）區：位於多爾多涅河（Dordogne）兩側。

庇里牛斯山（**Pyrénées**）區：Bayonne市與Pau市周遭。

高地（**Haut Pays**）區：東部的河流區。

卡斯康（**Gascogne**）與阿傑內（**Agenais**）區：加隆河（Garonne）沿岸。

貝傑哈克區	品種與風土條件	葡萄酒風格
貝夏蒙（APC Pécharmant） 紅酒	座落在波爾多東側，擁有良好的坡度與砂質黏土土壤。 主要品種為梅洛（Merlot），加上卡本內 - 蘇維濃（Cabernet Sauvignon）、卡本內 - 弗朗（Cabernet Franc）與馬爾貝克（Malbec）。	濃郁的暗紅色，帶有黑醋栗、香草、巧克力與香料的氣味，酒體成熟後則帶有菌菇與動物香氣。 強勁粗獷有力，單寧會隨著時間逐漸軟化，可窖藏 6 至 10 年。
馬蒙地丘（AOC Côtes du Marmandais） 紅酒、白酒與粉紅酒	紅葡萄品種： 梅洛（Merlot）、卡本內 - 弗朗（Cabernet Franc）、卡本內 - 蘇維濃（Cabernet Sauvignon）、馬爾貝克（Malbec）、阿布麗由（Abouriou）、希哈（Syrah）與加美（Gamay）。 白葡萄品種： 白蘇維濃（Sauvignon Blanc）、榭密雍（Sémillon）、蜜思卡代勒（Muscadelle）、白于尼（Ugni Blanc）。	紅酒的風格類似波爾多，白酒清新富果味，粉紅酒則帶有些許單寧口感。
侯塞特（AOC Rosette） 甜酒	白蘇維濃（Sauvignon Blanc）、榭密雍（Sémillon）與蜜思卡岱勒（Muscadelle）。	帶有柑橘與葡萄乾香氣的甜酒。
蘇西涅克（AOC Saussignac） 甜酒	白蘇維濃（Sauvignon Blanc）、榭密雍（Sémillon）與蜜思卡岱勒（Muscadelle）。	可釀成甜型（Moelleux）與超甜型（Liquoreux）兩種類型。 帶有豐富花香、桃子、葡萄柚、杏桃等水果香氣。 少部分是貴腐型酒款，帶有蜂蜜及燻烤香。 可陳年 5 至 10 年。
貝傑哈克（AOC Bergerac） 紅酒、白酒與粉紅酒	位於波爾多聖愛美濃（St. Emilion）東側，北邊的土壤為砂質土，南邊則多石灰質黏土。 主要種植的品種有： 梅洛（Merlot）、卡本內 - 弗朗（Cabernet Franc）、卡本內 - 蘇維濃（Cabernet Sauvignon）、馬爾貝克（Malbec）。 白葡萄品種： 白蘇維濃（Sauvignon Blanc）、榭密雍（Sémillon）、蜜思卡岱勒（Muscadelle）及白于尼（Ugni Blanc）。	色澤明亮的紅酒，有黑醋栗的香氣及柔順的口感。橡木桶陳年後的紅酒則有燻烤香氣且結構更加完整。 粉紅酒帶有紫羅蘭與玫瑰等豐富香氣。 白酒的香氣則較偏向為乾燥花與香料氣味。 紅酒可陳放 5 年的時間，適飲溫度為 14 度。白酒與粉紅酒則可熟成 2 年，適飲溫度為 10 度。
貝傑哈克丘（AOC Côtes de Bergerac） 紅酒	紅酒風格與貝傑哈克（AOC Bergerac）相似。	紅酒帶有成熟漿果與香料風味，還有些許的燻烤香氣。
甜型貝傑哈克（AOC Bergerac Moelleux） 甜酒	以白蘇維濃（Sauvignon Blanc）、榭密雍（Sémillon）與蜜思卡岱勒（Muscadelle）釀成的甜白酒。 其土壤結構與貝傑哈克（AOC Bergerac）相似。	蜂蜜與燻烤香氣的甜白酒。

貝傑哈克區	品種與風土條件	葡萄酒風格
蒙巴季亞克（AOC Monbazillac） 甜酒	白蘇維濃（Sauvignon Blanc）、樹密雍（Sémillon）與蜜思卡岱勒（Muscadelle）。	色澤金黃，帶有蜂蜜，花朵的香氣，成熟後則發展出杏仁、堅果與蜜餞的氣味。 受貴腐黴感染的酒款則帶有更明顯的燻烤香氣。 酒體均衡豐富，可陳年 3 至 10 年，適飲溫度為 8 度。
蒙哈維爾（AOC Montravel）、上蒙哈維爾（AOC Haut-Montravel）與蒙哈維爾丘（AOC Côtes de Montravel） 白酒與甜酒	土壤由礫石、黏土與石灰石所組成。 種植品種為白蘇維濃（Sauvignon Blanc）、樹密雍（Sémillon）與蜜思卡岱勒（Muscadelle）。	干白酒帶有硝石、鳳梨、香料與水果乾的香氣。 甜白酒則帶有蜂蜜與燻烤味。 可陳年 10 年的時間，適飲溫度為 9 度。

庇里牛斯山區	品種與風土條件	葡萄酒風格
貝亞（AOC Béarn）、AOC Béarn-Bellocq 紅酒、白酒與粉紅酒	葡萄園位於具有石灰質黏土與礫石的梯田。 紅酒採用品種： 塔那（Tannat），佐以少許卡本內 - 蘇維濃（Cabernet Sauvignon）、卡本內 - 弗朗（Cabernet Franc）、蒙仙（Manseng）、紅古爾布（Courbu Rouge）及費爾 - 塞瓦都（Fer-Servadou）。 白葡萄品種： 小蒙仙（Petit Manseng）、大蒙仙（Gros Manseng）、小古爾布（Petit Courbu）及白蘇維濃（Sauvignon Blanc）。	豐富水果香氣的紅酒，以及擁有柑橘、薄荷，還有些許硝石氣息的白酒。 最知名的酒款為果味豐沛的粉紅酒。 可年輕時飲用，紅酒可陳放 3 年左右的時間。
馬第宏（AOC Madiran） 紅酒	石灰質黏土土壤，夾帶些許砂石與礫石。 主要品種為塔那（Tannat），其餘還有卡本內 - 蘇維濃（Cabernet Sauvignon）、卡本內 - 弗朗（Cabernet Franc）與費爾 - 塞瓦都（Fer-Servadou）／皮濃克（Pinenc）等。	紅酒帶有覆盆子香氣與大地氣息。 建議年輕時飲用，陳年後其單寧會更佳圓潤柔滑，並發展出香料與燒烤的氣味。
維克 - 畢勒 - 巴歇漢克（AOC Pacherenc du Vic-Bilh） 白酒與甜酒	以古爾布（Courbu）與小蒙仙（Petit Manseng）混釀，或者使用 Arrufiac、大蒙仙（Gros Manseng）及白蘇維濃（Sauvignon Blanc）混釀，此外也有種植樹密雍（Sémillon）。	帶有柑橘、鳳梨、蜂蜜等豐富香氣的干白酒。 甜酒則帶有果乾、蜂蜜等異國情調的香味。
依蘆雷姬（AOC Irouléguy） 紅酒、白酒與粉紅酒	紅葡萄品種： 塔那（Tannat）、卡本內 - 蘇維濃（Cabernet Sauvignon）與卡本內 - 弗朗（Cabernet Franc）。 白葡萄品種： 古爾布（Courbu）、大蒙仙（Gros Manseng）及小蒙仙（Petit Manseng）。	酒色偏紫紅色，帶有香料與野花、灌木的香味。 粉紅酒的香氣豐沛，帶有些許單寧口感。 白酒則擁有水果與白色花香，清新宜人。

庇里牛斯山區	品種與風土條件	葡萄酒風格
居宏頌（AOC Juran-çon）與居宏頌干白酒（AOC Jurançon sec）	土壤為砂質、黏土、石灰石與鵝卵石。 使用大蒙仙（Gros Manseng）、小蒙仙（Petit Manseng）與古爾布（Courbu）釀成甜酒的葡萄常感染貴腐菌。	色澤金黃的甜白酒，帶有蜂蜜、葡萄乾、成熟水果與白色花卉與桃子的香氣，濃郁優雅。 干白酒有著類似的香氣，但果味更佳明顯。部分酒款曾在橡木桶中陳年。
聖蒙丘（AOC Côtes de Saint-Mont） 紅酒、白酒與粉紅酒	紅酒為塔那（Tannat）搭配少量其他品種混釀。 白酒則是克雷耶特（Clairette）混釀其他品種。	年輕的酒款帶有黑醋栗的香氣，成熟後則發展出皮革的香味。 此外也有一些帶礦石香氣的清新白酒與粉紅酒。
圖爾松（AOC Tursan） 紅酒、白酒與粉紅酒	紅葡萄品種： 塔那（Tannat）、卡本內-蘇維濃（Cabernet Sauvignon）、卡本內-弗朗（Cabernet Franc）與皮濃克（Pinenc）。 白葡萄品種： 巴洛克（Baroque）。	深紫色澤的紅酒，帶有紅色水果的香氣，成熟後會轉為李子與皮革的氣味。 粉紅酒果味清新，並有少許礦石香氣。 白酒帶有白色水果的香味。 紅酒可陳放 7 年，其餘酒款則建議於年輕時飲用。

高地區	品種與風土條件	葡萄酒風格
加雅克（AOC Gaillac） 紅酒、白酒與粉紅酒	紅酒調配比例為：10%都哈斯（Duras）與 10% Braucol；40%都哈斯（Duras）與 Braucol，或 60%的都哈斯（Duras）、Braucol 與希哈（Syrah）。 其他的調配品種包含：卡本內-蘇維濃（Cabernet Sauvignon）與梅洛（Merlot）。 白酒則由 50%莫札克（Mauzac）為主，加上連得勒依（Len de L' El）與蜜思卡岱勒（Muscadelle）。 其餘的品種則有白蘇維濃（Sauvignon Blanc）與翁東克（Ondenc）。 白葡萄品種最適合種植在石灰質土壤，紅葡萄品種則多種植在砂地、沖積土、鵝卵石地質。	帶果香與香料氣息的紅酒，單寧結構結實。可陳年 5 年以上。 但若使用加美品種釀造的酒款則較柔軟細緻，果香豐富。 粉紅酒的酒體較輕盈，白酒有著豐富的白梨與蘋果香氣。 白酒的種類可分為輕盈的干白酒、氣泡酒與甜白酒。
卡歐（AOC Cahors） 紅酒	較波爾多更接近內陸，受到大西洋的影響較少。土壤為大粒鵝卵石、紅色黏土、砂土並含鐵與石灰石。主要的釀酒品種為馬爾貝克（Malbec）並可能與梅洛（Merlot）、塔那（Tannat）或黑居宏頌（Jurançon Noir）混釀。 請注意，本區不允許種植卡本內-蘇維濃（Cabernet Sauvignon）。	紅寶石色澤，帶有成熟黑醋栗、李子、及紅色莓果的香味，還有些許胡椒、肉桂、可可與松露的氣味，香氣複雜多變。成熟後則發展出葡萄乾、李子、菸草的香味。 多數的酒款單寧結構強勁但酒體平衡。可陳年 8 至 10 年。本區也有生產酒體較清淡的產品。

高地區	品種與風土條件	葡萄酒風格
風東內丘（AOC Côtes du Frontonnais）與 AOC Côtes du Frontonnais-Villaudric 紅酒與粉紅酒	本區以含鐵成分高的紅色土壤聞名。 主要品種為聶格列特（Négrette），此外也種植其他品種。	以聶格列特（Négrette）為主的酒款帶有深紅寶石的色澤，香氣以紫羅蘭、黑醋栗、草莓等水果為主。可陳放5年。 若以卡本內 - 蘇維濃（Cabernet Sauvignon）、加美或希哈（Syrah）為主的酒款則酒體較輕盈。 粉紅酒擁有豐沛的果味。

卡斯康與阿傑內區	品種與風土條件	葡萄酒風格
布杰（AOC Buzet） 紅酒、白酒與粉紅酒	是標準的波爾多風格，主要的釀造品種為卡本內 - 弗朗（Cabernet Franc）與卡本內 - 蘇維濃（Cabernet Sauvignon），與少量梅洛（Merlot）混釀。 白酒則是以榭密雍（Sémillon）及白蘇維濃（Sauvignon Blanc）為主。 土壤多為黏土與石灰石。	呈紅寶石色澤，帶有紅色水果、李子與青椒的香氣。若在橡木桶中陳年的酒款，則會產生可可與咖啡的香氣，成熟後會發展出動物皮毛香味。 粉紅酒帶有黑醋栗與礦石氣味。 白酒則充滿花香與烤杏仁的風味。 紅酒有5年的陳年潛力，適飲溫度為16度，其餘酒款則可陳放大約3年，適飲溫度為9度。
都哈斯丘（AOC Côtes de Duras） 紅酒、白酒、粉紅酒與甜酒	主要釀酒品種為梅洛（Merlot），搭配卡本內 - 蘇維濃（Cabernet Sauvignon）、卡本內 - 弗朗（Cabernet Franc）與馬爾貝克（Malbec）。 白酒則用榭密雍（Sémillon）、白蘇維濃（Sauvignon Blanc）、白于尼（Ugni Blanc）與蜜思卡岱勒（Muscadelle）。	輕盈的紅酒、富果味的粉紅酒。白酒則有干白酒與甜白酒兩種類型。
馬蒙地丘（AOC Côtes du Marmandais） 紅酒、白酒與粉紅酒	紅酒釀酒品種主為梅洛（Merlot）加上卡本內 - 蘇維濃（Cabernet Sauvignon）、卡本內 - 弗朗（Cabernet Franc）、鉤特（Côt）／馬爾貝克（Malbec）、阿布麗由（Abouriou）、希哈（Syrah）與加美（Gamay）。 白酒使用榭密雍（Sémillon）、白蘇維濃（Sauvignon Blanc）、白于尼（Ugni Blanc）與蜜思卡岱勒（Muscadelle）。	紅酒帶有水果與香料氣味，粉紅酒則帶有良好結構。
布里瓦丘（AOC Côtes du Brulhois） 紅酒與粉紅酒	使用馬爾貝克（Malbec）、塔那（Tannat）、卡本內 - 蘇維濃（Cabernet Sauvignon）與其他品種。	黑醋栗與櫻桃的香氣，單寧結構完善，粉紅酒輕盈爽口。

其他酒款

西南產區的其餘酒款：

奎西丘（AOC Coteaux du Quercy）其香氣豐沛、有產單寧明顯的紅酒，與果味明快的粉紅酒。拉維迪歐（AOC Lavilledieu）則帶有果香的圓潤紅酒與粉紅酒。

馬西雅克（AOC Marcillac）則單寧粗獷，帶有紅醋栗與草本香氣的紅酒。

米由丘（AOC Côtes de Millau）：充滿葡萄乾與果醬香氣的紅酒、與甜美草莓香味的粉紅酒，及帶有花香的白酒。

在西南產區的東側：

艾斯坦（AOC Estaing）及翁台各與菲勒（AOC Entraygues et Fel）這兩個小產區有生產少量的葡萄酒。白酒由白梢楠（Chenin Blanc）與莫札克（Mauzac）釀造。紅酒的品種則十分多樣，有卡本內-弗朗（Cabernet Franc）、加美（Gamay）、費爾-塞瓦都（Fer-Servadou）、居宏頌（Jurançon）與黑皮諾（Pinot Noir）。

福樂克香甜酒（AOC Floc de Gascogne）是一種添加了雅馬邑（Armagnac）的利口酒，酒精濃度為16至18度，有白酒、粉紅酒與紅酒不同的類型。可使用的紅葡萄品種，有卡本內-蘇維濃（Cabernet Sauvignon）、卡本內-弗朗（Cabernet Franc）與梅洛（Merlot）。白葡萄品種允許白于尼（Ugni Blanc）、高倫巴（Colombard）與大蒙仙（Gros Manseng）釀造，不同品種創造出不同的風格。

紅色與粉紅的福樂克香甜酒（AOC Floc de Gascogne）有著覆盆子、黑醋栗與肉桂的香氣，白色的福樂克香甜酒（AOC Floc de Gascogne）則有梨、柑橘類水果與蜂蜜的香味。

閱讀西南產區酒標

酒莊名稱：Domaine Labranche Laffont

法定產區：維克-畢勒-巴歇漢克（AOC Pacherenc du Vic-Bilh）

酒莊名稱：Château de Haut Pezaud

法定產區：貝傑哈克（AOC Bergerac）

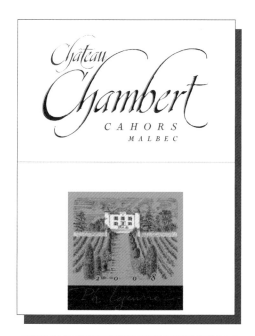

酒莊名稱：Château Chambert

法定產區：卡歐（AOC Cahors）

製造商／品牌名稱：Château la Chou-ette d'or

法定產區：蒙巴季亞克（AOC Monbazil-lac）

你知道嗎?

「優良地區餐酒」全名為 Appellation d'Origine Vin Délimité de Qualité Supérieure，縮寫為 AOVDQS。

AOVDQS 也 是 歸 屬 於 INAO（Institut National des Appellations d'Origine）所管理，釀造規範包含產量、品種、酒精濃度、釀造方法及種植方法等。AOVDQS 是升等到 AOC 法定產區規範前的一個「等待區」。

在西南產區，先前有一些產區不屬於 AOC，而是隸屬於 AOVDQS 等級。例如：突爾松（Tursan）、布里瓦丘（Côtes du Bruhois）、米由丘（Côtes de Millau）、艾斯坦葡萄酒（Vins d'Estaing）與翁台各及菲勒葡萄酒（Vins d'Entraygues-et-du-Fel）等。不過這些產區目前都已進入 AOC 等級。

Chapter 15

地區餐酒
Vins de Pays

您可能聽說過並喝過地區餐酒（Vin de Pays）。但你知道什麼是地區餐酒嗎？他們與法國餐酒（Vin de France）和普級餐酒（Vin de Table）有何不同？它們將如何對應歐盟的新規範PGI（Protected Geographical Indication地理標示保護）與PDO（Protected Designation of Origin原產地保護）並將其標示在酒標上呢？

普級餐酒，法國餐酒與新的地區餐酒

普級餐酒（Vin de Table）

首先來了解普級餐酒（Vin de Table）等級，或又稱為餐桌酒（Table wines）。根據歐盟規範，普級餐酒（Vin de Table）是葡萄酒分類等級之中最初級的。法國的Vin de Table相當於義大利的Vino da Tavola、西班牙的Vino de Mesa及德國的Tafelwein。

一般來說，歐洲各國的普級餐酒（Vin de Table）可以數個不同的葡萄品種混釀，有時甚至可以混釀來自歐盟區域內不同國家的葡萄。通常不會在酒標上註明年份、品種與產地。這類葡萄酒通常是讓人們日常飲用的酒款。

最近，法國推出了一個有別於普級餐酒（Vin de Table）的新分類：法國餐酒（Vin de France），它的本質上屬於普級餐酒（Vin de Table）等級，但顧名思義，它們只使用產自於法國的葡萄來釀造。如同普級餐酒（Vin de Table）一般，這些酒款的酒標上可能不會標示葡萄品種與年份。這個類別的產生，是為了凸顯出「法國餐酒（Vin de France）」這個品牌，讓人更加注意到它的原產地。

註：新的法規可能會將Vin de Table（普級餐酒）簡名為「Vin」或「Wine」。

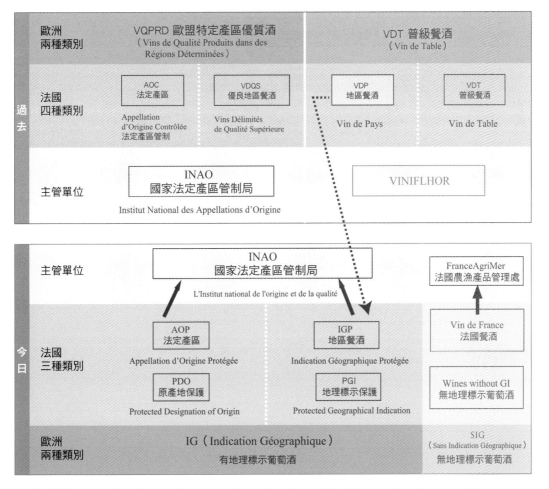

VDQS (Wines of superior quality) are wines that come from AOC regions, but fall slightly below the quality level of AOC wines.

歐洲的地理標示

　　歐洲的PGI（Protected Geographical Indication地理標示保護）與PDO（Protected Designation of Origin原產地保護）是用地理來區隔標示的。基本上，PGI與PDO的規範就是一直以來人們對於產區風土條件（terroir）的一種「認定」，也就是在一個特定地域範圍裡，其特有的農業型態與傳統的釀造工藝結合，所生產出來的葡萄酒有其獨特的風格。1992年，歐盟開始建立一套分級系統，試圖將許多不同的產區規範統合在一起。這項措施於2006年三月做了更新，產生了新的PGI與PDO的分類。為何需要這些新的地理標示等級呢？首先，PGI與PDO保障了一個產區所生產的食品／葡萄酒的名聲，並且可區別出非該產區的產品。

　　其次，可避免與其他名字相似，在品質低劣或口味相異的產品間產生混淆。看看英國的切達（Cheddar）乳酪、葉門的摩卡（Mocha）咖啡豆與印度的墨水發生了什麼狀況？這些產品已變成通用名稱，不再具有地理區域的代表性了。

　　PGI與PDO不單單適用於葡萄酒，也廣泛使用在歐盟區的各種食品與產品中。PDO的法定條件較PGI嚴格。基本上，PDO的原料必須來自該定義的地理區域內，但PGI則沒有這樣的規定。對於PGI而言，只需生產、加工與製造這三個階段必須在該地理區域中進行，然而PDO則要求生產、加工與製備的產品（從生產的各階段原料，到最終產品的完成）都必須在該地理區域中。

具地理標示的葡萄酒：PGI與PDO

　　現在，將目光從一般等級的歐洲普級餐酒（Vin de Table）與法國葡萄酒（Vin de France），移到品質較佳的地區葡萄酒與AOC法定產區葡萄酒。

　　在法國，地區葡萄酒稱為地區餐酒（Vin de Pays），與義大利的IGT、西班牙的Vino de la Tierra等級相同。依據歐盟新法規的規定，這些葡萄酒將被更名為PGI（Protected Geographical Indication）等級，法國稱為IGP（Indication Géographique Protégée），中文仍慣稱「地區餐酒」。消費者可確信這些葡萄酒是產自一個具有良好名聲的產區。但要注意的是，可加入高達15%產區以外的酒，只要是同一國家生產的。

　　金字塔頂端的等級為PDO（Protected Designation of Origin），這類酒款以往是屬於AOC法定產區規範的葡萄酒。PDO的酒款要求葡萄必須百分之百產自於指定的區域內，酒款的品質與特徵必須反應出該地區的風土條件與釀造者的風格。

　　PGI與PDO兩者皆由國家法定產區管制局（INAO，L'Institut national de l'origine et de la qualité）所管理。PGI和PDO是現存的法定產區，如AOC產區等共存。

地區餐酒（Vin de Pays）已成為法國的PGI等級

現今法國有許多地區餐酒（Vin de Pays）已轉變成PGI等級（法稱IGP），你可能會擔心你再也找不到你最愛的Vin de Pays d'Oc（歐克地區餐酒）的夏多內葡萄酒。

但請放心，只有「Vin de Pays」的字眼被刪除，Vin de Pays d'Oc現已改名為Pays d'Oc IGP。

因此，法國舊有的地區餐酒仍可被辨識，以下有更多的例子：

舊有的地區餐酒名稱	法國的地理區域	新的 PGI 名稱
Vin de Pays des Côtes de Gascogne	Vin de Pays du Comte Tolosan 地區裡的 Gers 省	Côtes de Gascogne IGP
Vin de Pays du Comté Tolosan	Vin de Pays de Comté Tolosan 地區	Comté Tolosan IGP
Vin de Pays de Franche-Comté	Vin de Pays de Franche-Comté（Doubs 及 Jura 省）	Franche-Compté IGP

因此，有關於舊有地區餐酒的產區、次產區、省份、區域等知識仍是通用的。

地區餐酒的歷史

自1930年起，部分餐酒的品質與風味被認定為比其他餐酒更佳，而這些餐酒可依產地來區分，因而演變出地區餐酒（Vin de Pays）的等級。1968年，法國政府正式認可這項分類，只要任何可標示出地理位置的法國餐酒（Vin de France）都可被稱做地區餐酒。

1973年，地區餐酒有了新規範，必須符合新的技術條件，如生產方式、使用的葡萄品種、葡萄園產量、最低酒精含量等，皆有明文規定。地區餐酒開始有別於普級餐酒（Vin de Table），逐漸發展出品質的表徵。1979年與2000年時，又有進一步的生產規範設立，地區餐酒（Vin de Pays）已成為一個常用的字眼，來表示「呈現其地理區域、省份與產區的餐酒」。地區餐酒是保擁有較佳質量水準的餐酒。

地區餐酒的主管機關為Viniflhor，這是法國負責水果、蔬菜、葡萄酒與園藝的政府機構，由他們來決定地區餐酒的範圍所在。你將發現葡萄酒產區的邊界是不存在的，有許多地區餐酒的產區與知名的AOC法定產區有所重疊。不僅如此，葡萄酒產區又可依地方、區域與省份做區分，而地區餐酒的位置遍布全法國。

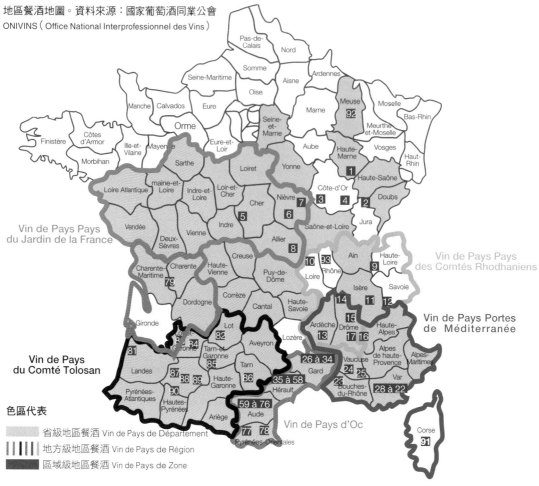

地區餐酒地圖。資料來源：國家葡萄酒同業公會
ONIVINS（Office National Interprofessionnel des Vins）

Vin de Pays Pays du Jardin de la France

Vin de Pays Pays des Comtés Rhodhaniens

Vin de Pays Portes de Méditerranée

Vin de Pays du Comté Tolosan

Vin de Pays d'Oc

色區代表

省級地區餐酒 Vin de Pays de Département

地方級地區餐酒 Vin de Pays de Région

區域級地區餐酒 Vin de Pays de Zone

01 : Vins de Pays des Coteaux de Coiffy
02 : Vins de Pays de Franche-Comté
03 : Vins de Pays des Coteaux de l'Auxois
04 : Vin de Pays de Sainte-Marie-la-Blanche
05 : Vins de Pays des Coteaux du Cher et de l'Arnon
06 : Vins de Pays des Coteaux de Charitois
07 : Vins de Pays des Coteaux de Tannay
08 : Vins de Pays du Bourbonnais
09 : Vins de Pays d'Allobrogie
10 : Vins de Pays d'Urfé
11 : Vins de Pays des Balmes Dauphinoises
12 : Vins de Pays des Coteaux du Grésivaudan
13 : Vins de Pays des Coteaux de L'Ardèche
14 : Vins de Pays des Collines Rhodaniennes
15 : Vins de Pays des Coteaux de Baronnies
16 : Vins de Pays du Comté de Grignan
17 : Vins de Pays des Coteaux de Montélimar
18 : Vins de Pays des Coteaux du Verdon
19 : Vins de Pays de Mont-Caume
20 : Vins de Pays des Maure
21 : Vins de Pays d'Argens
22 : Vins de Pays de la Sainte Beume
23 : Vins de Pays des Alpilles
24 : Vins de Pays d'Aigues
25 : Vins de Pays de la Principauté d'Orange
26 : Vins de Pays des Sables du Golfe du Lion
27 : Vins de Pays Duché d'Uzès
28 : Vins de Pays des Cévennes
29 : Vins de Pays de la Vistrenque
30 : Vins de Pays des Côtes du Vidourle
31 : Vins de Pays de la Vaunage
32 : Vins de Pays des Coteaux de Cèze
33 : Vins de Pays des Coteaux du Pont du Gard

34 : Vins de Pays des Coteaux Flaviens
35 : Vins de Pays du Val de Montferrand
36 : Vins de Pays du Mont Baudile
37 : Vins de Pays des Côtes du Ceressou
38 : Vins de Pays des Monts de la Grage
39 : Vins de Pays des Coteaux d'Enserune
40 : Vins de Pays des Coteaux du Libron
41 : Vins de Pays des Coteaux de Murviel
42 : Vins de Pays des Coteaux de Laurens
43 : Vins de Pays des Côtes de Thongue
44 : Vins de Pays de la Bénovie
45 : Vins de Pays de Cassan
46 : Vins de Pays de la Haute Vallée de l'Orb
47 : Vins de Pays de Saint-Guilhem-le-Désert
48 : Vins de Pays des Coteaux de Bessilles
49 : Vins de Pays des Côtes du Brian
50 : Vins de Pays de Cessenon
51 : Vins de Pays de Coteaux du Salagou
52 : Vins de Pays de la Vicomté d'Aumelas
53 : Vins de Pays des Collines de la Moure
54 : Vins de Pays de Caux
55 : Vins de Pays des Coteaux de Fontcaude
56 : Vins de Pays de Bessan
57 : Vins de Pays du Berange
58 : Vins de Pays des Côtes de Thau
59 : Vins de Pays des Coteaux de Peyriac
60 : Vins de Pays de la Haute Vallée de l'Aude
61 : Vins de Pays des Coteaux de Narbonne
62 : Vins de Pays des Côtes de Prouilhe
63 : Vins de Pays de la Cité de Carcassonne
64 : Vins de Pays de Cucugnan
65 : Vins de Pays du Val de Dagne

66 : Vins de Pays des Coteaux du Littoral Audois
67 : Vins de Pays des Côtes de Pérignan
68 : Vins de Pays des Coteaux de la Cabrerisse
69 : Vins de Pays des Hauts de Badens
70 : Vins de Pays du Torgan
71 : Vins de Pays des Côtes de Lastours
72 : Vins de Pays du Val de Cesse
73 : Vins de Pays de la Vallée du Paradis
74 : Vins de Pays des Coteaux de Miramont
75 : Vins de Pays d'Hauterive
76 : Vins de Pays Cathare
77 : Vins de Pays des Côtes Catalanes
78 : Vins de Pays de la Côte Vermeille
79 : Vins de Pays Charentais
80 : Vins de Pays du Périgord
81 : Vins de Pays des Terroirs Landais
82 : Vins de Pays des Côteaux de Glanes
83 : Vins de Pays de Thézac-Perricard
84 : Vins de Pays de l'Agenais
85 : Vins de Pays de Coteaux et Terrasses de Montauban
86 : Vins de Pays des Côtes du Tarn
87 : Vins de Pays des Côtes de Montestruc
88 : Vins de Pays des Côtes du Condomois
89 : Vins de Pays des Côtes de Gascogne
90 : Vins de Pays de Bigorre
91 : Vins de Pays de l'île de Beauté
92 : Vins de Pays des Côtes de Meuse
93 : Vins de Pays des Gaules

資料來源：VINIFLHOR

地圖

地區餐酒可分成三個不同的層級：地方級（Région）、省級（Département）與區域級（Zone）。

目前有數個區域級（Zone）的地區餐酒，並依風土條件來定義，其命名方式往往採用該區的地理或歷史意義。如夸非丘地區餐酒（Vin de Pays des Coteaux de Coiffy）。

省級的地區餐酒將與法國100個行政區相對應。然而，並非所有的省分都可生產地區餐酒，如布根地的金丘區（Côte d'or）與吉隆特省（Gironde）的波爾多就不生產地區餐酒。事實上，法國有些區域如布列塔尼（Bretagne）與諾曼第（Normandie）是不生產任何葡萄酒，無論是普級餐酒（Vin de Table）、地區餐酒（VDP）或AOC法定產區葡萄酒。產地區餐酒的省分在地圖上以綠色標示。

地方級（Région）地區餐酒共有6個，彼此之間常有重疊，如阿岱西（Ardèche）產區與隆河伯爵領地地區餐酒（Vin de Pays des Comtés Rhodaniens）及地中海門戶地方地區餐酒（Vin de Pays Portes de Méditerranée）共享部分園區。

這六個區域級地區餐酒為：

• 大西洋庇里牛斯省地區餐酒（**Vin de Pays des Pyrénées-Atlantiques**）：
使用波爾多類型品種，產自多爾多涅省（Dordogne）、夏朗特省（Charente）與濱海夏朗特省（Charente-Maritime）。

• 法蘭西庭園地區餐酒（**Vin de Pays du Jardin de la France**）：
使用卡本內（Cabernet）、夏多內（Chardonnay）、白皮諾（Pinot Blanc）、加美（Gamay）、白梢楠（Chenin Blanc）、白蘇維濃（Sauvignon Blanc）、果若（Grolleau）與其他羅亞爾河（Loire）品種釀造。

• 歐克地區餐酒（**Vin de Pays d'Oc**）：
產自隆格多克-胡西雍（Languedoc-Roussillon），釀造具新世界風格的葡萄酒。

• 多羅松伯爵領地地區餐酒（**Vin de Pays du Comté Tolosan**）：
使用卡本內（Cabernet）、塔那（Tannat）、梅洛（Merlot）、蜜思卡岱勒（Muscadelle）、高倫巴（Colombard）等品種，產自法國西南產區與密迪-庇里牛斯地方（Midi-Pyrénées）

• 隆河伯爵領地地區餐酒（**Vin de Pays des Comtés Rhodaniens**）：
主要使用維歐尼耶（Viognier）與希哈（Syrah），但也有以黑皮諾（Pinot Noir）、格那希（Grenache）與加美（Gamay）為主的酒款，產自於隆河-阿爾卑斯地區（Rhône-Alpes）、薄酒來（Beaujolais）、薩瓦（Savoie）、侏羅（Jura）等地。

• 地中海門戶地方地區餐酒（**Vin de Pays Portes de Méditerranée**）
產自於沃克律斯省（Vaucluse）、瓦爾省（Var）及科西嘉（Corse）的紅白酒與粉紅酒。

萬地區餐酒酒標到廣泛歐盟分級

新的歐盟分級下的酒標

資料來源：Guide to Geographic Indicators by Daniele Giovannucci , Tim Josling, William Kerr, Bernard OiConnor & May T. Yeung. International Trade Centre 2009.

Chapter 16

葡萄酒的服務、儲存、展示與定價

器具與用途

玻璃杯類型

香檳杯是一個又高又細長的杯型，不但可以減緩泡泡消逝的速度，也可讓人們欣賞氣泡上升的模樣。香檳杯的頂部也許會呈直線或喇叭狀，以利突顯香檳的香氣。

Champagne Flûte　　　Red Wine Glass　　　White Wine Glass

酒杯的陳列方式

　　一般來說，他們會依據品嚐的順序來從左到右或從右到左排列。由於多數的品酒會都是為了品鑑酒款間的差異，因此應該使用同樣形狀與型式的酒杯來品飲。

依據不同的品酒主題來決定酒杯的陳列

- **水平陳列**：將酒杯排列一線進行品飲。
- **年份水平品飲**：品飲同一種產區風格的酒款（如 AOC Volnay）。或者來自同一村莊、同一年份但不同生產者釀造的葡萄酒。若你想同時品飲三個不同的生產者釀造的哲維瑞-香貝丹（AOC Gevrey-Chambertin）與香波-蜜思妮（AOC

Chambolle-Musigny），那麼你必須準備兩套酒杯，每套三個杯子。這種品飲方式可說明產區風土條件或釀酒技術如何影響同一品種葡萄酒的個性。

- **垂直品飲**：這是比較同一款葡萄酒，但不同年份之間的差異。
- **雙重垂直品飲**：這是垂直品飲的進階變化。你可同時比較兩個不同酒廠不同年份的葡萄酒。舉例來說，你可以選擇波爾多鄰近兩個酒莊的酒款，先提供一組同一年份的葡萄酒，接著再試飲另一年份的第二組，如此類推。酒杯則依據對應數量而準備。

適飲溫度

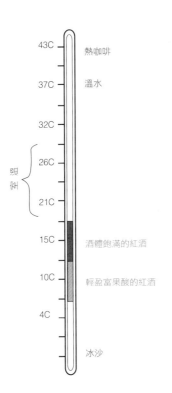

43C — 熱咖啡

37C — 溫水

32C —

26C —

室溫

21C —

15C — 酒體飽滿的紅酒

10C — 輕盈富果酸的紅酒

4C —

冰沙

16-18 ℃ :	頂級的波爾多、布根地與隆河紅酒。
15-16 ℃ :	適合陳年的波爾多，隆河丘（Côtes du Rhône）、邦斗爾（Bandol）、菲杜（Fitou）、馬地宏（Madiran）。
12-14 ℃ :	輕盈的紅酒，如薄酒來、阿爾薩斯的黑皮諾紅酒、都漢（Touraine）的紅酒與頂級布根地白酒。
8-12 ℃ :	蜜思卡得（Muscadet）、夏布利（Chablis）、松塞爾（Sancerre）、侏羅（Jura）白酒、麗絲玲（Riesling）、地區餐酒的白酒。
9-10 ℃ :	來自隆河產區的塔維勒（Tavel）粉紅酒、普羅旺斯丘（Côtes de Provence）與羅亞爾河粉紅酒。
8-9 ℃ :	甜酒（moelleux, liquoreux）、索甸（Sauternes）、西南產區的蒙巴季亞克（Monbazillac）、阿爾薩斯產區遲摘型葡萄酒（Alsace Vendanges Tardives）。
6-8 ℃ :	香檳與其他氣泡酒。

慢慢調整到正確的適飲溫度

　　在亞洲的熱帶地區，在飲用前將紅葡萄酒放入冰箱約一小時，可到達想要的適飲溫度。

　　白酒若放置在冰箱三小時的時間，應可讓溫度完全下降。此外，氣泡酒與甜酒則需在冰箱放置過夜以達適飲溫度。飲用時亦可準備一個加了水的冰桶。

一般的侍酒順序

- 白酒先於紅酒。
- 酒體較輕盈的葡萄酒先於酒體較重的葡萄酒。
- 溫度較低的葡萄酒先於溫度較高的葡萄酒
- 不甜的葡萄酒先於甜型葡萄酒。
- 紅葡萄酒先於甜白葡萄酒。

舉例來說：
波爾多紅酒先於布根地紅酒。
布根地白酒先於波爾多甜白酒。
阿爾薩斯白酒先於隆河產區的高納斯（Cornas）紅酒。
西南產區的（Corbières）紅酒或布戈憶-聖尼古拉（Saint-Nicolas de Bourgueil）紅酒先於蒙巴季亞克（Monbazillac）或巴薩克（Barsac）甜白酒。

請記住，上述建議為一般準則，還有幾點需注意：
- 成熟的葡萄酒置於年輕的葡萄酒之後。
- 優質的葡萄酒置於一般等級的葡萄酒之後。

　　不甜的香檳是最適合當作開啟一餐的開胃酒，或者在餐與餐之間的清口味的點綴。半甜型的香檳則常是傳統西餐的最後一道酒款，由於這些酒款略帶甜味，也十分適合與亞洲美食搭配。

開瓶

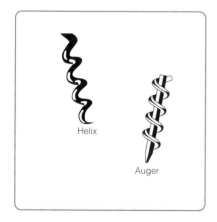

　　市面上有各式各樣因不同目的設計而成的開瓶器，不管其目的為何，通常具有兩種螺旋：Helix 與 Auger。

- Helix：一個中空式的圓型螺旋把手，可將軟木塞完整取出。
- Auger：有個堅硬的中心與鋒利的外圍，通常會穿透軟木塞。

不同類型的開瓶器

　　「蝴蝶型開瓶器」（Wing Lever）存在已久，可以輕易插入螺絲，並將它轉入軟木塞之中，當螺絲下降時，兩翼便會升起，一旦雙翼舉到最高之際將其下壓，就可以將軟木塞拉出。由於這類開瓶器價格較低廉，往往其螺旋並非中空，因而會刺穿軟木塞產生一個破洞，軟木塞碎片也會掉入葡萄酒中。此外這種開瓶器的螺旋通常不夠長，只能將軟木塞拉出一半。

蝴蝶型開瓶器

侍酒師之友

而「侍酒師之友」（Waiter's Friend）是最常見的開瓶器，由於可折疊放入服務生或侍酒師的背心口袋，因此被命名。基本配件包含一個小小的刀片，可將瓶口的封鉛割掉，之後將螺絲轉入，金屬桿扣在瓶口，便可輕鬆將軟木塞拉出。

開啟古老與狀況不穩的軟木塞

窖藏已久的葡萄酒的軟木塞可能因乾燥而變得易碎，這種瓶塞處於一個脆弱的狀態，可能隨時都會崩散瓦解，若你試著以一般的開瓶工具如插入螺旋狀開瓶器，開啟鬆動不穩定的軟木塞，則可能造成軟木塞崩解或掉入瓶中。

方法 1

面對難以開啟的軟木塞，或者當你嘗試使用螺絲鑽入時，發現中心易碎時，可以試試看這個方法：在瓶口處將螺絲以45度角轉入瓶蓋，這樣螺絲釘將可卡住更多的面積，以利拉出軟木塞。

方法 2

對於過於軟爛或過於乾燥的軟木塞，我們可以使用「管家之友」（Bulter's Friend）開瓶器。它有兩片簧片，在開瓶時並非使用穿透軟木塞的方式。使用方法為：先將較長的簧片插入，再插入較短的簧片後，輕輕的晃動「走」到最裡端，接著轉動把手慢慢地將軟木塞拔出。這種開瓶器可透過反向的操作將軟木塞塞回。被稱為「管家之友」是因為管家們可利用這種開瓶器來「偷取」雇主的葡萄酒，混入品質較低的酒款或水之後，將軟木塞復原。

方法 3

使用氣體注射器。用一個類似針頭的細針刺穿軟木塞，而後灌入氣體，利用瓶中氣壓將軟木塞擠出。要注意的是，氣體的壓力可能會破壞細膩的老酒風味。

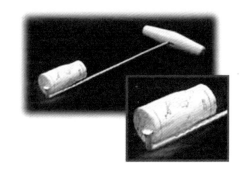

最糟糕的狀況

若軟木塞不幸掉入瓶子中，你可以拿如圖上的「鉤子」，利用「釣魚」或「挖掘」的方式將軟木塞取出。或者可以將酒換置醒酒器中。

何時開瓶？

若你的葡萄酒需要「呼吸」，只是簡單打開軟木塞的話，就算是飲用前數小時之前開瓶，也是徒勞無功。因為瓶口的與空氣接觸的面積實在太小，無法有效的與空氣接觸。請改用醒酒器，詳情請見後文。

香檳開瓶

由於香檳的軟木塞可能會射到人，因此開瓶時要小心且避免於人潮過多之處。

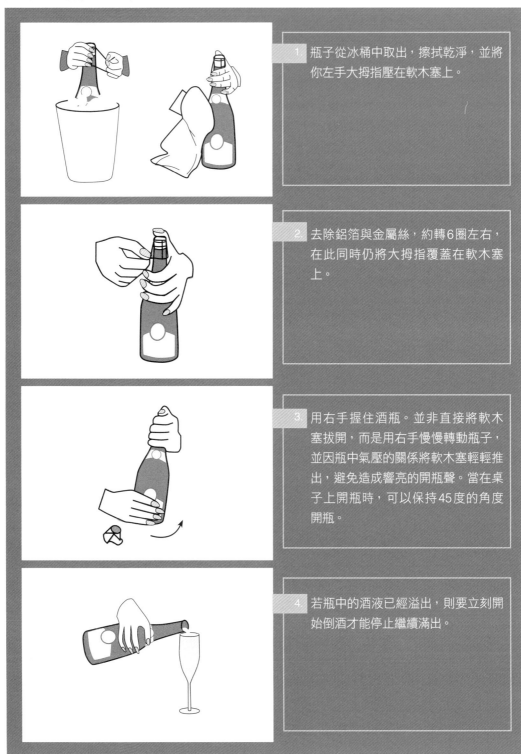

1. 瓶子從冰桶中取出，擦拭乾淨，並將你左手大拇指壓在軟木塞上。

2. 去除鋁箔與金屬絲，約轉6圈左右，在此同時仍將大拇指覆蓋在軟木塞上。

3. 用右手握住酒瓶。並非直接將軟木塞拔開，而是用右手慢慢轉動瓶子，並因瓶中氣壓的關係將軟木塞輕輕推出，避免造成響亮的開瓶聲。當在桌子上開瓶時，可以保持45度的角度開瓶。

4. 若瓶中的酒液已經溢出，則要立刻開始倒酒才能停止繼續溢出。

換瓶醒酒

窖藏已久的紅酒難免會產生沉澱物，換瓶（decanting）是將葡萄酒與沉澱物分離的一種方法。此外換瓶也是讓空氣與葡萄酒接觸的方式，以去除陳年老酒有時會出現的霉味。

而年輕富單寧的葡萄酒則可藉由醒酒器（decanter）來喚醒它的香氣與風味，讓人更易品嚐。

1. 將酒瓶直立站放數小時，接著輕巧地取出軟木塞。
2. 以優雅、流暢的動作，將葡萄酒倒入醒酒器中，若情況需要，可使用酒籃。
3. 利用光線的照射，確認瓶中的沉澱物位置，當沉澱物靠近瓶頸時，停止倒酒。

以下有兩種不同的醒酒器，各有不同的功能：

1. 有著寬大底部的醒酒器，葡萄酒倒入後與空氣有較大的接觸面積，可幫助葡萄酒「呼吸」。特別適合於年輕需要「協助」綻放的葡萄酒。優雅的「鴨子」造型的醒酒器是也可協助讓酒與空氣接觸。

2. 標準的醒酒器是為了協助老酒去除酒渣，因此它有一個球莖狀的瓶身與及纖細的瓶頸。由於老酒的香氣可能會快速的消逝，這種醒酒器只允許少量的空氣注入，並避免細膩優雅的葡萄酒香氣流失。

開瓶後的葡萄酒保存

一旦葡萄酒開瓶後，最佳的保存方法就是使用原來的瓶塞，在塞回瓶口，並且放於冰箱內儲存。大約可保存一星期左右的時間。

市面上有一款可噴在瓶口再封罐的噴劑，他們大多使用一些惰性氣體（不會影響葡萄酒的風味與口感），如氮氣等來交換瓶中的空氣。一些優秀的葡萄酒吧會裝設這類商用機器，以利他們販售單杯酒。

最具經濟效益的方法是購買一個抽氣塞與幫浦。抽氣塞用來取代原始的軟木塞，而幫浦則盡可能的將瓶中多餘的空氣抽除。之後在放入冰箱，以最大限度來降低葡萄酒的氧化過程。

傳統的英式方法會將一個茶匙放在香檳瓶頸，這個方法是沒有用的。如果想要保存氣泡，請使用專用的氣泡酒保存塞。

葡萄酒儲存

　　相較於同等級的紅酒，白酒、粉紅酒與氣泡酒對於氧化反應更敏感。成熟的葡萄酒對於溫度變化與晃動也十分敏感，因此無法像年輕的葡萄酒一樣的搬移。

酒窖中熟成

　　對於高價的葡萄酒，對於儲存環境的要求十分嚴格。以下是理想的長時間儲存條件：

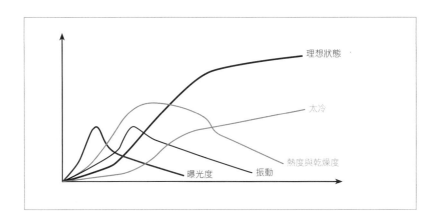

理想的長時間儲存葡萄酒的條件

溫度

- 溫度的變化可能會導致玻璃瓶熱脹冷縮，而空氣就會因此鑽入瓶塞與酒瓶間的空隙。如此可能造成葡萄酒氧化變味，或者更糟的是讓細菌入侵而感染葡萄酒。最終可能會得到一瓶昂貴的醋。
- 攝氏10至15度是理想的存放溫度。
- 24小時開放空調的環境也可以存放葡萄酒。若你真的無法將葡萄酒存放在10至15度的環境下，那麼試著找一個溫度變化穩定的場所來存放，即便那裡的溫度高達20多度。

濕度

- 確保有50%以上的濕度，以免軟木塞乾燥。軟木塞若成乾燥狀，則瓶塞與瓶頸之間的空間將不再密封，而產生間隙。
- 若葡萄酒存放在開啟空調的房間中，請在葡萄酒附近擺上一碗水以保持濕度。

照明與靜置

- 光線會對葡萄酒產生許多奇怪的作用——酒液將變得混濁。
- 震動則會讓陳年已久的葡萄酒中雜質（sediment）無法沉澱。人們不會想要飲用一瓶有著懸浮物的陳年美酒。

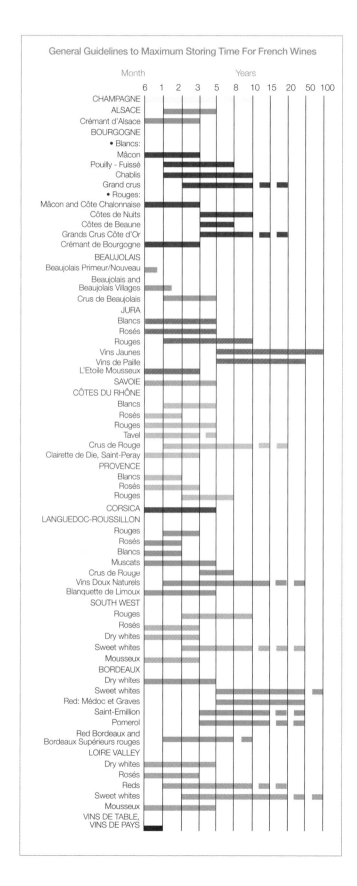

General Guidelines to Maximum Storing Time For French Wines

	Month					Years					
	6	1	2	3	5	8	10	15	20	50	100

CHAMPAGNE
ALSACE
Crémant d'Alsace
BOURGOGNE
• Blancs:
Mâcon
Pouilly - Fuissé
Chablis
Grand crus
• Rouges:
Mâcon and Côte Chalonnaise
Côtes de Nuits
Côtes de Beaune
Grands Crus Côte d'Or
Crémant de Bourgogne
BEAUJOLAIS
Beaujolais Primeur/Nouveau
Beaujolais and
Beaujolais Villages
Crus de Beaujolais
JURA
Blancs
Rosés
Rouges
Vins Jaunes
Vins de Paille
L'Etoile Mousseux
SAVOIE
CÔTES DU RHÔNE
Blancs
Rosés
Rouges
Tavel
Crus de Rouge
Clairette de Die, Saint-Peray
PROVENCE
Blancs
Rosés
Rouges
CORSICA
LANGUEDOC-ROUSSILLON
Rouges
Rosés
Blancs
Muscats
Crus de Rouge
Vins Doux Naturels
Blanquette de Limoux
SOUTH WEST
Rouges
Rosés
Dry whites
Sweet whites
Mousseux
BORDEAUX
Dry whites
Sweet whites
Red: Médoc et Graves
Saint-Emillion
Pomerol
Red Bordeaux and
Bordeaux Supérieurs rouges
LOIRE VALLEY
Dry whites
Rosés
Reds
Sweet whites
Mousseux
VINS DE TABLE,
VINS DE PAYS

酒單編制

　　一個好的酒單，應具有多樣的風格、品牌與價格。目的在於提供各樣酒款與不同的價格供消費者選擇。酒單不應被動地受限於價錢與種類。（例如為了進貨方便，而只選擇與1或2個供應商或生產者合作，並只選用他們的產品）。一個好的酒單應在風格、酒廠與產區各方面都有多種選擇。

價格合理

　　即使是高單價的葡萄酒也只收取合理的利潤。更別忘了選擇一些較便宜的酒款，提供給對於價格較敏感的客人。

與菜單搭配

　　擁有大量波爾多一級酒莊的酒單或許令人敬佩，但若將這個酒單放到海鮮餐廳便會顯得怪異。無論酒單多麼龐大，每一款葡萄酒都應為了搭配餐廳的食物，而非其他原因。注意，若你在旅館的餐廳、咖啡館與客房服務菜單中有著同樣的酒單，會被世人識破你的懶散與不用心。

呈現

你的酒單代表了你的餐廳，因此不管外表如何，最重要的是酒單應提供註解與說明，讓它擁有獨特的風格。

避免無趣

來自獨特產區的酒款、半瓶裝的葡萄酒、食物搭配的建議等會讓酒單更完整且吸引人。一個好的酒單應鼓勵消費者勇於嘗試新的酒款，並讓人樂於閱讀，而不是一本葡萄酒拍賣會或電話本一般的型錄。

一份豐富的酒單	
1.	單杯酒：氣泡酒、白酒、粉紅酒、紅酒、甜點酒與加烈酒。
2.	啤酒：鮮榨、國內品牌、進口品牌、特殊品項。
3.	香檳與氣泡酒：品牌性的年份香檳與非年份香檳，與其他產區的產品。
4.	半瓶裝與小瓶裝：氣泡酒、白酒、粉紅酒、紅酒、甜點酒與加烈酒。
5.	大瓶裝（如雙瓶裝）：氣泡酒、白酒、粉紅酒、紅酒、甜點酒與加烈酒。
6.	法國白酒：阿爾薩斯、波爾多、羅亞爾河等（可先以產區分類，再以村莊分組）。
7.	來自其他國家的白酒（A）：依產區分類。
8.	來自其他國家的白酒（B）：依產區分類。
9.	來自特級葡萄園與膜拜白酒。
10.	法國紅酒：阿爾薩斯、波爾多（依 Médoc、Pauillac、Margaux 村莊分類）、布根地、羅亞爾河等。
11.	來自其他國家的紅酒（A）：依產區分類。
12.	來自其他國家的紅酒（B）：依產區分類。
13.	來自特級葡萄園與膜拜紅酒。
14.	甜酒。
15.	干邑（Cognac）、雅瑪邑（Armagnac）、威士忌（Whiskey）等。

依據風味編排的酒單	
白酒	**紅酒**
微氣泡、氣泡酒與香檳。	輕鬆易飲的葡萄酒，如薄酒來（Beaujolais）。
清爽、高酸度的酒款，如：松塞爾（Sancerre）、麗絲玲（Riesling）。	具香料味、成熟、柔軟可口的酒款，如：邦斗爾（Bandol）。
香氣豐富、帶有異國情調的酒款，如：格烏茲塔明那（Gewurztraminer）……。	深紫色、暗黑色澤的酒款，如：高納斯（Cornas）。
酒體豐富、口感圓潤的酒款，如：梅索（Meursault）。	沉穩優秀的波爾多酒款，如 Pauillac 的級數酒。

一個高檔法國餐廳的真實酒單（部分）

香檳（CHAMPAGNE）

白香檳 （Champagne Blanc）	• 特殊 Cuvée 的年份香檳，如：Clos du Mesnil、Comtes de Champagne、Cuvée Winston、Belle Epoque 等等 • 白中白的年份香檳（Blanc de Blancs Vintage） • 白中白的無年份香檳（Blanc de Blancs NV） • 一般年份香檳 • 一般無年份香檳
粉紅香檳 （Champagne Rosé）	• 頂級 Cuvée，如：Cristal、Ruinart • 年份香檳 • 無年份香檳
大瓶裝與半瓶裝香檳	

白酒（WHITE WINES）

阿爾薩斯	• Riesling • Pinot Blanc • Pinot Gris • Gewurztraminer • Vendanges Tardives ─晚收型 • Sélection de Grains Nobles ─貴腐型
布根地	• Chablis • Hautes Côtes de Nuits • Côte de Nuits（Villages and 1er Crus） • Côte de Beaune（Villages and 1er Crus） • Grand Cru ─夏布利與金丘區 • 其他……
隆河	• 北部右岸（如 Condrieu） • 北部左岸（如 Hermitage） • 南隆河（如 Châteauneuf du Pape） • Côtes du Rhône Villages • 天然甜葡萄酒 Vin Doux Naturel • 其他……
羅亞爾河	• Savennières • Vouvray（又分干或半干型） • Sancerre • 甜酒 • 其他……
其他	

參考文獻：Guide to Geographic Indicators by Daniel Giovannucci, Tim Josling, WIlliam Kerr, Bernard O'Connor & May T. Teung. International Trade Centre 2009.

定價策略

一個成功的餐廳老闆曾說:「人們因為我的菜來我的餐廳用餐,我無須推銷食物,因此我賣他們酒!」葡萄酒的銷售是增加餐廳盈餘的關鍵因素。

你知道嗎?在多數的餐廳中,酒水服務的利潤比餐點還要好。打開一瓶酒並做適當的侍酒服務比準備一個等價的餐點容易多了。若你能接受這樣的論點,那麼便要慎選餐廳中最重要的一款酒:House wine(日常用單杯酒)。對此,有兩派不同的論點:

論點A

「我們餐廳靠著銷售酒水的毛利讓餐點的價格更具競爭力。因此House wine應該產生較佳的利潤。」

購買你能找到最便宜的餐酒,你可能以150美金的價格購買一箱葡萄酒(每瓶葡萄酒單價為12.5美金),接著以每瓶36美金或者單杯8美金的價格銷售給你的客戶。

這是一個數學問題。如果你以單瓶方式銷售葡萄酒,那麼你的利潤將是 $36-$12.5 = $23.5(將近成本的2倍)。但若以一瓶6杯的單杯方式銷售,則你的利潤會是 $48-$12.5 = $35.5(近成本的3倍)。喜愛飲用葡萄酒的消費者都明瞭這點,並且從不點House Wine。不但如此,考慮到餐廳酒款的價格,這些顧客根本不會點酒來飲用。

論點B

「我們餐廳提供優質的餐點,並使用高品質的葡萄酒做為我們的House Wine。」

原因顯而易見。House Wine是參考酒單的第一印象,如果你精心挑選了一款物有所值的酒款(你仍可在其中賺取利潤),那麼也會反映出你對於挑選其他葡萄酒與食材的用心程度。

若你選擇的葡萄酒其平均單價高於上述例子,但以長遠經營的角度來看,你會賣得更多。用餐者會享用葡萄酒,並點購更多的單杯酒。消費者知道你提供價格合理、品質優異的酒款,樂意再次回籠用餐。

酒單上的酒不應過於哄抬價格。價格過高的葡萄酒將不會「動」,倘若庫存不「動」,則會占了餐廳酒窖中的寶貴空間。

葡萄酒銷售

銷售或推廣葡萄酒涉及各種不同的步驟。首先，你必須贏取顧客對你的信心。例如銷售品質優良酒款，並且價格合理，讓他們感到賓至如歸，並樂於提供協助且隨時可接受點菜。

接著，你必須判斷哪些客人需要你的協助，卻因緊張或害羞而不敢提出。問題可能包含「這道菜你覺得應該搭配紅酒還是白酒？」。接著提出不同選擇的建議。例如：「這款葡萄酒的酒體較重，不過我們也有像Beaujolais這樣酒體較輕盈的酒款」，或者「這些是干白酒，但如果你喜歡的話，我們也有甜酒可以選擇。」

當推薦葡萄酒時，記得提供一些客人可能會接受的價格範圍，這些酒款往往會幫助你銷售價格更高一階的酒款。

Examples of up selling	
Selling price of house wine that costs $ 12.50	$ 30
less GST/Taxes, etc	$ 28.50
Gross profit	$ 16
Selling price of a Vin de Pays costing $ 20	$ 50
Less GST/Taxes, etc.	$ 47.50
Gross profit	$ 27.50

若你一星期內成功將House Wine升等銷售為地區餐酒5次，那麼增加的營收將會是5 x (25.5-16) = $62，一年52星期 = $3250。

想像從銷售一般自來水升級為銷售礦泉水或House Wine，再從House Wine升等為地區餐酒，從地區餐酒升等為AOC或AOP的葡萄酒，這樣將快速增加你的營收。

然而要升級銷售，必須從你的House Wine開始，葡萄酒的定價須十分有競爭力，而非讓人望而卻步。此外，也要有一個良好的購酒程序，可在葡萄酒年輕時便先購入，多年來可在你的酒窖中陳年，這樣你將有一些獨特的品項可供你升級銷售。

你知道嗎？

溫度是否會影響葡萄酒的風味？

　　是否曾喝過溫的可口可樂？敢說你一定覺得它太甜、泡泡太多並且越喝越渴，一點都不解渴。在口腔中，對於接收冷或熱感受的神經纖維是位於不同區。以下是在不同溫度下的葡萄酒，給口腔不同感受的資訊：

< 6℃	將麻痺味蕾，白酒的風味會變淡。
< 10℃	白酒中的酸度感覺變低。
> 20℃	甜味明顯增加。
< 10℃	紅酒的單寧澀味更明顯。
> 22℃	紅酒感覺悶熱且酒體薄弱。
溫度更高	葡萄酒喝起來有苦味。

換瓶（decanting）與醒酒（aerating）有何不同？

　　當年輕的葡萄酒倒入另一個水瓶中，氧氣會「喚醒」葡萄酒呼吸[aerate]），它將變得更柔和易飲。橡木桶陳年的堅硬白葡萄酒，在空氣中呼吸過可變得更平易近人。當一款陳年的葡萄酒進行換瓶（decanting）時，要小心地將其殘渣留在瓶頸處，而過度與氧氣接觸則會破壞老酒優雅的香氣。

Chapter 17

葡萄酒與食物

葡萄酒與食物

你可曾注意過食物的種類能改變葡萄酒的風味與口感。當然，葡萄酒也會改變食物的味道。

例如：

- 含鹽分的食物，如醬油、魚露、鯷魚、醃製物等，可以降低葡萄酒的單寧與緊緻口感。
- 甜的食物，如以水果為基底的醬汁、糖醋醬、蜂蜜等，會降低葡萄酒的果味，讓酒品嚐起來更緊緻清爽，但也可能可能產生更多的單寧與苦味。
- 酸味食物，如醋、萊姆、羅望子等，能將提升葡萄酒的果味。
- 鹹味食物，如香菇、洋蔥等，會將葡萄酒的甜味降低，酸度提高。

餐酒搭配並不是一個可數量化的精準學科，美食與美酒專家試圖進行各種搭配，有些表現良好，有些則慘不忍睹，但偶爾也會產生讓饕客們讚嘆為「天堂般滋味」的完美搭配。

餐酒搭配有多種方式：

- 區分食物與葡萄酒的風格。
- 使用餐酒搭配表。
- 利用醬汁來搭配。
- 使用連結食材來搭配。
- 依據烹調方式來搭配。
- 依據風格將法國葡萄酒分類，並與食物的風味與質地搭配。

接下來將會呈現各種餐酒搭配方法的例子，同時也會附上參考書目，鼓勵大家進一步的學習。

區分食物與葡萄酒的風格組成

發想自 David Rosengarten 與 Joshua Wesson 所著 *Red Wine with Fish* 一書。

　　你可依據葡萄酒的組成、風味、質地、酒精與單寧等的感受來與食物的成份與質地進行結合與搭配。

　　在食材中，有些是鹹的成分，如鯷魚、培根、豆瓣醬、魚露與醬油等。也有些是甜味成分，如烤肉醬與梅子醬等。當提到酸味成分，就會想到如檸檬汁、羅望子（tamarind），此外還有一些苦味的菊苣（endive）與苦瓜。

　　食物也擁有不同的口感質地，有輕盈的：舒芙蕾、鮭魚慕思、清蒸魚等。豐腴的：椰子咖哩、鮮奶油、羊排。粗獷的：血腸、含顆粒的花生醬。多脂的：油封鴨、肥豬肉。

　　葡萄酒也有類似的口感質地：葡萄的酒石酸、未發酵完全的殘餘糖分所產生的甜味、以及來自單寧的苦味。不僅如此，葡萄酒還擁有

水果、烘焙、藥草、香料與大地土壤的風味。此外，葡萄酒也有著不同的質地與重量感。隆格多克丘-皮朴爾（Coteaux du Languedoc Picpoul-de-Pinet）是一款酸度清爽的干白酒，與酒體中等、果味豐富的布根地梅索（Meursault）白酒截然不同。

　　依根據食物與葡萄酒組成中的兩個或兩個以上的組成來試著均衡。例如用口感纖細、醬油調味的清蒸魚，可搭配質地優雅的麗絲玲（Riesling）。有著柑橘酸度的葡萄酒也可跟帶有鹹味的醬油搭配，因為鹹味可「推出」食物的風味，而酸則會「拉回」風味。Gray Kunz 與 Peter Kaminsky 曾在「The Elements of Taste」一書中舉出干白酒搭配新鮮生蠔的例子。

便用餐酒搭配表

修改自Maresca的餐酒搭配表（Food and Wine Matching wheel）。

紅酒

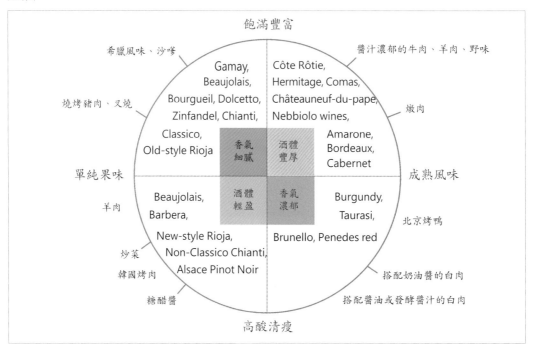

白酒

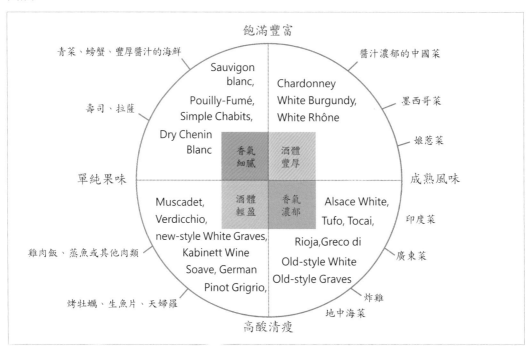

利用醬汁來搭配葡萄酒

參考 Christian Molara 著 *Sauces & Vins en Harmonie*（法文）一書。

　　作者根據調味料來建議適合搭配的葡萄酒，在他的書中可發現200種以上的醬料，如何準備這些醬料，以及搭配葡萄酒。以下是一些例子：

- 白奶油搭配松塞爾（Sancerre）或普依-芙美（Pouilly-Fumé）白酒。
- 松露奶油搭配都漢（Touraine）紅酒、卡本內-弗朗（Cabernet Franc）或居宏頌干白酒（Jurançon sec）。
- 番茄糊可以用來搭配極干型的夏多內（Chardonnay）、夏布利（Chablis）白酒或幕維得爾（Mourvèdre）紅酒。
- 加入胡椒的番茄糊搭配希哈（Syrah）或普羅旺斯紅酒。
- 美乃滋（有時會加入香料）搭配粉紅酒或教皇新堡（Châteauneuf-du-Pape）的白酒。
- 蒜泥蛋黃醬（Aioli）搭配粉紅酒或恭得里奧（Condrieu）的維歐尼耶（Viognier）白酒。
- 法式白醬（Béchamel）搭配格拉芙（Graves）的白蘇維濃（Sauvignon Blanc）白酒、法國西南產區、卡本內-弗朗（Cabernet Franc）或卡本內-蘇維濃（Cabernet Sauvignon）紅酒。
- 貝亞恩蛋黃醬（Béarnaise）搭配黑皮諾（Pinot Noir）或夏多內（Chardonnay）。
- 培根醬搭配希哈（Syrah）。
- 油醋醬搭配布拉伊丘（Côtes de Blaye）白酒或布根地地區級紅酒。

使用「連結元素」來搭配

　　Sid Goldstein 曾在他的著作「The Wine Lover's Cookbook」一書中，闡述每個葡萄品種或葡萄酒風格都有一些適合搭配的連結元素，若菜餚裡使用了這些特定的食材，那麼酒款就可以拿來搭配。此外，你也可以使用「連結元素」，來幫助食物與葡萄酒的風味、酒體、強度與基本口感的互動。

　　舉例來說，碳烤的牛排佐玉米培根莎莎醬，可搭配具莓果風味、甜美多汁的歐克地區餐酒（Vin de Pays d'Oc）；碳烤劍魚佐番茄胡荽莎莎則可選擇清脆明亮、帶有些草藥風味的松塞爾（Sancerre）白酒。

　　下面是一個特定風格酒款連結元素的例子：

　　香檳適合搭配的基本元素食材有：龍蝦、蛤、蚌、蝦、鯛魚、雞、火雞、鵪鶉、小牛肉、豬肉和雞蛋。

　　此外「連結元素」透過香氣、酒體、持久度或基本味道的互動來幫助食物與葡萄酒的結合，也就是說如果不採用上述的基本元素食材，仍可以利用下列「連結元素」裡頭的香味部分來與香檳搭配：

- 煙燻牡蠣
- 咖哩粉
- 酸豆（Capers）
- 蘑菇
- 酪梨
- 奶油
- 魚子醬
- 薑
- 橄欖
- 醬油
- 鮮奶油
- 烤堅果

依據烹調方式來搭配

參考 Johnson Bell 所著 *Wine & Food* 一書。

食物的準備與烹調方式也會左右葡萄酒的搭配選擇。

烹調方式		葡萄酒種類
清蒸（Steaming）	精緻細膩，可保持食物的新鮮度、風味與質地。	微酸、帶有果味的白葡萄酒。
熬煮（Poaching）	小火煨煮，有時會加入蔬菜，創造出精細的風味。	輕盈到中度酒體，帶有果味，通常為白酒。
川燙（Boiling）	這種烹調方法不添加任何香料，並保留食物原本的質地。	肉類通常搭配紅酒。
炒（Stir-Frying）	可保留食物的細膩風味，但調味料與醬汁將改變葡萄酒的選擇。	富果味的清爽白酒，或清爽紅酒（單寧含量不高，也不會太甜美）。
炸（Deep-Frying）	若烹煮得宜，食物不會過於油膩或者濕潤。	輕盈、富果味與酸度的葡萄酒。
燉煮（Braising）、砂鍋（Casseroles）燉菜（Stews）	可加強食物的風味。	單寧粗獷、複雜的紅酒，或者擁有濃郁木桶香味的白酒。
燒烤（Grilling）	帶有明顯的燻烤風味。	成熟濃郁、有著深色莓果香氣的紅酒，若有些許甜美的水果香氣更佳。
焙燒（Roasting）	可增加濃縮食物的風味，若表皮焙烤微焦後，會帶有焦糖的香氣。	柔順優雅的成熟紅酒。

甜點與葡萄酒

參考 Jean Kauffmann 所著 *A Meal - What Wines?* 一書。

依據質地來選擇飲品：清淡口感的水，適合水果與大多數的甜點；香檳與氣泡酒適合微甜的甜點；而濃郁厚重的甜點則可能適合搭配豐厚的甜型葡萄酒（如 Moelleux 與 VDN）。

照片來源 CIVA

Sopexa-Viniflhor 劃分法

分隔出葡萄酒所屬的風格家族來完成食物的搭配

　　將葡萄酒所屬的風格分類，是Sopexa-Viniflhor合作推出了解法國葡萄酒風格與風味的新方法。他們將法國葡萄酒依地理位置劃分成四個象限：西北、東北、東南、西南。

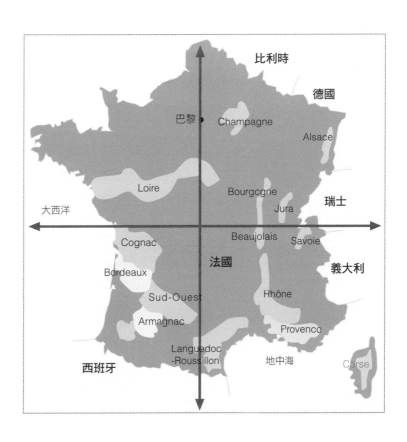

在每個象限中，產區風土條件與氣候是完全不同的：

- 西北區：氣候較潮濕，種植的葡萄品種包含：白蘇維濃（Sauvignon Blanc）、蜜思卡得（Muscadet）、白梢楠（Chenin Blanc）、加美（Gamay）與卡本內-弗朗（Cabernet Franc），這些品種對於濕度較不敏感。
- 西南區：在這裡也能看到對於濕度較不敏感的品種，如：榭密雍（Sémillon）、白蘇維濃（Sauvignon Blanc）、高倫巴（Colombard）、梅洛（Merlot）、馬爾貝克（Malbec）、卡本內-蘇維濃（Cabernet Sauvignon）與塔那（Tannat）。
- 東北區：葡萄品種必須能適合乾冷的氣候，大多種植夏多內（Chardonnay）、麗絲玲（Riesling）、黑皮諾（Pinot Noir）與加美（Gamay）。
- 東南區：本區的葡萄品種喜歡溫暖乾燥的環境，種植面積最廣泛的品種有：馬姍（Marsanne）、胡姍（Roussanne）、蜜思嘉（Muscat）、克雷耶特（Clairette）、維歐尼耶（Viognier）、希哈（Syrah）、格那希（Grenache）與幕維得爾（Mourvèdre）。

若仔細比較這四個象限中其中任兩個，將會發現由於各象限的氣候與風土條件的不同，即便由同一品種釀造的葡萄酒，風格味道也會有所不同。舉例來說，若拿以卡本內-蘇維濃（Cabernet Sauvignon）為主的波爾多紅酒，與同樣是卡本內-蘇維濃為主，但產自東南象限隆格多克-胡西雍的紅酒來相比，你將發現波爾多紅酒單寧與酸度結構明顯，而隆格多克-胡西雍的酒款單寧柔順，有著強烈水果香氣，這就是因風土條件與氣候不同所造成的結果。

可依據葡萄酒的風格、香氣與口感，將葡萄酒分成8組不同的類型

類型一：酒體輕盈，果味活潑的白酒

有著明亮的酸度，口感清新活潑，產區大多座落在法國的西北或西南象限。

主要產區：波爾多、羅亞爾河與西南產區。

類型二：圓潤有力、芬芳香氣的白酒

在酸度、酒精與果味有著良好的平衡，且口感結構圓潤，大多位於東北或東南象限。

主要產區：阿爾薩斯、布根地、隆河、普羅旺斯、隆格多克-胡西雍、科西嘉、侏羅與薩瓦。

類型三：複雜、餘韻綿長、濃郁的甜白酒

葡萄酒在酸度與甜度間有著奇妙的平衡，葡萄品種大多容易感染貴腐黴菌。

主要產區：波爾多、貝傑哈克（Bergerac）、西南產區、阿爾薩斯、羅亞爾河與侏羅。

類型四：酒體輕盈富果香的粉紅酒

酸度高，口感新鮮活潑。

葡萄酒大多產自羅亞爾河、波爾多及法國西部（包含西南或西北產區）。

類型五：圓潤強勁，香氣芬芳的粉紅酒

口感圓潤、香氣豐富。

產區位置來自東南象限，如普羅旺斯、柯西嘉、隆格多克-胡西雍與隆河。

類型六：果味柔順、纖細精巧的紅酒

明亮酸度，如天鵝絨般的輕巧單寧。

常見的產區如：布根地、薄酒來、羅亞爾河、阿爾薩斯與薩瓦，這些產區通常位於法國的西北與東北象限。

類型七：酒體濃郁、強勁有力的紅酒

有著良好酸度平衡的酒款，單寧結構堅實穩健。

產區來自於波爾多、貝傑哈克（Bergerac）、西南產區、加雅克（Gaillac）、卡歐（Cahors）與馬第宏（Madiran）。

類型八：香氣豐沛、口感豐腴的紅酒

香氣濃郁、質地飽滿。

大多來自法國的東南象限，如：隆河流域、隆格多克-胡西雍、科西嘉與普羅旺斯。

認識這些類別後，你可進行以下步驟：

1. 依據這八種風格來選擇所需的法國葡萄酒。

2. 做成一份完整的酒單，包含了八種不同風格與口味的葡萄酒，而無須涵蓋所有法國葡萄酒產區。

3. 提供多種香氣與風味的替代葡萄酒選項。例如，如果客人喜歡來自羅亞爾河的布戈憶-聖尼古拉（St Nicolas de Bourgueil），卻無庫存，那麼你可以建議消費者嘗試阿爾薩斯Pinot Noir或者薄酒來的Gamay酒款。雖然阿爾薩斯黑皮諾Pinot Noir與薄酒來Gamay並非由布戈憶-聖尼古拉（St Nicolas de Bourgueil）的卡本內-弗朗（Cabernet Franc）釀造，但他們都屬於果味柔順、纖細精巧的第六類型葡萄酒。另一方面，若使用來自波爾多聖愛美濃（St. Emilion），雖然這兩者都使用卡本內-弗朗（Cabernet Franc）釀造，但後者屬於類型七的葡萄酒，風格與布戈憶-聖尼古拉（St Nicolas de Bourgueil）截然不同，將會變成非常糟糕的替代品。

此外，你也可以用本表來進行餐酒搭配。

你可將不同的食物放入下表的圖中。

煎鴨胸有著富纖維口感，並且香氣豐富，可歸類在左上角的區塊中。新鮮的牡蠣則有纖細的香氣與柔軟口感，可放於右下角。

食物的定位

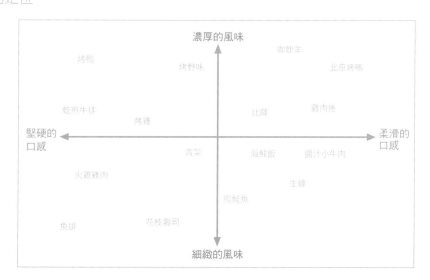

你會發現清爽且芬芳的紅酒，可搭配香氣濃郁、口感豐富的食材。而輕巧可愛的白酒，則是柔軟質地與精細香氣食物的完美伴侶。

依照食物定位搭配葡萄酒

Ultimately, you can then find substitutes in wine for each category of food!

以下是另一個將法國葡萄酒風格歸納分類的表格。依據氣候及品種將法國產區劃分八類。當進行餐酒搭配建議時，將十分有用。

	產區	常見酒款
第一類 輕盈活潑多果味的白酒，通常酸度高，有著清新爽口的風味。	波爾多、羅亞爾河、西南產區密思卡得（Muscadet）、梭密爾（Saumur）、安茹（Anjou）、松塞爾（Sancerre）、普依-芙美（Pouilly-Fumé）、希瓦那（Sylvaner）、加雅克（Gaillac）、貝傑哈克（Bergerac）、波爾多、與其兩海之間（Entre-deux-Mers）、多羅松伯爵領地地區餐酒（Vin de Pays du Comté Tolosan）、居宏頌（Jurançon）。	**夏朗特省（Charentes）**：夏朗特地區餐酒（Vin de Pays Charentais）。 **西南產區**：AOC 圖爾松（Tursan）、加雅克（Gaillac）、貝傑哈克（Bergerac）。 **蒙哈維爾（Montravel）、地區餐酒**：多羅松伯爵領地地區餐酒（VDP du Comté Tolosan）、加爾省地區餐酒（VDP du Gerd）。 **羅亞爾河**：密思卡得（Muscadet）、都漢（Touraine）、松塞爾（Sancerre）、普依-芙美（Pouilly-Fumé）、梧雷（Vouvray）、Gros Plant、安茹（Anjou）、莎弗尼耶（Savennières）。 **地區餐酒**：VDP du Jardin de la France。
第二類 強勁圓潤，芬芳氣息的白酒，酸度與酒體結構均衡和諧。	阿爾薩斯、布根地、隆河、普羅旺斯、隆格多克、科西嘉、侏羅與薩瓦。	普羅旺斯、隆格多克、夏多內（Chardonnay）地區餐酒、白蘇維濃（Sauvignon Blanc）地區餐酒、格拉芙（Graves）、布根地、隆河、麗絲玲（Riesling）、格烏茲塔明那。 **阿爾薩斯**：麗絲玲（Riesling）、希瓦那（Sylvaner）、白皮諾（Pinot Blanc）、灰皮諾（Pinot Gris）、格烏茲塔明那、蜜思嘉（Muscat）。 **侏羅**：侏羅丘（Côtes du Jura）、夏隆堡（Château Chalon）。 **薩瓦**：薩瓦-胡榭特（Roussette de Savoie）、薩瓦葡萄酒（Vin de Savoie）。 **布根地**：梅索（Meursault）、普里尼（Puligny）、梅克雷（Mercurey）、普依-富塞（Pouilly Fuissé）、馬貢村莊（Mâcon villages）、夏布利（Chablis）。 隆河：AOC 恭得里奧（Condrieu）、聖佩雷（Saint Peray）、隆河丘（Côtes du Rhône）、阿德榭地區餐酒（VDP de l'Ardèche）。 **普羅旺斯、科西嘉**：卡西斯（Cassis）、邦斗爾（Bandol）、艾克斯-普羅旺斯丘（Coteaux d'Aix-en-Provence）、地中海門戶地方地區餐酒（VDP Portes de la Méditerranée）。 **隆格多克**：隆格多克丘（Coteaux du Languedoc）、胡西雍丘（Côtes du Roussillon）、利慕（Limoux）、蜜思嘉-風替紐（Muscat de Frontignan）、歐克地區餐酒（VDP d'Oc）、通格丘地區餐酒（VDP des Côtes de Thongue）、陶丘地區餐酒（VDP des Côtes de Thau）、貝麗亞克丘地區餐酒（VDP des Coteaux de Peyriac）。

產區	常見酒款
第三類 甜白酒，複雜濃郁且帶有燻烤味，酸度與甜味有著良好平衡。	波爾多、貝傑哈克（Bergerac）、西南產區、阿爾薩斯、羅亞爾河、侏羅。	**波爾多：**索甸（Sauternes）、巴薩克（Barsac）、蒙-聖跨（St. Croix du Mont）、盧皮亞克（Loupiac）。 **西南產區：**貝傑哈克丘（Côtes de Bergerac）、蒙哈維爾丘（Haut Montravel）、蒙巴季雅克（Monbazillac）、居宏頌（Jurançon）、維克-畢勒-巴歇漢克（Pacherenc du Vic Bilh）。 **羅亞爾河：**萊陽丘（Côtes du Layon）、歐班斯丘（Coteaux de l'Aubance）、梧雷（Vouvray）、蒙路易（Montlouis）。 **阿爾薩斯：**VT 與 SGN 等級的麗絲玲（Riesling）、格烏茲塔明那。
第四類 明亮活潑富果味的粉紅酒，高酸度，新鮮清爽的口感。	羅亞爾河、波爾多、西南產區、加雅克（Gaillac）（Gaillac）、波爾多淡紅酒（Bordeaux Clairet）、羅亞爾河粉紅酒。	**羅亞爾河：**羅亞爾河粉紅酒、安茹粉紅酒（Rose d'Anjou）、松塞爾（Sancerre）（Sancerre）、都漢（Touraine）、VDP du Jardin de la France。 **波爾多：**波爾多粉紅酒、波爾多淡紅酒（Bordeaux Clairet）。 **西南產區：**加雅克（Gaillac）（Gaillac）、貝傑哈克（Bergerac）（Bergerac）、多羅松伯爵領地地區餐酒（VDP du Comte Tolosan）、卡斯康丘地區餐酒（VDP des Côtes de Gascogne）。
第五類 強勁結構，圓潤芬芳的粉紅酒。通常有著濃郁的香氣。	普羅旺斯、柯西嘉、隆格多克、隆河、邦斗爾（Bandol）、塔維勒（Tavel）、隆格多克-胡西雍、柯西嘉、歐克地區餐酒（VDP d'Oc）。	**普羅旺斯：**普羅旺斯丘（Côtes de Provence）、瓦華丘（Coteaux Varois）、艾克斯-普羅旺斯丘（Coteaux d'Aix-en-Provence）、卡西斯（Cassis）、邦斗爾（Bandol）、摩爾地區餐酒（VDP des Maures）、地中海門戶地方地區餐酒（VDP Portes de la Méditerranée）。 **柯西嘉：**柯西嘉葡萄酒、美島地區餐酒（VDP de l'Ile de Beauté）。 **隆格多克：**隆格多克丘（Coteaux du Languedoc）、密內瓦（Minervois）、高比耶（Corbières）、高麗烏爾（Collioure）、胡西雍丘（Côtes du Roussillon）、歐克地區餐酒（VDP d'Oc）、加泰隆地區餐酒（VDP Catalan）。 **隆河：**AOC 塔維勒（Tavel）、隆河丘（Côtes du Rhône）、呂貝宏丘（Côtes du Lubéron）、尼母丘（Costières de Nîmes）、地中海門戶地方地區餐酒（VDP Portes de la Méditerranée）、阿德榭丘（Coteaux de l'Ardèche）。

	產區	常見酒款
第六類 纖細富果味，天鵝絨般質地的紅酒。通常由酸味主導酒體架構，單寧口感細緻。	布根地、薄酒來、羅亞爾河、阿爾薩斯、薩瓦、薄酒來、加雅克（Gaillac）（Gaillac）、阿爾薩斯黑皮諾（Pinot Noir）、布根地。	**布根地**：馬貢（Mâcon）、梅克雷（Mercurey）、伯恩（Beaune）、哲維瑞-香貝丹（Gevrey Chambertin）、馮內-侯馬內（Vosne-Romanée）、玻瑪（Pommard）等。 **薄酒來**：薄酒來新酒（Beaujolais Nouveau）、薄酒來、薄酒來村莊（Beaujolais Villages）、薄酒來特級村莊（Crus du Beaujolias，如弗勒莉（Fleurie）、聖艾姆（St Amour）、摩恭（Morgon）、布依（Brouilly）、風車磨坊（Moulin-à-vent）等。 **羅亞爾河**：AOC 希濃（Chinon）、布戈憶（Bourgueil）、梭密爾（Saumur）、安茹（Anjou）、都漢（Touraine）、松塞爾（Sancerre）、蒙內都-沙隆（Menetou Salon）、VDP du Jardin de la France。
第七類 酒體強勁濃厚的紅酒，酸度均衡，單寧結構扎實完整。	波爾多、貝傑哈克（Bergerac）、西南產區、加雅克（Gaillac）、卡歐（Cahors）、馬第宏（Madiran）、貝沙克-雷奧良（Pessac-Léognan）、波雅克（Pauillac）、聖艾斯臺夫（St Estèphe）、弗朗薩克（Fronsac）、卡歐（Cahors）、上梅多克（Haut Medoc）。	**波爾多**：AOC 波爾多、優質波爾多（Bordeaux Supérieurs）、波爾多丘（Côtes de Bordeaux）、梅多克（Medoc）、格拉芙（Graves）、聖愛美濃（Saint Emilion）及其衛星產區。 **貝傑哈克（Bergerac）**：AOC 貝傑哈克（Bergerac）、貝夏蒙（Pécharmant）、蒙哈維爾（Montravel）。 **西南產區**：卡歐（Cahors）、馬第宏（Madiran）、加雅克（Gaillac）（Gaillac）、奎西丘（Coteaux du Quercy）、貝亞（Béarn）、依蘆雷姬（Irouléguy）、圖爾松（Tursan）、馬西雅克（Marcilla）。
第八類 甜美圓潤的紅酒，通常有著豐腴的口感以及濃郁的香氣。	隆河、隆格多克-胡西雍、柯西嘉、普羅旺斯、教皇新堡（Châteauneuf-du-Pape）、克羅茲-艾米達吉（Crozes-Hermitage）、柯西嘉、密內瓦（Minervois）、隆河丘（Côtes du Rhône）、胡西雍（Roussillon）、玻美侯（Pomerol）、玻瑪（Pommard）、羅地丘（Côte Rôtie）、瑪歌（Margaux）、聖愛美濃（Saint Emilion）、希哈（Syrah）與梅洛（Merlot）地區餐酒。	**隆河**：羅地丘（Côte Rôtie）、克羅茲-艾米達吉（Crozes-Hermitage）、隆河丘村莊（Côtes du Rhône Villages）、給漢（Cairanne）、隆河丘（Côtes du Rhône）、Côtes du Ventoux、Gigondas、VDP de l'Ardèche。 **隆格多克-胡西雍**：Fitou、高比耶（Corbières）密內瓦（Minervois）、隆格多克丘（Coteaux du Languedoc）、聖西紐（Saint Chinian）、佛傑爾（Faugères）、胡西雍丘村莊（Côtes du Roussillon-Villages）、塔維勒（Tavel）、歐克地區餐酒（VDP d'Oc）、加泰隆地區餐酒（VDP Catalan）。 **科西嘉**：巴替摩尼歐（Patrimonio）、阿加修（Ajaccio）、美島地區餐酒（VDP de l'Ile de Beauté）。 **普羅旺斯**：普羅旺斯（Côtes de Provence）、邦斗爾（Bandol）、艾克斯-普羅旺斯丘（Coteaux d'Aix-en-Provence）、地中海門戶地方地區餐酒（VDP Portes de la Méditerranée）。

從葡萄酒到食物

最後，我們列出了一些經典的餐酒搭配建議，當酒款風格明確時，以下為可供參考的食物搭配：

Chablis	布根地蝸牛（Escargots à la Bourguignone）
Mâcon	火腿
Meursault	龍蝦
Mâcon	菠菜烘蛋
Puligny-Montrachet	乾煎比目魚
Saumur Mousseux	蘆筍佐穆斯林奶蛋醬（Sauce Mousseline）
Touraine Blanc	豬肉醬凍（Rillettes de Tours）
Vouvray	內臟腸（Andouillette），也可搭配 Chinon 與 Beaujolais 酒款
Quarts de Chaume	草莓蛋糕
Vouvray moelleux、mousseux	反烤蘋果塔（Tarte Tatin）
格烏茲塔明那 VT	鵝肝（Foie gras）或芒思特（Munster）起司，Pinot Gris 也可搭配鵝肝
Vin Doux Naturels Muscat	冰淇淋
Riesling	醃酸白菜（Choucroute）
Pouilly-Fumé、Sancerre	煙燻鮭魚、山羊乳酪
Condrieu	扇貝
香檳（甜型或半干型）	冰沙（Sorbet）
Cassis blanc	馬賽魚湯
普羅旺斯白酒或粉紅酒	尼斯沙拉、酸豆橄欖醬（Tapenade）
Cahors	霍克福（Roquefort）起司
Morgon	布列斯藍紋乳酪（Bleu de Bresse）
Châteauneuf-du-Pape	橙鴨（Canard a l'Orange）、燉羔羊（Navarin d'Agneau）
Banyuls	巧克力蛋糕
St. Emilion Pomerol	烤牛肉、血鴨（Canard au sang）、佐蛋黃醬汁的肉類
薩瓦紅葡萄酒	鞏德（Comté）起司

照片來源 Sud de France

Bourgogne 紅酒	烤野雞
Gevrey-Chambertin	紅酒燉公雞（Coq au vin）
Chambolle-Musigny	艾波瓦斯（Epoisses）起司
Corton	主教橋（Pont-l'Eveque）起司
Volnay	卡門貝爾（Camembert）起司
Madiran	油封鴨或鵝
Costières de Nîmes 紅酒	奶油鹽漬魚（Brandade）佐橄欖油、大蒜或奶油
Corbières 紅酒	白豆燉肉（Cassoulet）

附錄A 法定產區與分級制度

法定產區 Appellation

依定義來說，法定產區（appellation）是為了物品、地方或產品（如起司等）所給予的命名、名字或稱號。酒標上的法定產區所指的是葡萄來源的原產地。法國法定產區制度的建立，當時是為了保護果農，避免他們受到日益猖獗的假酒之害。

法定產區所保證的是葡萄酒的來源而非品質。

許多法定產區的劃分界限與官方行政區域相符，有些與一個行政區差不多大，包含成百上千公頃的不同葡萄園，有些小於1.61公頃的葡萄園甚至也可以自成一個法定產區。

大多數知名的法國葡萄酒或優質葡萄園（cru）都在法定產區制度的範疇之中。其他葡萄酒生產國也會使用法定產區制度認證。在法國，法定產區制度的規範包含以下幾個項目：

- 原產地
- 最低酒精濃度
- 每公頃最大產量
- 葡萄品種
- 葡萄藤整枝法
- 銷售與行銷推廣條件

AOC法定產區制度的起源與功用

全世界第一個法定產區是1730年在匈牙利創立；二十年後這個概念也引進葡萄牙。1935年，法國農業部創立了分支機構——法國國家法定產區管制局（INAO），以便統一管理法國葡萄酒業。此法定產區制度名為Appellation d'Origine Contrôlée（簡稱AOC）。

AOC制度設立最主要的原因在於，杜絕釀酒過程流於草率以及葡萄產量過大，而特別著重葡萄酒的品質與風味。在品質優良的葡萄酒產量嚴重短缺或劣質混種葡萄過剩時（例如：19世紀末歐洲葡萄根瘤芽蟲病危機時期、第一次世界大戰後以及經濟大蕭條），避免不肖生產者用來自南法、西班牙與北非等地的葡萄摻雜混釀葡萄酒。

選擇正確的法定產區分級

許多葡萄園可以選擇以不同的法定產區來銷售他們的葡萄酒。舉例來說：位於上梅多克區的一級特等酒莊（Premiers Grand Cru Classé）——Château Latour可以在酒標上標示AOC Bordeaux，因為它的葡萄園位於大波爾多區，只需遵守產區相關法令規定即可。而它同時又位在AOC Haut-Médoc法定產區，因此得以標示AOC Haut-Médoc，這樣一來售價可勝過基本的AOC Bordeaux一籌。不過，Château Latour所在的波雅克（Pauillac）村，屬於一個村莊級的法定產區，因此酒標上也可使用AOC Pauillac。

優良地區餐酒（VDQS）與特定產區優質酒（VQDRD）

優良地區餐酒（Vin Délimité de Qualité Supérieure，簡稱VDQS），其規範和AOC相似度很高，這些規範都是由當地酒農組成之公會規劃。有些葡萄酒在加入AOC以前，會先申請成為VDQS等級。這級數等同於歐盟的「特定產區優質酒」（Vins de Qualité Produit dans une Région Déterminée，簡稱VQDRD）的等級。

地區餐酒（Vin de Pays）與普級餐酒（Vin de Table）

在法國許多地區的葡萄酒被排除於AOC分級之外，因此無法享有AOC所帶來的行銷優勢。這些酒被歸類於地區餐酒（Vin de Pays）等級，比普級餐酒（Vin de Table）再高上一級，不過在消費者心目中的重量較低（請參閱附錄D）。

普級餐酒（Vin de Table）可與各種來自不同產區、不同年份的葡萄酒混釀。唯一需注意的是酒精濃度必須與酒名一起標明在酒標上。

分級制度

除了AOC法定產區分級之外，許多產區還有各自特有的分級。舉例來說，Château Latour 在1855年波爾多梅多克區的分級中屬於列級酒莊（Grand Cru）。廣義來說，這類擁有類似地位的酒莊法文通常被稱為「crus」或英文的「growths」。某些區域的分級制度（例如波爾多）雖然不包含在AOC法規裡，但卻在市場上被廣泛認可並具有重要商業價值。

然而到了布根地，地方級／村莊級／一級葡萄園／特級葡萄園的產區分級制度，則是納入國家法定產區管制局（INAO）的規範之下。

其他產區如阿爾薩斯，對於各地產區風土條件也有所謂的分級，但是並不如上述產區來得重要。在班努斯（Banyuls）或是普羅旺斯丘（Côtes de Provence），這類的分級則鮮為人知。

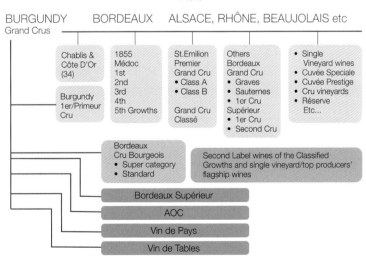

令人困惑還是清楚明白？

雖然Cru（列級酒莊、優質葡萄園或優質產區葡萄酒）是高品質的象徵，但是這並不表示非Cru的酒款就等於品質不佳。舉布根地的例子來說，當地葡萄園多半劃分給眾多不同的經營者，也因此，即便來自特級葡萄園（Grand Cru）的酒款並不代表是出自最佳的酒莊。在香檳區，每個村莊的分級是依據葡萄酒的品質並以百分比來評分，最優質的被授與滿分一百分。也因此Cru這個概念在香檳區並沒有太大意義，因為酒廠（Maison）的聲譽才是最重要的，這牽涉到搜尋並買進優質葡萄的能力、調配以及逐年釀製風格穩定的香檳。在阿爾薩斯，唯有頂尖的葡萄園才能得到特級葡萄園的地位。在隆河區，只有小區域的產區才有所謂的Cru；在波爾多，則用來稱呼沒有分級制或Cru等級的某些次產區的頂尖好酒（例如：Pomerol）。

總而言之，Cru這個字所代表的是一個生產超優質葡萄酒的葡萄園。Cru在英文中則被直接翻譯成Growth。Cru這個字通常會跟其他形容詞一起連用，例如：Premier Cru（一級酒莊、一級葡萄園）、Cru Bourgeois（中級酒莊）或Cru Classé（列級酒莊），使人得以清楚辨識葡萄園的分級。

其他Cru的分級

在法國其他產區的分級制度與波爾多大相逕庭。舉例來說，布根地的分級品質由高至低為：
特級葡萄園（Grand Cru）、一級葡萄園（Premier Cru）、村莊級以及基本地區性布根地。

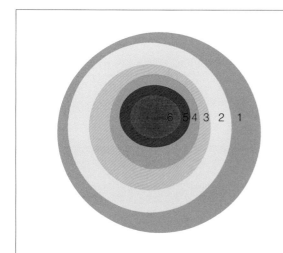

1. 法國 France
2. 布根地 Bourgogne（產區）
3. 金丘區 Côte d'Or（次產區）
4. 夜丘區 Côte de Nuits（次次產區）
5. 馮內-侯瑪內村 Vosne-Romanée（村莊）
6. 塔須園 La Tâche（特定葡萄園）

上圖：塔須（La Tâche）為位於布根地次產區內一個村莊裡的特定葡萄園。

在隆河區，來自18個公認產區的葡萄酒才能被認可為Cru級葡萄酒。

在阿爾薩斯，當地有51個特級葡萄園（Grand Cru）。香檳區和薄酒來產區也擁有各自的Cru。在法國，隨著產區的改變，Cru也有許多不同而特定的意思。在隆格多克（Languedoc），Cru所指的是品質特優、值得特別標註的村莊。

除了Cru以外，法國許多產區的葡萄酒或許沒有標示Cru等級，但因單一葡萄園、特別的名稱、或是由酒莊特選出來的酒款，而得以被突顯出來。

Cru

Cru這個字所指的是特殊氣候或產區風土條件，同時也意指那些擁有風土條件產區所生產的酒款。唯有產自阿爾薩斯、班努斯、布根地、聖愛美濃、夏布利與香檳等區的AOC酒款才得以標示Grand Cru在酒標上。

酒莊（Domaine）

Château（城堡酒莊）這個字是保留給AOC等級的酒款所用（意指擁有葡萄園、釀製與儲存空間與人力資源的生產單位）；Domaine這個字則用來指其他獨立的酒莊，可以是AOC或地區餐酒等級。

釀酒合作社（Cave coopérative）

這是由酒農所組成的社團或合作社，所結集的葡萄拿來釀酒或銷售。

波爾多
1885年份級表（梅多克區）

註：以下各區分級，酒莊名略。有些分級如聖愛美濃已有改變。

First Growths	Second Growths	Third Growths	Fourth Growths	Fifth Growths
Ch Lafite-Rothschild	Ch Rausan-Segla	Ch Giscours	Ch Saint-Pierre	Ch Pontet-Canet
Ch Latour	Ch Rauzan-Gasies	Ch Kirwan	Ch Branaire	Ch Batailley
Ch Mouton-Rothschild	Ch Léoville-Las-Cases	Ch d'Issan	Ch Talbot	Ch Grand-Puy-Lacoste
Ch Margaux	Ch Léoville-Barton	Ch Lagrange	Ch Duhart-Milon-Rothschild	Ch Grand-Puy-Ducasse
Ch Haut-Brion	Ch Léoville-Poyferre	Ch Langoa-Barton	Ch Pouget	Ch Haut-Batailley
	Ch Durfort-Vivens	Ch Malescot-Saint-Exupery	Ch La Tour-Rochet	Ch Lynch-Bages
	Ch Lascombes	Ch Cantenac-Brown	Ch Beychevelle	Ch Dauzac
	Ch Gruaud-Larose	Ch Palmer	Ch Prieure-Lichine	Ch Mouton-Baronne-Philippe
	Ch Brane-Cantenac	Ch La Lagune	Ch Marquis-de-Terme	Ch d'Armailhac
	Ch Pichon-Longueville-Baron	Ch Desmirail		Ch du Tertre
	Ch Pichon-Lalande	Ch Calon-Segur		Ch Haut-Bages-Liberal
	Ch Ducru-Beaucaillou	Ch Ferrière		Ch Pedesclaux
	Ch Cos-d'Estournel	Ch Marquis-d'Alesme		Ch Belgrave
	Ch Montrose	Ch Boyd-Cantenac		Ch Camensac
				Ch Cos Labory
				Ch Clerc-Milon
				Ch Croizet-Bages
				Ch Cantermerle

波爾多
格拉夫（Graves）1959年官方分級

Classified Red Wines of Graves Commune	Classified White Wines of Graves Commune
• Château Bouscaut (Cadaujac)	• Château Bouscaut (Cadaujac)
• Château Haut-Bailly (Léognan)	• Château Carbonnieux (Léognan)
• Château Carbonnieux (Léognan)	• Château Domaine de Chevalier (Léognan)
• Domaine de Chevalier (Léognan)	• Château d'Olivier (Léognan)
• Château de Fieuzal (Léognan)	• Château Malartic Lagravière (Léognan)
• Château d'Olivier (Léognan)	• Château La Tour-Martillac (Martillac)
• Château Malartic-Lagravière (Léognan)	• Château Laville-Haut-Brion (Talence)
• Château La Tour-Martillac (Martillac)	• Château Couhins-Lurton (Villenave d'Ornan)
• Château Smith-Haut-Lafitte (Martillac)	• Château Couhins (Villenave d'Ornan)
• Château Haut-Brion (Pessac)	• Château Haut-Brion (Pessac)（1960年加入）

聖愛美濃（Saint-Emilion）分級（2006）

First Great Growth category A / Grand Cru Classé A

- Château AUSONE
- Château CHEVAL BLANC

First Great Growth category B / Grand Cru Classé B

Château Angélus

Château Beauséjour (Duffau-Lagarrosse)

Château Beau-Séjour-Bécot

Château Belair

Château Canon

Château Figeac

Château La Gaffelière

Château Magdelaine

Château Pavie

Château Pavie-Macquin

Château Troplong-Mondot

Château Trottevieille

Clos Fourtet

Other Growths / Grand Cru Classé

Château Balestard la Tonnelle

Château Bellefont-Belcier

Château Bergat

Château Berliquet

Château Cadet Piola

Château Canon la Gaffelière

Château Cap de Mourlin

Château Chauvin

Château Corbin

Château Corbin Michotte

Château Dassault

Château Destieux

Château Fleur-Cardinale

Château Fonplégade

Château Fonroque

Château Franc Mayne

Château Grand Corbin

Château Grand Corbin-Despagne

Château Grand Mayne

Château Grand Pontet

Château Haut Corbin

Château Haut Sarpe

Château L'Arrosée

Château La Clotte

Other Growths / Grand Cru Classé

Château La Couspaude

Château La Dominique

Château La Serre

Château La Tour Figeac

Château Laniote

Château Larcis Ducasse

Château Larmande

Château Laroque

Château Laroze

Château Le Prieuré

Château Les Grandes Murailles

Château Matras

Château Monbousquet

Château Moulin du Cadet

Château Pavie-Decesse

Château Ripeau

Château Saint-Georges-Côte-Pavie

Château Soutard

Clos de l'Oratoire

Clos des Jacobins

Clos Saint-Martin

Couvent des Jacobins

索甸-巴薩克（Sauternes-Barsac）

Sauternes-Barsac:
The Official Classification of 1855

First Great Growth
(Premier Cru Supérieur)

- Château d'Yquem (Sauternes)

First Growths
(Premiers Crus)

- Château La Tour-Blanche (Bommes)
- Château Lafaurie-Peyraguey (Bommes)
- Château Clos Haut-Peyraguey (Bommes)
- Château de Rayne-Vigneau (Bommes)
- Château Suduiraut (Preignac)
- Château Coutet (Barsac)
- Château Climens (Barsac)
- Château Guiraud (Sauternes)
- Château Rieussec (Fargues)
- Château Rabaud-Promis (Bommes)
- Château Sigalas-Rabaud (Bommes)

Second Growths
(Deuxièmes Crus)

- Château de Myrat (Barsac)
- Château Doisy-Daëne (Barsac)
- Château Doisy-Dubroca (Barsac)
- Château Doisy-Védrines (Barsac)
- Château d'Arche (Sauternes)
- Château Filhot (Sauternes)
- Château Broustet (Barsac)
- Château Nairac (Barsac)
- Château Caillou (Barsac)
- Château Suau (Barsac)
- Château de Malle (Preignac)
- Château Romer-du-Hayot (Fargues)
- Château Lamothe-Despujols (Sauternes)
- Château Lamothe-Guignard (Sauternes)

附錄B 法國葡萄品種與常用葡萄酒字彙

主要紅葡萄品種		其他紅葡萄品種	
卡本內 - 弗朗 Cabernet Franc	勃拉給 Braquet	紅居宏頌 Jurançon rouge	普沙 Poulsard
卡本內 - 蘇維濃 Cabernet Sauvignon	蓋利多 Calitor	黑蒙仙 Manseng Noir	西亞卡列羅 Sciacarello
卡利濃 Carignan	希撒 César	莫尼耶 Meunier	塔那 Tannat
仙梭 Cinsault	鉤特 Côt	蒙得斯 Mondeuse	提布宏 Tibouren
加美 Gamay	古諾日 Counoise	慕維得爾 Mourvèdre	土梭 Trousseau
格那希 Grenache	黑古爾布 Courbu Noir	聶格列特 Négrette	
梅洛 Merlot	都哈斯 Duras	尼陸修 Nielluccio	
黑皮諾 Pinot Noir	費爾 - 塞瓦都 Fer Servadou	小維鐸 Petit Verdot	
希哈 Syrah	伏爾拉 - 內羅 Fuella Nera	黑皮朴爾 Picpoul Noir	
	果若 Grolleau	歐尼彼諾 Pineau d'Aunis	

主要白葡萄品種		其他白葡萄品種	
夏多內 Chardonnay	阿里哥蝶 Aligoté	古爾布 Courbu	莫列特 Molette
白梢楠 Chenin Blanc	阿爾地斯 Altesse	白芙爾 Folle Blanche	蜜思卡岱勒 Muscadelle
格烏茲塔明那 Gewurztraminer	阿爾伯 Arbois	灰格那希 Grenache Gris	小粒種蜜思嘉 Muscat à Petits Grains
白格那希 Grenache Blanc	歐班 Aubin	大蒙仙 Gros Manseng	亞歷山得里 - 蜜思嘉 Muscat d'Alexandrie
香瓜種 Melon	歐歐瓦 Auxerrois	賈給爾 Jacquère	歐脫內 - 蜜思嘉 Muscat Ottonel
白皮諾 Pinot Blanc	巴爾巴戶 Barbaroux	白居宏頌 Jurançon Blanc	小蒙仙 Petit Manseng
麗絲玲 Riesling	巴羅克 Baroque	連得勒依 Len de l'El	皮朴爾 Picpoul
白蘇維濃 Sauvignon Blanc	布布蘭克 Bourboulenc	馬卡貝甌 Macabeu	胡姍 Roussanne
榭密雍 Sémillon	夏斯拉 Chasselas	馬姍 Marsanne	薩希 Sacy
希瓦那 Sylvaner	克雷耶特 Clairette	莫札克 Mauzac	薩瓦涅 Savagnin
白于尼 Ugni Blanc	高倫巴 Colombard	白梅洛 Merlot Blanc	維門替諾 & 維歐尼耶 Vermentino & Viognier

葡萄酒形容常用字彙

Acetic 帶醋酸味
用來形容已經轉變成醋的葡萄酒。不同於酒中原本應有的酸度,帶醋酸味的酒會呈現尖銳的酸味。

Acidity 酸度
酒中所帶有的清新、活潑、爽口的酸味,如嚐到柑橘類水果般的口感。葡萄酒的酸度必須與其他酒中的成份相互均衡。例如:甜酒中所帶的酸度能使酒嚐起來不至甜膩。見Balance均衡度。

Aftertaste 餘味
見尾韻。

Ageworthy 陳年實力
具有窖藏價值與實力的酒款。多半是那些帶著高酸度或單寧,但同時擁有足夠果香與其他成份的葡萄酒,使其得以越陳越顯出優雅口感。不夠均衡的酒款或許擁有足夠的單寧,但口感中卻缺少了果實風味。隨著陳年時間越長,單寧或許得以被軟化,但是酒中仍會缺乏果實氣味。

Alcoholic 酒精味
酒精度不均衡的酒款,會在口中留下令人不舒服的炙熱感。

Appellation 法定產區
在特定的葡萄產區,所能使用的葡萄品種、種植方式、葡萄酒風格都受到法令規範。這個用語源於匈牙利與葡萄牙,用來針對不同葡萄酒風格與品質做分級,在歐洲產區廣泛使用,近來新興產區也開始跟進。例如:美國加州索諾瑪(Sonoma)、澳洲Coonawarra與智利邁波(Maipo)也都考慮開始採用法定產區系統。

Aroma 香氣
用鼻子聞葡萄酒所呈現的氣味,英文中也直接以「nose」表示。通常指的是年輕酒款所帶的果香與花香,是葡萄酒經過瓶中陳年之前所出現的氣味。見Bouquet香味。

Aromatic 帶著芬芳氣味的
息指明顯的甜美花香。通常會用來形容以Gewurztraminer與Muscat品種所釀製的酒款。

Astringency 乾澀
酒中的單寧在口中造成乾澀的口感。想像自己咀嚼核桃皮或用濃茶漱口時的感受。這樣的感覺可以是柔順、肥厚或強烈的。

Austere 苦澀
用來形容果實氣味不多且口感質地緊實的干型酒款。

Backbone 骨架
指用來支撐葡萄酒的單寧與酸度;通常酒體飽滿以及風味濃厚的酒款也會有相當的骨架。

Balance 均衡度
酒中酸度、酒精度、單寧以及甜度四者之間的平衡。有時也用來形容橡木風味與其是否掩蓋果實的氣味。

Barrel Fermentation 桶中發酵
不同於不鏽鋼或其他非木製的酒桶,這類的葡萄酒是在橡木桶內發酵與陳年培養。通常這類葡萄酒會帶有較高的酒體與風味,如:木香、香草、土司、焦糖、丁香與咖啡氣味。

Barrique 小型橡木桶
在法文中意指225公升裝的橡木桶(波爾多產區,布根地區則為228公升);一桶的產量約等同於三百瓶葡萄酒。

Big and Heavy Bodied 酒體厚重宏大
指酒中濃厚的酒精與風味。酒體飽滿的酒款多半是帶著較多糖分、橡木味、酒精度與葡萄果味的葡萄酒。

Blend 調配
釀酒的技巧之一。使用兩種以上的葡萄品種、不同年份、風格的酒款混釀而成,以便呈現出釀酒師所要的風格。歐洲釀酒師多半會以同一產區、

不同品種混釀葡萄酒。而新世界釀酒師則會使用來自擁有不同氣候形態的產區所種植的同樣品種來釀製。

Body 酒體

葡萄酒在口中的飽滿度，這是取決於酒精、糖分、甘油與其他酒中成分。輕度酒體（light-bodied）嚐起來非常柔軟細緻；酒體飽滿（full-bodied）的酒款則濃郁而結實。

Botrytis 貴腐菌

受到貴腐菌影響的葡萄多半被拿來做甜酒。容易吸引貴腐菌的品種為榭密雍（Sémillon）、白蘇維濃（Sauvignon Blanc）、麗絲玲（Riesling）、格烏茲塔明那（Gewurztraminer）與白梢楠（Chenin Blanc）。

Bouquet 酒香

帶著複雜度的葡萄酒香氣；多半是因經過桶或瓶中陳年所得。通常用來描述成熟的酒款。

Brawny 結實

口感陽剛、咬口而強健的酒款。多半指那些帶著高單寧、酸度與酒精度的年輕紅酒。

Breathing 通氣

將酒從瓶中倒入醒酒器使葡萄酒得以呼吸的過程。這樣的做法會使酒接觸到空氣，使其略微氧化，讓酒款得以呈現出更濃郁的香氣。對於老酒來說，這樣的過程可以使瓶中因陳年所帶有的些許霉味消失，或使香氣變得開放。輕輕旋轉酒杯也能達到使酒呼吸的通氣效果。

Bright Fruit 果味清新

帶著活潑香氣的酒款，尤其是年輕的白酒，呈現出清新的果香。

Brut 不甜型（氣泡酒專屬）

意指干型不甜的氣泡酒或香檳。

Carbonic Maceration 二氧化碳浸皮法

指在無氧狀態下進行的發酵方法，用以釀製薄酒來葡萄酒。經過這樣過程的酒款會帶著較少的單寧，充滿果香，口感清淡（多半會帶著草莓與櫻桃氣味）。

Cépage 葡萄品種

法文，指葡萄品種。

Chewy 咬口

用來形容單寧的口感；有時指酒精、糖分與單寧三者之間融合所帶出那種肥大、不易咀嚼的感覺。是輕度酒體的相反。

Citrus 柑橘類果香

這類酒款不一定有高酸度，但是帶著類似葡萄柚般的氣味。多半在產自涼爽氣候形態的白蘇維濃與麗絲玲等酒款中可以察覺。

Clean 乾淨清新

新鮮、無缺陷的酒款，多半用來形容年輕的葡萄酒。

Clone 無性繁製

以剪枝或嫁接方式，酒農得以用「克隆」／無性繁殖方式創造出與母藤基因相同的葡萄藤。

Closed 封閉的

擁有特殊風味的葡萄酒但需要更多窖陳時間以完全表現出所具有的潛力。

Cloying 甜膩的

甜酒中的甜度壓過酒中的酸度，使口感變得膩而不均衡。

Cooper 橡木桶製造者

製作橡木桶的人。

Corked 帶木塞味

約5%葡萄酒的品質會被樹皮上所帶有的細菌影響。這類沾染在軟木塞上的細菌會使酒呈現出潮濕的霉味。像是潮濕的狗毛味、舊襪子、溼報紙

等都是典型的帶木塞味酒款。

Color and Sight 酒色
用眼所觀察到的葡萄酒顏色。年輕的酒款會呈現深紅色，隨著年紀增加，酒色會逐漸變淡（磚紅色或帶著咖啡色）。年輕白酒的顏色則會從淡轉變為深金黃色。正常的酒款不應呈現混濁狀。

Complex 複雜的
用來形容那些帶有美好香氣與口感的酒款，以及開始發展出多層次香氣的葡萄酒。

Complexity 複雜度
擁有多層次香氣或口感的酒款；與簡單型酒款相反。

Cuve 酒槽
法文，意指那些用來調配或發酵的酒桶或酒槽。

Cuvée 酒款／調配酒
法文，調配完成的單一酒款。我們可以說一個Cuvée調配自不同的葡萄園、酒槽或橡木桶。

Crisp 清新爽口
酒中所帶有的良好酸度。

Depth 深度
與複雜度意義相似。一款具深度的葡萄酒也會擁有濃郁的口感，複雜而具吸引力。

Disgorge 除渣
氣泡酒或香檳在經過第一次瓶中發酵後，會進行除渣的過程，以便去除瓶中的雜質。重新以木塞封口前會在瓶中填補酒液。

Dry 干型
不甜型的酒款；半干型酒款則會略帶甜味。

Elegant 優雅
具複雜度、和諧、均衡的酒款；口感卻不至於濃重或嚴肅。有時也會被稱為「十分女性化」的優

美酒款。

Extract 萃取
所謂高度萃取的酒款是那些擁有濃郁口感、氣味與特性的葡萄酒。萃取地恰到好處的酒款通常來自好年份、老藤或晚摘取的葡萄。不過釀酒師也可用不同的技巧包括放血法（流出葡萄汁以調整汁與皮的比例）與拉長浸皮時間來達到目的。

Fat 肥厚
用來形容缺乏優雅度的酒款。這類葡萄酒多半擁有中度或飽滿的酒體，酸度也不會太高。倘若酒中有足夠的酸度，這類的葡萄酒便不是肥厚而是肉感。不過，唯一例外的是陳年麗絲玲（Riesling）的肥厚與油滑口感則多半十分討喜。

Filtered 過濾
經過過濾的葡萄酒可以移除酒中的懸浮物、酵母與細菌。重度過濾的葡萄酒則會失去某些風味。

Fined 澄清
在酒中加入某些物質以便使酒變得清澈。正如同打個蛋白倒進湯裡一樣的原理。

Finish 尾韻
吞下酒後在口中所留下的餘味。這類味道的特質以及所停留的長度可為酒增添雅緻。一款優異的酒款會帶出乾淨而悠長的尾韻，從六秒到兩分鐘不等！

Firm 緊實
見vigorous（活潑）與acidity（酸度）。

Flat 平淡
失去氣泡的香檳或氣泡酒。低酸度的葡萄酒在口中也會變得平淡、毫無生氣。

Floral 花香
帶有細緻芬芳花朵氣味的酒，以白酒居多。

Fortified 加烈

在葡萄酒發酵的過程中以加入白蘭地或中性酒精使發酵過程停止的步驟。這會使葡萄酒帶有甜味以及較高的酒精度；雪莉酒與波特酒都屬於加烈酒。

Fruity 果香
在酒中可以嗅出的水果氣味（由柑橘至哈密瓜；櫻桃至洋李的味道）。

Grassy 青草味
就像是剛除過草的草皮香氣，通常在白蘇維濃（Sauvignon Blanc）中可以被察覺。不過若是出現在紅酒，例如卡本內-蘇維濃（Cabernet Sauvignon）中則被視為缺陷。

Grip 緊澀
紅酒中強力而明顯的單寧。

Hard 生硬
過於顯著咬口的不討喜單寧。

Heady 使人頭暈
不夠均衡而且過多的高酒精度。

Late Harvest 晚摘取／晚收
含糖量高的成熟葡萄，使酒款擁有高度潛在酒精與甜度。

Layers 層次
優異而複雜的酒款會帶著多層次的果味與香氣。

Lean 瘦弱
與酒體飽滿恰恰相反；多半用來形容具酸度的酒款，不過此一形容詞並未帶著貶義。

Lees 酒渣
葡萄酒發酵後所殘存的死酵母。某些酒會故意與酒渣一起浸泡培養一段時間（sur lies）以便突顯出烤土司的香氣。在香檳釀製過程若與酒渣一起培養，則會使酒款增添豐富而綿密的口感。

Lively 活潑地
見Crisp（清新爽口）。

Lush 豐美多汁的
柔軟但口感豐富並具相當的含糖量。

Maceration 浸皮
葡萄皮、葡萄籽、梗以及葡萄汁與葡萄酒（酒精作為溶媒）一起浸泡的過程，以便搾取顏色、單寧與風味。

Malolactic fermentation 乳酸發酵
乳酸菌（自然產生或人為添加）將酒中的蘋果酸轉化為乳酸的過程。經過乳酸發酵的葡萄酒口感會變得柔軟而如奶油般綿密。

Microclimate 微型氣候
通常與產區風土條件相互使用。指土壤、排水度、土地面向、葡萄園坡度、高度、向陽面等對葡萄酒的特性所造成的影響。因微型氣候的不同，一款來自加州海岸與來自內陸的白蘇維濃葡萄（Sauvignon Blanc）品嚐起來便會有所差別，即便釀製方式雷同。

Mousse 慕斯
香檳所帶有的綿密氣泡，如啤酒的上層白色氣泡一般。

Oaky 橡木風味
經過木桶陳年的酒款會帶著強勁的木香，以及如香草、煙燻（來自燻烤過的木桶）般的氣味。橡木風味是用來形容帶著強烈木香的酒款。

Phylloxera 葡萄根瘤蚜蟲
一種專門攻擊歐洲葡萄種（vitis vinifera）根部的害蟲，會摧毀葡萄藤。

Residual Sugar 殘餘糖分
發酵過程結束後仕酒中存留的糖分。

Rich 豐富

見full-bodied（酒體飽滿）。同時也指甜酒或甜點酒的口感。

Round 圓潤
酸度與單寧較低的酒款在口中呈現柔順的質地或是肥厚的口感。同時也可以指那些風味完美融合的葡萄酒。

Structure 架構
指口中的單寧以及層次感，兩者各自的表現以及相互之間是否和諧。這對頂級酒來說特別重要。

Sediment 沉澱物
陳年的酒款多半會在瓶底留下沉澱物。這類的葡萄酒必須倒入醒酒器以便使沉澱物留在原酒瓶中。沉澱物是由色素與單寧所組成。

Soft 柔軟
酸度與單寧低的酒款多半口感柔軟。酒精度低的葡萄酒也會突顯出柔軟度。

Supple 柔順
口感柔順的優質年輕酒款多半得以良好熟成。這樣的特質對口感柔軟的酒款來說特別重要。

Tannin 單寧
來自葡萄皮、葡萄籽、葡萄梗與橡木桶酚酸化合物。見Astringency（乾澀）。對需經窖陳的紅酒來說非常重要。

Tart 酸
見Acidity（酸度）。

Thin 稀薄
缺乏酒體與深度的葡萄酒。這類酒款不但欠缺水果氣味，甜度與酸度也都不高，口感如水一般。

Toasty 烤土司味
見Oaky（橡木風味）。

Vinous 帶酒味的
沒有可明顯查覺的香氣（果香、花香、辛香、礦物等）但是聞起來卻有酒的味道。指那些缺乏特色但依舊夠好到可以品嚐的葡萄酒。

Varietal 品種
用來釀酒的葡萄。在新世界國家（澳洲、美國、南美、南非等國家），許多葡萄酒都是以品種來辨別。例如：夏多內（Chardonnay）、卡本內-蘇維濃（Cabernet Sauvignon）、Sangiovese。在舊世界（多數歐洲產區），葡萄酒的風格是用村莊或產區的名稱來做辨識。例如：Meursault、波爾多以及托斯卡尼。有些酒是用兩種以上的葡萄混釀而成；某些則會呈現出品種所有的獨特風格。像是格烏茲塔明那（Gewurztraminer）有些香辛料味；卡本內-蘇維濃（Cabernet Sauvignon）帶著黑醋栗的氣味；夏多內則果香豐富並帶有來自橡木桶的香草味。

Vigorous 活潑
年輕具生命力的酒款。

Vintage 年份
葡萄被採收的那一年。在氣候嚴酷的年份，霜害、冰雹、病蟲害都會影響葡萄的品質與產量。也因此，同樣葡萄、不同年份的酒款在品質上可能會有所差異。無年份的葡萄酒多半來自價格與品質較低的基本型葡萄。

Weighty 厚重
見Heavy Bodied（酒體厚重）。

Yeasty 酵母香
烤土司與剛出爐麵包的香氣，是香檳所有的典型氣味。

附錄 C 品酒技巧與字彙

品酒

葡萄酒中含有水（80-90%）、酒精（8-20%）、酸（酒石酸、蘋果酸、檸檬酸及其他）、多酚（色素與單寧）、糖分、鹽分（鉀、酒石酸鹽等）、二氧化碳，以及芳香化合物。

酒用喝的很容易，但是要品嚐則需花一點功夫——必須眼觀酒色（光澤、色調、顏色深淺）、鼻聞香氣、口嚐酒味。

程序：包括觀察杯中酒色、細聞香氣，接著喝進嘴裡品嚐酒的味道。

酒的顏色

要觀察葡萄酒的顏色，首先在酒杯裝入三分之一的酒，將酒杯向外斜轉45度，然後檢視酒色、深淺度、是否有泡沫，在白色燈光充足的地方將酒杯放在白色背景前仔細看看是否有其他可察覺的外觀特性。

酒色

從酒的顏色可以看出許多端倪，尤其是酒的品質。舉例來說：呈紅寶石色的酒表示年紀還輕；呈現咖啡色則表示有些年紀；金黃色則表示成熟白酒；呈古銅或棕色的酒可能年紀很大或是已經氧化。酒色淡可能表示葡萄來自涼爽的氣候環境；深紅色的葡萄酒則可能來自特定的品種，如：希哈（Syrah）。布根地紅酒多半呈現中度或輕度酒紅色。經驗老道的品酒者甚至還猜得出酒款出自何種土壤。例如：含鐵量豐富的土壤會影響酒色的深淺。

觀察酒色還可透露一些事情。假如酒的顏色太淡，它可能來自年輕的葡萄藤或是在還未完全成熟前就被採收。葡萄酒液的發酵時間可能過短、發酵溫度過低，或者搾取力道過弱。看到一款顏色淡的酒，你也可能可以推斷它來自較差的年份。這類的酒最好趕快飲用，而不要在瓶中待太久。

一款看起來混濁的酒表示它可能已經壞掉了。

葡萄酒	顏色
白酒	白中帶綠、綠色、淡黃色、黃色、金黃色、金橘色或棕色。
紅酒	紫黑色、紫色、紫紅色、紅色、磚紅色、紅棕色、黃褐色。
粉紅酒	淡鮮紅色、覆盆子色、紫紅色、淡橘色、鮭魚橙色、洋蔥皮橙色、杏桃橘。把杯中的優質粉紅酒斜傾觀察常會看到些微的淡紫色。
氣泡酒	如白酒與粉紅酒，但是也包含對氣泡大小、數量、速度、持續時間等的描述。

酒體（Body）

　　輕輕旋轉杯中洒然後等酒靜止。酒精會沿著杯身向上爬升，酒精內所含的水分接著會將酒液向下帶而形成弧狀。最後因不敵地心引力，水分會向下流，在杯身留下如眼淚般的痕跡。酒精濃度越高的酒款所會帶出的「眼淚」就更多；但是「眼淚」的多寡與酒的品質無關。

沉澱物

　　在酒杯中你可能會注意到年紀大的紅酒會產生色素與單寧的沉澱物；白酒則可能出現酒石酸的結晶物（尤其當酒款未經冷卻穩定程序），這類的結晶物對人體無害。若酒在倒出前曾經過冷藏，酒中的酒石酸可能會沉澱而結晶。

嗅聞酒款

　　輕搖酒杯後，嗅聞杯中酒並紀錄其中所帶有的香氣。在品嚐過酒款後再聞一次。聞聞空杯中所殘存的氣味，這樣可以再次確認初次聞到的香氣是否準確。此時因為杯身被酒液所包住，隨著酒杯溫度升高，香氣也會變得濃郁。這樣一來你便能更精準地從香氣中更了解這款酒。專家們可以從中決定酒的葡萄品種、產區、釀酒方式，以及酒的年紀。

酒的香氣可被分為三個類別：
- 初級香氣（葡萄品種本身的氣味）。
- 二級香氣（來自發酵過程所產生的乙醛、醋酸鹽等氣味）。
- 三級香氣（當第一、二級香氣相互融合後，在瓶中進行第一階段的瓶中熟成時所會出現的氣味與酒香）。

酒香（Bouquet）是來自釀造方式或經歷陳年所得。

氧化氣味

　　當葡萄酒與空氣接觸後所出現的氣味（可能是故意產生、在瓶中過久或其他原因）──聞起來有乾果、奶油、馬特拉酒或像是在雪莉酒（Sherry）或黃葡萄酒（Vin Jaune）中會出現的「Rancio」香味。

還原氣味

　　在釀酒過程中，當酒在保護下與氧氣隔絕時，多半會呈現芬芳的新鮮香氣。一旦與空氣接觸，便開始出現還原氣味。聞起來跟陳年紅酒、頂級干型或甜型酒所帶有的三級香氣類似。

	白酒	紅酒
初級香氣	花香（玫瑰、荔枝、茉莉花、白花等）；植物性香氣(香料、青草、薄荷等)；水果（蘋果、水蜜桃、西洋梨、芒果等）；礦物香氣（燧石[Flint]、碘、柴油等）。	花香（玫瑰、紫羅蘭、乾燥花）；植物性香氣(青椒、腐土等)、水果（櫻桃、草莓、洋李、黑醋栗[cassis]、黑加侖[currant]等）、辛香氣味（胡椒、百里香、肉豆蔻等）。
二級香氣	酵母、麵包、餅乾；牛奶、奶油、優格；香蕉、水果硬糖；花香（冷發酵）或果醬般水果（暖發酵）。	
三級香氣	花香（乾燥花、洋甘菊）；水果味（乾燥水果、杏桃、核果）；其他（松樹、木材、香柏、蜂蜜、水果蛋糕等）。	水果（深色水果、紅色水果、無花果、黑棗）；咖啡、可可豆、辛香、烤麵包、尤佳利樹、木香、香草、胡椒、焦油、肉味、土壤、蘑菇等。

愛酒人士的品飲筆記範例：這款酒帶著柑橘香氣，隱約顯出礦物氣味及水果香氣。

葡萄酒裁判的品飲筆記範例：這款酒帶著檸檬與萊姆香氣，隱約顯出燧石氣味，並帶有三級香氣如杏桃味。這是一款有點成熟度的葡萄酒。

葡萄酒如何在瓶中進化發展

葡萄酒住在酒瓶中。隨著酒在瓶中熟成的過程，瓶中酒會經過氧化與還原的過程。葡萄的新鮮香氣會被成熟葡萄酒的還原酒香所取代，白酒會呈現出蜂蜜、焦糖、杏桃與乾燥水果氣味；紅酒則顯出土壤、蘑菇、辛香與皮革等氣味。擁有這類香氣酒香的酒款也通常代表擁有較優異的品質。

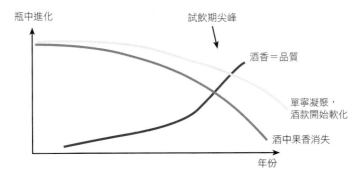

經過陳年的紅酒，單寧會隨時間增加而開始凝聚，直到最後分子過大無法繼續存在酒液中，因此沉澱到瓶底。葡萄酒的質地也開始變得柔順。同時，紅酒中的顏色也變淡，因為酒中的花青素也跟沉澱物一起聚集。

至於白酒則轉變為淡咖啡色但是多半呈金黃色（氧化）。

請注意，不同的酒款成熟的速度也會不同，要判斷絕對的熟成程度是不可能的。在低溫環境下，葡萄酒的成熟速度也會變慢。

不過，一款得以陳年的酒款必須要有足夠厚實咬口的單寧、高酸度並帶有足夠的果香才行。一款三者兼具的酒款越有辦法陳年的久。

要判斷一款酒是否已到試飲期最好的方式是每一兩年把同年份的酒打開品嚐。難怪葡萄酒迷們一次一買便是一箱；每隔一段時期拿出一瓶酒品嚐，判定到底是否到了高峰期。一旦時間到了，便可以開始把酒喝掉。

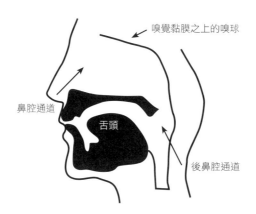

嗅覺黏膜之上的嗅球

鼻腔通道

舌頭

後鼻腔通道

風味是葡萄酒所擁有的氣味或香味

氣味所指的是來自食物、花朵或葡萄酒內微小的化學成分，穿透空氣後所散發出的氣味。許多氣味不會只擁有單一面向，而是混合體。

當你嗅聞一款酒時，其中的分子會進入你的鼻腔，裡頭溫暖而潮濕並帶著黏液。細小的纖毛在鼻腔裡來回擺動，將黏液以及其上所附著的任何東西不斷向後推。在此同時，進入鼻腔的氣體也開始被表皮之下的血管加溫。

當氣體在鼻孔內盤旋時，往鼻腔的通道也因此張開。氣味分子開始上升而後進入鼻腔內。鼻腔的大小約等同於一張郵票，被幾百萬個細小嗅覺神經細胞所覆蓋。所聞到的氣味分子先是沉入厚如黃芥末色的黏液中，直到它們抵達敏感的嗅覺神經細胞上被毛髮所覆蓋的表層，然後被困住。不同形狀的嗅覺神經細胞會辨識不同的氣味，因為每個細小的分子跟嗅覺神經細胞之間就跟鑰匙與門鎖之間的關係一樣。然後這些細胞會經嗅覺神經傳送信號至腦中管理嗅覺的嗅球中。

你的味覺其實跟嗅覺息息相關

在評斷一款酒時，許多品酒者會把重點擺在「嗅聞」而非「品嚐」。當人在品嚐一款酒時，許多氣味都是透過嗅覺而得來的。這是因為嗅覺中心／嗅球所接收的信號多半來自鼻子裡頭所含有的感應器（嗅覺黏膜）以及喉嚨後方，而非來自口腔。

香氣是從鼻腔通道（經過鼻子）與後鼻腔通道（經過口腔）到達嗅覺黏膜。當酒在口中，酒液的溫度會升高，香氣也會變得明顯。將酒液在口中反覆吸放滾動，會將香氣分子送往後鼻腔通道然後進入嗅覺黏膜。當酒被吞進喉嚨時，口中的內部壓力會迫使香氣進入嗅覺黏膜，這樣的「信號」會經由神經細胞送往嗅球。

一旦你開始熟悉葡萄酒風格與型態，你便會發現自己得以根據酒的香氣來對葡萄酒風格與狀態做專業推論。舉例來說：帶著柑橘香氣的酒款表示葡萄酒是在快要成熟前採收的；可能是來自涼帶氣候如北法的麗絲玲（Riesling）、白蘇維濃（Sauvignon Blanc）、布根地白酒等。有著杏桃味的葡萄酒表示可能是維歐尼耶（Viognier）、白格那希（Grenache Blanc），或是這款酒屬於甜點酒（巴薩克[Barsac]等），或是成熟白酒。當你聞到香草味時，這款酒可能經過橡木桶發酵或經過木桶陳年。

使用嗅覺來檢視一款酒

葡萄酒的香氣是從鼻子與口腔所察覺。在你聞過杯中的酒後，用嘴品嚐一點酒液；份量必須足夠覆蓋你的舌頭但非整個口腔。

含住酒液接著闔緊嘴唇，嘴巴像是在咀嚼食物的動作，一邊少量吸入空氣，藉著空氣的力量促使口中的酒液與空氣混合以便輕輕轉動。

記住你所嚐到的香氣，並試著分析酒的質地（重複上述動作）。接著將酒吐出；口中會自然留有些許酒液，將其吞進喉嚨。

口感

味覺所能察驗到的氣味基本分四大類：甜、酸、鹹、苦。在葡萄酒中可以品嚐到的為甜、酸、苦。

一般來說，人的舌頭對以下的感覺最為敏感：
- 舌尖最能察覺甜味。
- 舌頭兩側以及舌頭前方對鹹味最敏感。
- 舌頭兩側較後方處最能察覺酸味。
- 舌根最能感覺到苦味。

目前許多針對人的感覺所做的研究報告顯示，舌頭與口腔的許多部位對甜、酸、鹹、苦都有辦法察覺。

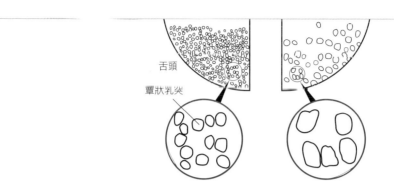

舌頭與味覺接受器

某些品酒者擁有比一般人要多的乳突。這些乳突體積很小但是會群體聚集。這些人可以對不同的味覺會比平常人更為敏感。倘若你也是其中一位，那麼你就可以被稱做「超級品味家」。

觸覺與質地

　　觸覺不同於甜、酸、鹹、苦的味覺；它們與酒的質地、流動度、如何傳達圓潤度，如何讓人在口中感受到天鵝絨或絲緞般的質地有關（比天鵝絨更細緻）。

　　接著還有對冷、熱的感受。這也是為何當酒溫度不夠低時，多半嚐起來會覺得酒精濃度很高。高溫會強調出酒精濃度。一款酒精濃度很高的酒也會在口中嚐起來覺得很熱，原因也在於酒精。

　　化學刺激所得到的感受源於葡萄酒中所含有的元素。酸度會刺激牙齦，單寧會使唾液中的蛋白質凝結（因此單寧重的葡萄酒嚐起來會有黏稠、卡住的感覺），也因此口中會覺得非常乾澀。

單寧可以用以下的字來形容：
- 未熟：青澀。
- 柔順：綢緞、天鵝絨、毛皮、綿密。
- 微粒狀：塵狀、粉狀。
- 複雜：豐富、柔軟、包覆口腔的感受。
- 乾燥：麻木、刺痛。
- 粗糙：砂紙般、具侵略性。

酒體

　　另一個可以用來形容酒的方式是描述酒在口中所呈現的重量。酒體可以是輕度、中度或重度。想像輕度酒體的酒款在口中的感覺會像是喝檸檬汁一般。同樣的，一款中度酒體的酒則像是未加牛奶的茶。酒體飽滿則像是加了煉乳的咖啡那般在口中帶出厚重感。

結構與均衡度

被尊稱為法國現代釀酒之父的Emile Peynaud教授在他《酒的味道（The Taste of Wine）》一書中有非常精彩的一章是關於酒的均衡度，以下是我的摘錄：

- 葡萄酒的架構：酒是由糖、鹽、酸、多酚物質所組成。這些成分之間會相互突顯、抗衡或彼此中和。酒中的味道也因此是這些感受的組合。就像一間房子的磚頭與水泥一樣，這些成分也組成葡萄酒的架構。
- 酒精：酒精度高的葡萄酒會讓口腔產生溫熱感，但也會同時出現類似甜味、柔軟度、絲質般的口感，就像糖分在酒中會增添酒體一樣的原理。
- 掩蔽：苦味與酸味會相互掩蔽；甜味與苦味亦同。甜味與鹹味也會出現相同的功效。甜味也會掩蓋住苦味與酸味。

Max Leglise曾針對白酒的酒精與酸分子之間的互動做研究：

	均衡於	
甜味	<--->	酸味
甜味	<--->	苦味
甜味	<--->	苦味 + 酸味

若用平時會發生的例子來說，在咖啡或檸檬汁中拌入一些砂糖時，甜味似乎會軟化或均衡掉咖啡中的苦味以及檸檬汁的酸味。基本上，當酒中含有許多的糖分，苦味與酸味便因此得到支撐。其實這是因為甜味掩蔽了苦味與酸味。白酒中的酒精與酸度之間則會有所互動。

酒中含有高酸度 + 高酒精度 = 炙熱感、酒精味重、活潑、緊實、生硬的
酒中含有高酸度 + 低酒精度 = 清淡、稀薄、瘦弱、酸、不熟的
酒中含有低酸度 + 高酒精度 = 帶酒精味、柔順、豐富或醇熟的
酒中含有低酸度 + 低酒精度 = 平淡、瘦弱或無味的

對於紅酒來說，單寧所帶出的乾澀感是評斷均衡度的另一個指標。以下的圖表能夠幫助你判斷紅酒的四大成分以其特性。

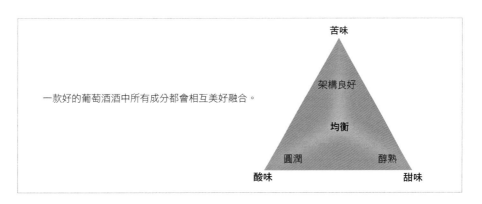

一款好的葡萄酒酒中所有成分都會相互美好融合。

苦味
架構良好
均衡
圓潤　醇熟
酸味　甜味

	低度	良好均衡	過高
酸度	平淡	鮮活	青而不熟
酒精濃度	弱	豐富	炙熱
甜度	干型不甜	溫和	甜膩
乾澀度	空洞	柔順	厚重咬口

將一款均衡的葡萄酒跟其他均衡度不夠的酒款相比，均衡的酒品質多半較好，也會有良好的架構。你不會聞到過高的酒精味（口中不會有炙熱感；也不會因為酒精太低而感到清淡如水）。

一款酒若均衡，即便擁有12至16度之間的酒精度，也不會讓人嚐到苦味，酸度清新爽口卻不會像醋酸一般尖銳，就算帶甜味也不至於甜膩。這樣的酒款可以被形容為清新鮮活（倘若酸度很活潑）、豐富（假如口中有一點溫熱）、溫和（假如酒中略帶甜味）、柔順（雖然能嚐到單寧但十分融合）。

架構與均衡度能幫助你判斷一款酒是否具有陳年價值。

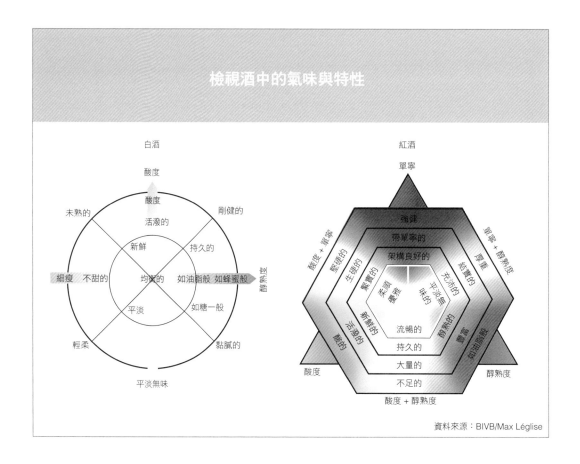

檢視酒中的氣味與特性

資料來源：BIVB/Max Léglise

餘味與尾韻

　　酒中香氣從出現到消失的持久性與長度可以用秒數來計算。在法文中計算秒數的酒界術語為
caudalie＝一秒。

　　一款好的葡萄酒會在口中呈現持久的香氣與味道。

秒數／ Caudalie	結論
＜ 2	一般品質的酒款
3 ～ 6	品質良好的酒款
7 ～ 10	品質非常好的酒款
11 ～ 60, 60＜	品質優異／頂級的酒款

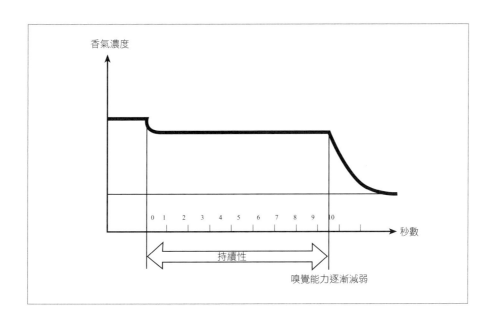

描述葡萄酒口感的典型品飲筆記

這款酒給予的感受（對酒的第一印象以及其剛入口中與在舌尖的味道）是 _____（清楚明確的／雜亂的），這是一個 _____（極甜／甜／半甜／半干／干型／超干型）的酒款。

酒中的單寧 _____（乾澀／宏大／微量／討喜／柔順／厚實咬口等），

酒的均衡度 _____（良好／不夠均衡），

酒的架構 _____（宏大／粗劣／厚重／清淡），

酒體呈現 _____（輕度／中度／重度）酒體，

酒的餘味 _____（悠長／短少），

帶著（討喜／不討喜的）_____ 尾韻。

尾韻與結論

當酒經過仔細審查（外觀、香氣、口感）並吞入少量後，這時便是對酒下結論的時候。你可以自問幾個問題：

當酒品嚐完後，在口中留下的餘味是否美好？

你自己喜歡/不喜歡這款酒？

跟其他你過去嚐過、價格差不多的酒款相比你覺得如何？

你會覺得：

      以後再也不會想要喝這款酒（劣酒）。

      若沒有其他選擇，你還是會打開來喝（品質尚可接受）。

      總會喜歡來上一杯（好酒）。

      會花心力來找這款酒，也會高度推薦它（十分優異、令人印象深刻的酒）。

結論

這款酒讓我（著迷／喜愛／喜歡／厭惡）_____。它是一款（簡單／複雜／濃郁／優雅／細緻／不夠優雅）_____ 的酒。不過，從價位來看，這款酒（不值得／值得）_____ 為我的（收藏／專賣店／餐廳）_____ 花心力去取得。

你知道嗎？

你可以訓練味覺

把眼睛矇起來。請家人或朋友拿不同種類的水果、香料等讓你聞。你能夠一聞就知道那是什麼東西嗎？很可能這些味道都很熟悉，但是你就是沒辦法說出名稱。只要慢慢多練習幾次就會開始熟悉了。

附錄D 法國其他酒精性飲料

渣釀白蘭地（Eaux-de-Vie de marc）

　　正如白蘭地總在飯後飲用一般，是由葡萄皮、葡萄籽以及壓榨過後所剩的葡萄蒸餾而成。其他的白蘭地（eaux-de-vie，法文意為生命之水）會以水果（如櫻桃）來釀製，蒸餾出來的酒多半不經過橡木桶陳年。

福樂克香甜酒（Floc de Gascogne）

　　一種香甜酒、開胃酒，是混合葡萄汁與雅馬邑所釀成。這類的酒最好稍微冰過再享用；口感帶甜味，香氣豐富。

彼諾香甜酒（Pineau des Charentes）

　　這是以未完全發酵的葡萄汁混合干邑而成。基本上彼諾就是福樂克香甜酒的干邑版本。根據葡萄酒歷史上的傳說，在1589年，有個釀酒師不小心把葡萄汁加進一個木桶中，他以為桶子是空的，其實裡頭裝滿了干邑。幾年之後，釀酒師發現這桶酒嚐起來美味無比，彼諾香甜酒因此誕生。彼諾香甜酒有白酒與粉紅酒版本。

其他法國非葡萄酒類酒精性飲品

　　許多其他這類的酒款可以當作開胃酒或消化酒來飲用。請注意，它們跟一般葡萄酒屬於不同類別，也因此必須分別列在酒單或零售架上的不同區塊。

雅馬邑（Armagnac）

　　使用白芙爾（Folle Blanche）、白于尼（Ugni Blanc）、高倫巴（Colombard）與莫札克（Mauzac）等其他葡萄品種蒸餾而成的烈酒。

干邑（Cognac）

　　由白于尼（Ugni Blanc）、白芙爾（Folle Blanche）、高倫巴（Colombard）等葡萄品種蒸餾而成的烈酒。

香甜酒（Vins de liqueur）

　　除了馬克凡香甜酒（Macvin du Jura）、彼諾與福樂克香甜酒以外，還有諾曼第蘋果香甜酒（Pommeau de normandie），是由蘋果汁加上卡瓦多斯蘋果蒸餾酒（eau de vie Calvados）所釀成。

利口酒（Liqueurs）

　　利口酒是由香料、植物與水果與酒精一起浸泡而釀成。這類的酒款包括班尼迪克汀香甜酒（D.O.M. Benedictine）、柑曼怡（Grand Marnier）與黑醋栗香甜酒（Crème de Cassis）（不要跟AOC Cassis的葡萄酒搞混了）。